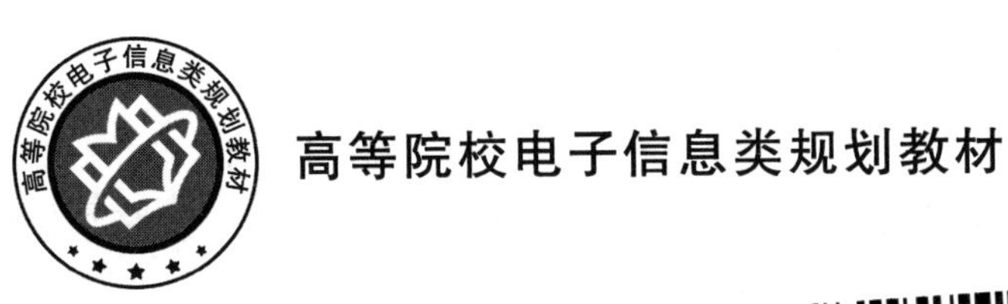

量子通信基础

（第2版）

杨伯君　马海强　编

北京邮电大学出版社
www.buptpress.com

内 容 简 介

量子通信是近三十年发展起来的新型交叉学科,是量子论和信息论相结合的新的研究领域。目前量子通信主要涉及量子密码通信、量子远程传态和量子密集编码等。近年来这门学科已逐步从理论走向实验,并向实用化方向发展。

本书主要介绍量子通信的物理和数学基础与量子通信研究的进展。全书分7章:第1章简要介绍量子通信研究的历史;第2章介绍与量子通信有关的量子力学的基础知识,讲述微观粒子的特性,包括测不准关系、不可克隆定理和纠缠的非定域性等,这些特性是量子通信的物理基础;第3章评述量子信息论基础,本书采用经典信息论与量子信息论并行介绍的方法,其中最主要的是引入信息熵的概念,讨论信息熵的性质和计算方法;第4、5章分别评述基于单光子和连续变量量子通信的各种方案和近期实验结果;第6章介绍量子通信网,主要评述3种量子密钥分配网络和量子中继器;第7章介绍量子密钥分配的新进展,包括诱骗态量子密钥分配、与测量设备无关的量子密钥分配。

本书可以作为电子类、信息类和通信类专业量子通信课程的教材,也可供对量子通信感兴趣的各类人员参考。

图书在版编目(CIP)数据

量子通信基础 / 杨伯君,马海强编. --2版. -- 北京:北京邮电大学出版社,2020.4(2022.3重印)
ISBN 978-7-5635-5983-1

Ⅰ.①量… Ⅱ.①杨… ②马… Ⅲ.①量子力学—光通信 Ⅳ.①TN929.1

中国版本图书馆CIP数据核字(2020)第013315号

策划编辑:彭　楠　　**责任编辑**:孙宏颖　　**封面设计**:七星博纳

出版发行:北京邮电大学出版社
社　　址:北京市海淀区西土城路10号
邮政编码:100876
发 行 部:电话:010-62282185　传真:010-62283578
E-mail:publish@bupt.edu.cn
经　　销:各地新华书店
印　　刷:保定市中画美凯印刷有限公司
开　　本:787 mm×1 092 mm　1/16
印　　张:9.25
字　　数:225千字
版　　次:2007年12月第1版　2020年4月第2版
印　　次:2022年3月第2次印刷

ISBN 978-7-5635-5983-1　　定价:28.00元

第2版前言

本书第1版是2007年12月出版的，至今已12年了，12年来量子通信技术研究已有很多的进展，因此本书需要进行修订。

第1版的4章内容基本保持，仅做了少量修改，如在第3章的第1节中增加条件熵的次可加性，在第4章增加第4节（量子秘密共享），在第5章增加第4节（利用相干态的量子通信）。第1版的绪论改为本书的第1章，并增加了一些新内容。

根据量子通信近期的发展，本版增加了两章：第6章（量子通信网）主要介绍3种量子密钥分配网络和量子中继器，由杨伯君编写；第7章（量子密钥分配的新进展）包括诱骗态量子密钥分配和与测量设备无关的量子密钥分配，由马海强编写。

在本书修订和出版的过程中，研究生刘宏伟给予了有力的帮助，在此表示衷心的感谢。

由于编者学识水平有限，书中不妥与错误之处在所难免，敬请读者指正。

编　者

2020年1月

第1版前言

量子通信是最近20年发展起来的新型交叉学科，是量子论和信息论相结合的新的研究领域，是通信和信息领域研究的前沿。

目前量子通信主要涉及量子密码通信、量子远程传态和量子密集编码等学科内容。近20年来，这个学科已从理论走向实验，并向实用化方向发展，引起了越来越多部门和科学工作者的关注。目前在这一领域工作的主要是物理学家和部分应用数学家，但也逐步引起了从事计算机和通信专业研究的工作人员的关注。

在1998年之前，有关量子通信的文章大多发表在英国 *Nature* 和美国 *Science* 等探索性期刊上，从1998年下半年开始，在世界著名的物理学期刊 *Physics Review A* 专门开了一栏“Quantum Information(量子信息，包括量子通信和量子计算)”，比较集中报道这方面的研究成果，相应研究论文逐年增加。

我国在量子通信与量子计算方面已投入不少力量，量子通信与量子计算已列入国家973项目和国家自然科学基金重点项目，在科学院和各高校已有数十个单位成立了量子信息研究室或研究组。北京邮电大学作为全国通信研究的重点院校，也应在量子通信与量子信息研究方面有一席之地。

本书主要介绍量子通信的物理基础和研究的进展，绪论中简要介绍了量子通信研究的历史，全书分4章。

第1章介绍与量子通信有关的量子力学的基础知识，讲述微观粒子的特性，包括测不准关系、不可克隆定理和纠缠的非定域性等，这些特性是量子通信的物理基础。

第2章介绍量子信息论基础，书中采用经典信息论与量子信息论并行介绍的方法，其中最主要的是引入信息熵的概念，讨论信息熵的性质和计算方法。

第3、4章分别介绍基于单光子和连续变量量子通信的各种方案和近期实验结果。

本书是编者在北京邮电大学为研究生讲述《量子通信基础》讲稿的基础上，适当修改而成的。本书可以作为电子、信息和通信类专业量子通信课程的参考教材，也可供对量子通信感兴趣的人员参考。

本书是国家自然科学基金项目(60578043)的一个成果，感谢基金给予的支持。在本书的出版过程中，研究生王秋国、张虎、逯志欣和戴娟给予了有力的帮助，在此一并表示衷心的感谢。

由于编者水平有限，不妥与错误之处在所难免，欢迎读者批评指正。

编　者

2006年6月

第1版前言

目　录

第1章　绪论 …… 1

本章参考文献 …… 3

第2章　量子力学的基础知识 …… 5

2.1　量子力学基本原理 …… 5
2.2　量子力学的表述与模型 …… 11
2.3　密度矩阵 …… 16
2.4　EPR 佯谬与贝尔不等式 …… 23
习题 …… 26
本章参考文献 …… 27

第3章　量子信息论基础 …… 28

3.1　熵、量子信息的测度 …… 28
3.2　可获取的最大信息 …… 36
3.3　量子无噪声信道编码定理 …… 39
3.4　带噪声量子信道上的信息 …… 42
习题 …… 47
本章参考文献 …… 48

第4章　基于光子的量子通信 …… 49

4.1　量子纠缠态的性质、产生与测量 …… 49
4.2　双光子纠缠态在量子通信中的应用 …… 56
4.3　基于单光子的量子密码术 …… 61
4.4　量子秘密共享 …… 69
习题 …… 75
本章参考文献 …… 76

第5章　基于连续变量的量子通信 …… 78

5.1　量子光学中的连续变量 …… 78
5.2　连续变量纠缠 …… 83

5.3 利用连续变量的量子通信…… 89
5.4 利用相干态的量子通信 …… 100
习题…… 105
本章参考文献…… 105

第6章 量子通信网…… 107

6.1 3种量子密钥分配网络 …… 108
6.2 量子中继器 …… 115
6.3 量子通信网的展望 …… 121
习题…… 125
本章参考文献…… 125

第7章 量子密钥分配的新进展…… 127

7.1 诱骗态量子密钥分配 …… 127
7.2 与测量设备无关的量子密钥分配 …… 131
习题…… 136
本章参考文献…… 136

部分习题答案…… 137

第1章 绪 论

相对论、量子论和信息论是20世纪人类三大发现。相对论就是爱因斯坦(Einstein)建立的狭义相对论和广义相对论[1],开始于1905年,完成于1916年。量子论开始于1900年,在这一年普朗克(Planck)提出了量子论假设,到1925年海森堡建立了矩阵力学[2],1926年薛定谔(Schrödinger)建立了波动力学。信息论则诞生于20世纪40年代,公认的信息论的奠基人是美国数学家香农(Shannon),他在1948年发表了著名论文《通信的数学理论》[3],将概率论应用于信息领域,引入信息熵,给信息以定量的描述。

量子通信是量子论和信息论相结合的新的产物,是通信和信息领域研究的前沿。量子通信主要涉及量子密码通信、量子远程传态和量子密集编码等学科内容。在20世纪60年代末,威斯纳(Wiesner)就首次提出了量子密钥的概念,但不幸的是,其文章没有被发表。量子通信研究第一个成果是1984年IBM公司的班尼特(Bennett)和加拿大蒙特利尔大学的Brassard提出的量子密钥分配(QKD)方案,现称为BB84协议[4]。量子密钥分配第一个实验Bennett等人在1989年完成[5],当时传输距离只有几十厘米。近30年来,量子密钥分配已取得很大进展,理论上提出了数十种分配协议,其中比较有名的有1991年英国牛津大学Ekert提出的基于纠缠态的Ek91协议和1992年班尼特提出的基于两态系统的B92协议。在实验方面,1993年英国国防研究院在光纤中用相位编码方式实现了10 km的QKD,1995年传输距离达到30 km。1995年日内瓦大学利用偏振编码方式实现了23 km的量子密钥分配,为了克服光纤双折射对光子传输的影响,他们提出了即插即用传输方案,1999年使量子密钥传输距离达到了67 km。2004年Gobby等人实现了122 km的量子密钥传输,同年日本NEC公司也进行了150 km的单光子的传输演示。中国科技大学马晓繁等人也实现了北京到天津125 km的量子通信实验。2003年量子空间通信距离达到23 km。由于现单光子源利用弱激光器衰减而成,多光子态存在加上通信信道损失,因此人们对量子通信的安全性提出了质疑。2003年人们提出利用诱骗(decoy)态可以增加QKD系统的安全性[6],2007年诱骗态传输系统的传输距离已达130 km[7],同年自由空间利用诱骗态,量子密钥分配距离已达144 km[8]。2016年8月,中国科学技术大学的潘建伟团队[9]利用墨子科学卫星实现了1 200 km的星地QKD传输。

为了消除探测器侧通道攻击,提高量子密钥传输安全性,2012年Hoi Kwong Lo等人[10]提出了与测量设备无关的量子密钥分配(MDIQKD)方案。2016年中国科学技术大学的尹华蕾等人[11]利用诱骗态方法和与测量设备无关的量子密钥分配方案,在低损耗光纤中使QKD传输的距离达到404 km。

量子密码通信除了量子密钥分配外,还包括量子秘密共享和量子安全直接通信等。1999年Hillery等人提出了第一个量子秘密共享方案,现已有十几种理论方案,2001年

Tittel等人在实验上演示了三体量子秘密共享[12],2007年Gaertner等人利用四光子纠缠态实现了四体量子秘密共享[13]。量子安全直接通信从2002年开始有一些理论性的探讨,但由于目前量子信号的码率太低,所以还无法进行有关的实验。

量子远程传态(teleportation)是班尼特等人[14]于1993年提出的,是一种用来传输未知量子态的技术。1997年奥地利Zeilinger等人利用晶体中Ⅱ型参量下转换产生光子的偏振纠缠态,成功地实现了一个光子偏振态的远程传送。1998年意大利Boschi等人利用参量放大和起偏器产生光子纠缠对,也实现了量子远程传态。2003年潘建伟等人在实验上完成了自由量子态的远程传态。2006年Houwelingen等人利用3个贝尔(Bell)态分析器实现了3个贝尔态的远程传态[15],同年Hammerer等人还实现了光与原子之间的量子远程传态[16]。

利用单光子为载体进行量子通信,探测器必须工作在Gaiger模式,由于单光子产生的随机性和探测器死时间的限制,其信息码速率小于1 Mbit/s。近年来,人们提出利用连续变量实现量子通信,信息载体是相干态或压缩态脉冲,其测量采用平衡零差和外差探测器,码速率可以明显地提高,而且可以中继放大以适合长距离传送。利用相干态进行量子密钥分配,其安全性讨论目前还是一个开放性问题。由于目前还没有适用相位的有关参量放大器,从理论上相干态传送长度只有75 km,实验报道只有1 km,利用诱骗态脉冲,2006年达到了25.3 km[17]。2015年,上海交通大学的黄国强等人[18]利用相干态进行了量子密钥分配,完成了密钥速率为1 Mbit/s,传输距离为25 km的CVQKG实验。

尽管QKD网络的发展还处于起步阶段,但已经有多个QKD网络的模型被提出。第一个量子通信网络DARPA是由美国国防部高级研究计划局赞助,美国BBN公司与哈佛大学、波士顿大学、美国国家标准与技术研究院(NIST)等多家研究机构合作开展的量子保密通信与互联网结合的五年试验计划,并于2003年在BBN实验室开始运行。2006年,DARPA宣布建设一个拥有8个节点的QKD网络,他们计划建立10节点的量子密钥分发网络[19]。

欧洲的英、法、德、奥等国联合建立了基于量子密码的安全通信网络,简称SECOQC,并于2008年在奥地利的维也纳实验性地建立了一个5个节点的QKD网络[20]。另外还有多家机构进行QKD现场环境试验,如SwissQuantum量子密钥分发网络3个节点运行一年半,以测试QKD的长期稳定性[21]。南非Durban-QuantumCity项目旨在开发一个多用户量子通信网络,该网络目前覆盖在eThekwini的光纤基础设施上,该项目的第一阶段包括部署四节点星形网络,到2010年,已经部署了两个链接,一个链接连续运行了几个月[22]。

2010年来自日本和欧盟的9个单位参加了东京QKD网络运行,该网络安装了QKD新技术,升级了应用界面,包括安全电视展示和安全移动电话[23]。

我国学者也在量子密钥分发网络方面做了不少的工作。比较突出的是中国科学技术大学的郭光灿团队和潘建伟团队,他们分别进行了5个节点的波长节省量子密钥分配网络的现场试验[24]与大都市全通和城际四节点的量子通信网络现场试验[25]。

经过三十多年的努力,量子通信,特别是量子密钥分配已取得很大的成绩,但是要将量子通信用于生活,还有很长的路要走。必须指出的是光子是可以克隆的,早在100年前爱因斯坦就从理论上预言,现已为大量的光放大实践所证实,这种克隆与光子的偏振状态无关,因此用单光子和光的相干态进行的量子通信,其安全性仍然是一个开放性的问题。用光的纠缠态和压缩态进行量子通信,要使其长期稳定地运行,还存在极大的技术困难。这些都有待人们去研究。对量子通信实用化的急于求成是不可能解决问题的。

本章参考文献

[1] 王正行. 近代物理学[M]. 北京:北京大学出版社,2004.

[2] 曾谨言. 量子力学导论[M]. 北京:北京大学出版社,1992.

[3] Shannon C E. A mathematical theory of communication[J]. J. Bell System Tech., 1948(27): 379-423.

[4] Bennett C H, Brassard G. Quantum cryptography: public key distribution and coin tossing[C]//In Proceedings of IEEE International Conference on Computers, Systems and Signal Processing. New York: IEEE, 1884:175-179.

[5] Bennett C H, Bessette F, Brassard G, et al. Experimental quantum cryptography [J]. J. Cryptology, 1992 (5):3-28.

[6] Hwang W Y. Quantum key distribution with high loss: toward global secure communication[J]. Phys. Rev. Lett., 2003(91):057901.

[7] Yin Z Q, Han Z F, Chen W, et al. Experimental decoy quantum key distribution up to 130 km fiber[J]. Chinese Physics Letters, 2008(25):3547.

[8] Schmitt-Manderbach T, Weir H, Fürst M, et al. Experimental demonstration of free space decoy state quantum key distribution over 144 km[J]. Phys. Rev. Lett., 2007(98):010504.

[9] Liao S K, Cai W Q, Liu W Y, et al. Satellite to ground quantum key distribution [J]. Nature, 2017(549):43-47.

[10] Lo H K, Curty M, Qi B. Measurement device independent quantum key distribution[J]. Phys. Rev. Lett., 2012(108):130503.

[11] Yin H L, Chen T Y, Yu Z W, et al. Measurement device independent quantum key distribution over a 404 km optical fiber[J]. Phys. Rev. Lett., 2016(117):190501.

[12] Tittel W, Zbinden H, Gisin N. Experimental demonstration of quantum secret sharing[J]. Phys. Rev., 2001(A63):042301.

[13] Gaertner S, Kurtsiefer C, Bourennane M, et al. Experimental demonstration of four party quantum secret sharing[J]. Phys. Rev. Lett., 2007(98):020503.

[14] Bennett C H, Brassard G. Teleportation an unknown quantum state via dual classical and EPR channels[J]. Phys. Rev. Lett., 1993(70):1895-1899.

[15] van Houwelingen J A W, Beveratos A, Brunner N, et al. Experimental quantum teleportation with a three bell state analyzer[J]. Phys. Rev., 2006(A74):022303.

[16] Hammerer K, Paizik E S, Cirac J I. High fidelity teleportation between light and atoms[J]. Phys. Rev., 2006(A74):064301.

[17] Lodewyck J, Bloch M, Garcia-Patron R, et al. Quantum key distribution over 25 km with an all fiber continuous variable system [J]. Phys. Rev., 2007 (A76):042305.

[18] Huang D, Lin D K, Wang C, et al. Continuous variable quantum key distribution with 1 Mbps secure key rate[J]. Opt. Express, 2015(23): 0175511.

[19] Elliott C, Colvin A, Pearson D, et al. Current status of the DARPA quantum network[C]// Proceedings of SPIE—The International Society for Optical Engineering. [S. l.: s. n.], 2005.

[20] Dianati M, Alleaume R. Architecture of the SECOQC quantum key distribution network[C]// Proceedings of the First International Conference on Quantum, Nano, and Micro Technologies. Guadeloupe: IEEE, 2006.

[21] Stucki D, Legre M, Buntschu F, et al. Long-term performance of the Swiss Quantum quantum key distribution network in a field environment[J]. New J. Phys., 2011(13): 123001.

[22] Mirza A, Petruccione F. Realizing long-term quantum cryptography[J]. J. Opt. Soc. Am., 2010, 27(6): 185-188.

[23] Sasaki M, Fujiwara M, Ishizuka H, et al. Field test of quantum key distribution in the Tokyo QKD network[J]. Opt. Express, 2011(19): 10387-10409.

[24] Wang S, Chen W, Guo G C. Field test of wavelength-saving quantum key distribution network[J]. Opt. Lett., 2010, 35(14): 2454-2456.

[25] Chen T Y, Wang J, Liang H, et al. Metropolitan all-pass and inter-city quantum communication network[J]. Optics Express, 2010, 18(26): 27217-27225.

第2章　量子力学的基础知识[1-2]

量子通信以量子态为信息载体进行信号发射、传输和处理，一切都满足量子力学的规律。因此要学习量子通信必须掌握必要的量子力学基本知识，包括量子力学的基本原理、量子力学的某些特征表示和模型等，此外，还需要了解与量子通信密切相关的密度矩阵、EPR佯谬和贝尔不等式。本章分以下几部分：

① 量子力学基本原理，介绍量子力学的5条基本公设；

② 量子力学的表述与模型；

③ 密度矩阵；

④ EPR佯谬和贝尔不等式。

§2.1　量子力学基本原理[3]

物理学中各学科的基本理论都是建立在几个基本定律或假设的基础上的，例如，力学基本理论是牛顿三定律；电磁学基本理论是麦克斯韦(Maxwell)方程组，它对应电磁场中4个基本定律，即电磁感应定律、安培(Ampere)环路定理和电场与磁场的高斯(Gauss)定理；热学基本理论有热力学三定律，热力学第二定律引入熵的概念，熵的概念在信息论中起着重要作用。

作为描述物质微观运动的量子力学，其理论系统是建立在几个基本假设(或称公设)基础上的，这几个公设就是量子力学基本原理。它们分别是量子状态公设、力学量公设、量子态运动方程公设、量子测量公设和全同性原理公设，下面就对这5条公设进行阐述。

1. 量子状态公设

在量子力学建立初期，对粒子微观状态的描述有两种方法，即薛定谔的波动力学和海森堡的矩阵力学方法。由于薛定谔波动力学方法物理概念比较清楚，微观粒子波粒二相性表现比较清楚，故其成为量子力学介绍的主流方法。海森堡的矩阵力学方法表述比较简单，在量子力学的应用领域中广泛应用，特别是在量子通信的表述中用得较多，因此本节同时介绍这两种表述方法。

按薛定谔的表述，量子力学第一条公设为：量子力学系统的状态用波函数 $\boldsymbol{\psi}(\boldsymbol{r},t)$ 来描述，它来源于实验中显示的微观粒子(电子、中子等)具有波动特性。

1924年，德布罗意(de-Broglie)给出自由粒子用平面波来描述的波函数

$$\boldsymbol{\psi}(\boldsymbol{r},t)=A\mathrm{e}^{\mathrm{i}(\boldsymbol{k}\cdot\boldsymbol{r}-\omega t)}=A\mathrm{e}^{\frac{i}{\hbar}(\boldsymbol{p}\cdot\boldsymbol{r}-Et)} \tag{2.1}$$

粒子的动量、能量与相应波的波矢、频率的关系为

$$\boldsymbol{p}=\hbar\boldsymbol{k},\quad E=\hbar\omega=h\nu \tag{2.2}$$

其中

$$\hbar=\frac{h}{2\pi},\quad |\boldsymbol{k}|=\frac{2\pi}{\lambda}$$

这个结果也为光子实验所证实。在这条公设中,最重要的是如何正确理解波函数的物理意义,即如何理解波函数与它描述的微观粒子之间的关系。目前认为正确的理解如下。

波函数在空间某处的强度$|\psi|^2$和该处发现粒子的概率成正比,波函数描述的是概率波,ψ称为概率振幅。因为是概率波,所以ψ应满足归一化条件,即

$$\int_{\infty}|\psi|^2\mathrm{d}V=1 \tag{2.3}$$

从物理上还要求波函数满足单值、连续和有限的条件。

按海森堡的表述,量子力学第一条公设为:任一个孤立物理系统,将对应一个矢量空间,它是一个复空间,称为Hilbert空间,系统状态将由这个空间中的一个单位矢量表示,符号为$|\rangle$,称为右矢(ket),要标出特定状态可写为$|\boldsymbol{\psi}\rangle$,相应复共轭空间矢量为$\langle|$,称为左矢(bra),矢量$|\boldsymbol{\psi}\rangle$与$\langle\boldsymbol{\phi}|$的内积为$\langle\boldsymbol{\psi}|\boldsymbol{\phi}\rangle$,归一化表示为

$$\langle\boldsymbol{\psi}|\boldsymbol{\psi}\rangle=1$$

对一个实际物理系统,即使一个原子或分子,要给出它的状态空间与态矢量也是不容易的。但对于量子计算与量子通信中的应用量子系统,一般比较简单。我们关心的量子系统是量子比特,它对应一个二维的状态空间,这个空间的基矢为$|0\rangle$和$|1\rangle$,有

$$|0\rangle=\begin{pmatrix}1\\0\end{pmatrix},\quad |1\rangle=\begin{pmatrix}0\\1\end{pmatrix} \tag{2.4}$$

因此,任一个态矢量可以表示为

$$|\boldsymbol{\psi}\rangle=a|0\rangle+b|1\rangle \tag{2.5}$$

实际系统可以是电子两个自旋态、光子两个偏振态或原子两个能态。式(2.5)中a,b为复数,从$|\boldsymbol{\psi}\rangle$归一化条件给出$|a|^2+|b|^2=1$。两个状态$|0\rangle$和$|1\rangle$也可以形成一个经典比特。量子比特与经典比特的不同之处是状态除$|0\rangle$和$|1\rangle$外,还存在$a|0\rangle+b|1\rangle$的叠加态,因此量子比特带的信息量多于经典比特。

2. 力学量公设

量子力学第二条基本原理就是力学量公设,表述为:量子力学中系统的力学量F用线性厄米算符$\hat{\boldsymbol{F}}$表示。所谓算符就是一个运算符号,它可能是微商运算,也可能是一个矩阵,与态矢量表述有关。

若对状态$|\boldsymbol{\psi}_1\rangle$和$|\boldsymbol{\psi}_2\rangle$,算符$\hat{\boldsymbol{F}}$满足

$$\hat{\boldsymbol{F}}(c_1|\boldsymbol{\psi}_1\rangle+c_2|\boldsymbol{\psi}_2\rangle)=c_1\hat{\boldsymbol{F}}|\boldsymbol{\psi}_1\rangle+c_2\hat{\boldsymbol{F}}|\boldsymbol{\psi}_2\rangle \tag{2.6}$$

c_1,c_2为常数,则$\hat{\boldsymbol{F}}$称为线性算符。在海森堡表述中,状态用Hilbert空间矢量表示,相应的算符是一个矩阵,算符将满足矩阵的运算规则。

下面给出线性算符的性质及运算法则。

① 算符相等。若$\hat{\boldsymbol{A}}|\boldsymbol{\psi}\rangle=\hat{\boldsymbol{B}}|\boldsymbol{\psi}\rangle$,并且$|\boldsymbol{\psi}\rangle$是任意的,则$\hat{\boldsymbol{A}}=\hat{\boldsymbol{B}}$。

② 算符加减。对任意态矢量$|\boldsymbol{\psi}\rangle$,有:

$\hat{\boldsymbol{A}}|\boldsymbol{\psi}\rangle+\hat{\boldsymbol{B}}|\boldsymbol{\psi}\rangle=\hat{\boldsymbol{F}}|\boldsymbol{\psi}\rangle$,则 $\hat{\boldsymbol{F}}=\hat{\boldsymbol{A}}+\hat{\boldsymbol{B}}$;

$\hat{\boldsymbol{A}}|\boldsymbol{\psi}\rangle-\hat{\boldsymbol{B}}|\boldsymbol{\psi}\rangle=\hat{\boldsymbol{G}}|\boldsymbol{\psi}\rangle$,则 $\hat{\boldsymbol{G}}=\hat{\boldsymbol{A}}-\hat{\boldsymbol{B}}$。

③ 算符乘法。算符乘法一般不满足交换律,即

$$\hat{\boldsymbol{A}}\hat{\boldsymbol{B}}|\boldsymbol{\psi}\rangle\neq\hat{\boldsymbol{B}}\hat{\boldsymbol{A}}|\boldsymbol{\psi}\rangle$$

若两个算符满足 $\hat{\boldsymbol{A}}\hat{\boldsymbol{B}}=\hat{\boldsymbol{B}}\hat{\boldsymbol{A}}$,则称 $\hat{\boldsymbol{A}}$ 与 $\hat{\boldsymbol{B}}$ 是对易的。

若算符作用在态矢量上等于一个常量与态矢量的乘积,即

$$\hat{\boldsymbol{F}}|\boldsymbol{\psi}\rangle=\lambda|\boldsymbol{\psi}\rangle \tag{2.7}$$

其中 λ 为常数,称为本征值,则$|\boldsymbol{\psi}\rangle$称为 $\hat{\boldsymbol{F}}$ 的本征态,式(2.7)称为 $\hat{\boldsymbol{F}}$ 的本征值方程。算符本征值是实数,为此要求力学量算符是厄米(Hermite)的。

所谓算符的厄米性,就是要求对任意函数 ψ 与 φ,有

$$\int\psi^{*}\hat{\boldsymbol{F}}\varphi\mathrm{d}V=\int(\hat{\boldsymbol{F}}\psi)^{*}\varphi\mathrm{d}V \tag{2.8}$$

满足式(2.8)的算符称为厄米算符,特别地,若 $\varphi=\psi$,则称为自厄算符。厄米算符对应的矩阵为厄米矩阵。记矩阵的厄米共轭为

$$\boldsymbol{A}^{+}=[\boldsymbol{A}^{*}]^{\mathrm{T}}$$

* 表示复共轭,T 表示转置运算,如

$$\begin{pmatrix}2+\mathrm{i} & 3\mathrm{i}\\ 1-\mathrm{i} & 1-2\mathrm{i}\end{pmatrix}^{+}=\begin{pmatrix}2-\mathrm{i} & 1+\mathrm{i}\\ -3\mathrm{i} & 1+2\mathrm{i}\end{pmatrix}$$

若算符 $\hat{\boldsymbol{A}}$ 共轭转置后仍为 $\hat{\boldsymbol{A}}$,即 $\hat{\boldsymbol{A}}^{+}=\hat{\boldsymbol{A}}$,则称 $\hat{\boldsymbol{A}}$ 为厄米算符,在量子通信中,一个非常有用的矩阵是 Pauli 矩阵,它们是 2×2 矩阵,分别为

$$\boldsymbol{\sigma}_{x}=\begin{pmatrix}0 & 1\\ 1 & 0\end{pmatrix},\quad \boldsymbol{\sigma}_{y}=\begin{pmatrix}0 & -\mathrm{i}\\ \mathrm{i} & 0\end{pmatrix},\quad \boldsymbol{\sigma}_{z}=\begin{pmatrix}1 & 0\\ 0 & -1\end{pmatrix} \tag{2.9}$$

另外一个为单位矩阵,有

$$\boldsymbol{\sigma}_{I}=\begin{pmatrix}1 & 0\\ 0 & 1\end{pmatrix}$$

这 4 个矩阵是厄米矩阵,有时也写为 $\hat{\boldsymbol{X}},\hat{\boldsymbol{Y}},\hat{\boldsymbol{Z}},\hat{\boldsymbol{I}}$。

3. 量子态运动方程公设

按薛定谔的描述,量子态运动方程公设为:在非相对论量子力学中,波函数 $\boldsymbol{\psi}(\boldsymbol{r},t)$满足的动力学方程是薛定谔方程,表示为

$$\mathrm{i}\hbar\frac{\partial}{\partial t}\boldsymbol{\psi}(\boldsymbol{r},t)=\hat{\boldsymbol{H}}\boldsymbol{\psi}(\boldsymbol{r},t) \tag{2.10}$$

其中 $\hat{\boldsymbol{H}}$ 是系统的哈密顿算符,$\hbar=\dfrac{h}{2\pi}$为约化普朗克常数。

按海森堡的描述,量子态运动方程公设为:一个封闭量子系统的时间演化可以用一个幺正变换得到,若 t_1 时刻状态为$|\boldsymbol{\psi}_1\rangle$,$t_2$ 时刻状态为$|\boldsymbol{\psi}_2\rangle$,则有

$$|\boldsymbol{\psi}_2\rangle=U|\boldsymbol{\psi}_1\rangle \tag{2.11}$$

从薛定谔方程得

$$|\boldsymbol{\psi}(t_2)\rangle=\exp\left[\frac{-\mathrm{i}\hat{\boldsymbol{H}}(t_2-t_1)}{\hbar}\right]|\boldsymbol{\psi}(t_1)\rangle \tag{2.12}$$

则幺正变换算符用 $\hat{\boldsymbol{H}}$ 表示为

$$U(t_1,t_2)=\exp\left[\frac{-\mathrm{i}\hat{\boldsymbol{H}}(t_2-t_1)}{\hbar}\right] \tag{2.13}$$

对任意一个量子系统,如果能写出它的哈密顿量 $\hat{\boldsymbol{H}}$,就可以解相应的薛定谔方程,从而给出它的状态的变化。对一般量子系统,不太容易写出它的哈密顿量,但对量子信息中的量子比特来说,两态之间变化的哈密顿量是很简单的,为

$$\hat{\boldsymbol{H}}=\hbar\omega\boldsymbol{\sigma}_x \tag{2.14}$$

其中

$$\boldsymbol{\sigma}_x=\begin{pmatrix}0 & 1\\ 1 & 0\end{pmatrix}$$

ω 为一个参量,由实验确定,相应的本征态与 $\boldsymbol{\sigma}_x$ 相同,即 $(|0\rangle+|1\rangle)/\sqrt{2}$ 和 $(|0\rangle-|1\rangle)/\sqrt{2}$,相应的本征能量为 $\hbar\omega$ 与 $-\hbar\omega$,基态为 $(|0\rangle-|1\rangle)/\sqrt{2}$。

4. 量子测量公设

前面提到对一个封闭量子系统,将按幺正算符演化,如果对系统进行测量,必须破坏其封闭性,为此引入量子测量公设。

对量子系统 $|\boldsymbol{\psi}\rangle$ 进行力学量 M 的测量,测到的是 $\hat{\boldsymbol{M}}$ 算符的某个本征值 m_i,系统将坍缩为 $\hat{\boldsymbol{M}}$ 的一个本征态 $|\boldsymbol{m}_i\rangle$,将 $|\boldsymbol{\psi}\rangle$ 用 $|\boldsymbol{m}_i\rangle$ 展开,则

$$|\boldsymbol{\psi}\rangle=\sum_i c_i\,|\boldsymbol{m}_i\rangle \tag{2.15}$$

对大量测量,任一个本征值 m_i 出现的概率是展开系数模平方 $|c_i|^2$,相应力学量平均值(期望值)为

$$\langle M\rangle=\sum_i m_i\,|c_i|^2=\langle\boldsymbol{\psi}|\hat{\boldsymbol{M}}|\boldsymbol{\psi}\rangle \tag{2.16}$$

在薛定谔表述中,有

$$\langle M\rangle=\int\psi^*\hat{\boldsymbol{M}}\psi\,\mathrm{d}V \tag{2.17}$$

测量最简单的例子是单量子比特在正交基下的测量,被测状态为

$$|\boldsymbol{\psi}\rangle=a|0\rangle+b|1\rangle$$

测量 $|0\rangle$ 态概率,相应力学量算符 $\hat{\boldsymbol{M}}_0=|0\rangle\langle 0|$,有

$$P(0)=\langle\boldsymbol{\psi}|\hat{\boldsymbol{M}}_0|\boldsymbol{\psi}\rangle=\langle\boldsymbol{\psi}|0\rangle\langle 0|\boldsymbol{\psi}\rangle=|a|^2$$

测量后状态为

$$|0\rangle\langle 0|\boldsymbol{\psi}\rangle/|a|=\frac{a}{|a|}|0\rangle$$

同样测量 $|1\rangle$ 态概率,有

$$P(1)=\langle \boldsymbol{\psi} | \hat{\boldsymbol{M}}_1 | \boldsymbol{\psi} \rangle = \langle \boldsymbol{\psi} | 1 \rangle \langle 1 | \boldsymbol{\psi} \rangle = |b|^2$$

状态坍缩为

$$|1\rangle\langle 1|\boldsymbol{\psi}\rangle / |b| = \frac{b}{|b|}|1\rangle$$

若量子力学系统是力学量 M 的本征态 $|\boldsymbol{m}_i\rangle$，则测量 M 有

$$\hat{\boldsymbol{M}}|\boldsymbol{m}_i\rangle = m_i |\boldsymbol{m}_i\rangle \tag{2.18}$$

M 将有确定数值，若不是本征态，则测量结果有意义的是平均值。测量的不确定性用均方差根表示，称标准偏差，则

$$\Delta M = [\langle (\hat{\boldsymbol{M}} - \langle \hat{\boldsymbol{M}} \rangle)^2 \rangle]^{\frac{1}{2}} \tag{2.19}$$

若两个算符 $\hat{\boldsymbol{A}}$ 与 $\hat{\boldsymbol{B}}$ 不对易，则在同一状态这两个力学量不能同时确定，其不确定量由海森堡测不准关系来确定。在量子力学中可以证明(后面证明)两个物理量测不准关系为

$$\Delta A \Delta B \geqslant \frac{1}{2} |\langle \boldsymbol{\psi} | [\hat{\boldsymbol{A}}, \hat{\boldsymbol{B}}] | \boldsymbol{\psi} \rangle| \tag{2.20}$$

其中 $[\hat{\boldsymbol{A}}, \hat{\boldsymbol{B}}] = \hat{\boldsymbol{A}}\hat{\boldsymbol{B}} - \hat{\boldsymbol{B}}\hat{\boldsymbol{A}}$，称为对易子。

5. 全同性原理公设

描写全同粒子系统的态矢量，对于其中任意一对粒子，交换态矢量必须是对称的或反对称的。要求态矢量对称的粒子为玻色子(Boson)，要求态矢量反对称的粒子为费米子(Fermion)。

费米子系统满足泡利(Pauli)不相容原理：在每个量子态上最多只有一个费米子，费米子的自旋为$\hbar$的半整数，电子、中子、质子为费米子，玻色子的自旋为$\hbar$的整数，光子是波色子。

对于多粒子系统，其量子行为比单粒子系统要复杂，量子纠缠就是多粒子系统表现出的一种不同于单粒子系统的特性。

考虑 A,B 两粒子组成的系统，粒子 A 用 Hilbert 空间中 H_A 的态矢量 $|\boldsymbol{\psi}(t)\rangle_A$ 描述，粒子 B 利用 Hilbert 空间中 H_B 的态矢量 $|\boldsymbol{\psi}(t)\rangle_B$ 描述，A,B 组成两粒子系统相应 Hilbert 空间 $H_{AB} = H_A \otimes H_B$，如果两粒子没有作用，其态矢量 $|\boldsymbol{\psi}(t)\rangle_{AB} = |\boldsymbol{\psi}(t)\rangle_A \otimes |\boldsymbol{\psi}(t)\rangle_B$，这个乘积为张量积，则这个态称为直积态。

下面给出张量积与直积态的分量表示。

若取 $|\boldsymbol{\psi}\rangle = \begin{pmatrix} \psi_1 \\ \psi_2 \end{pmatrix}$，$|\boldsymbol{\varphi}\rangle = \begin{pmatrix} \varphi_1 \\ \varphi_2 \end{pmatrix}$，则

$$|\boldsymbol{\psi}\rangle|\boldsymbol{\varphi}\rangle = |\boldsymbol{\psi}\rangle \otimes |\boldsymbol{\varphi}\rangle = \begin{pmatrix} \psi_1 |\boldsymbol{\varphi}\rangle \\ \psi_2 |\boldsymbol{\varphi}\rangle \end{pmatrix} = \begin{pmatrix} \psi_1 \varphi_1 \\ \psi_1 \varphi_2 \\ \psi_2 \varphi_1 \\ \psi_2 \varphi_2 \end{pmatrix} \tag{2.21}$$

考虑量子比特两态，$|0\rangle = \begin{pmatrix} 1 \\ 0 \end{pmatrix}$，$|1\rangle = \begin{pmatrix} 0 \\ 1 \end{pmatrix}$，有

$$|0\rangle|1\rangle = |0\rangle \otimes |1\rangle = \begin{pmatrix} 1|1\rangle \\ 0|1\rangle \end{pmatrix} = \begin{pmatrix} 0 \\ 1 \\ 0 \\ 0 \end{pmatrix}$$

相应算符为矩阵张量积,若取

$$\boldsymbol{A}=\begin{pmatrix}A_{11} & A_{12}\\ A_{21} & A_{22}\end{pmatrix},\quad \boldsymbol{B}=\begin{pmatrix}B_{11} & B_{12}\\ B_{21} & B_{22}\end{pmatrix}$$

则

$$\boldsymbol{A}\otimes\boldsymbol{B}=\begin{pmatrix}A_{11}\boldsymbol{B} & A_{12}\boldsymbol{B}\\ A_{21}\boldsymbol{B} & A_{22}\boldsymbol{B}\end{pmatrix}=\begin{pmatrix}A_{11}B_{11} & A_{11}B_{12} & A_{12}B_{11} & A_{12}B_{12}\\ A_{11}B_{21} & A_{11}B_{22} & A_{12}B_{21} & A_{12}B_{22}\\ A_{21}B_{11} & A_{21}B_{12} & A_{22}B_{11} & A_{22}B_{12}\\ A_{21}B_{21} & A_{21}B_{22} & A_{22}B_{21} & A_{22}B_{22}\end{pmatrix}$$

二阶张量的张量积为四阶张量。

考虑泡利矩阵的张量积,由

$$\boldsymbol{\sigma}_x=\begin{pmatrix}0 & 1\\ 1 & 0\end{pmatrix},\quad \boldsymbol{\sigma}_y=\begin{pmatrix}0 & -\mathrm{i}\\ -\mathrm{i} & 0\end{pmatrix}$$

则有

$$\boldsymbol{\sigma}_x\otimes\boldsymbol{\sigma}_y=\begin{pmatrix}0\boldsymbol{\sigma}_y & 1\boldsymbol{\sigma}_y\\ 1\boldsymbol{\sigma}_y & 0\boldsymbol{\sigma}_y\end{pmatrix}=\begin{pmatrix}0 & 0 & 0 & -\mathrm{i}\\ 0 & 0 & \mathrm{i} & 0\\ 0 & -\mathrm{i} & 0 & 0\\ \mathrm{i} & 0 & 0 & 0\end{pmatrix}$$

若两粒子之间没有相互作用,$t=t_0$ 时状态为 $|\boldsymbol{\psi}(t_0)\rangle_{AB}$,在 t 时刻状态为 $|\boldsymbol{\psi}(t)\rangle_{AB}$,关系为

$$|\boldsymbol{\psi}(t)\rangle_{AB}=U_{AB}(t,t_0)|\boldsymbol{\psi}(t_0)\rangle_{AB} \tag{2.22}$$

这时

$$\hat{\boldsymbol{H}}=\hat{\boldsymbol{H}}_A+\hat{\boldsymbol{H}}_B$$

$$U_{AB}=U_A\otimes U_B=\mathrm{e}^{-\frac{\mathrm{i}}{\hbar}(\hat{\boldsymbol{H}}_A+\hat{\boldsymbol{H}}_B)(t-t_0)} \tag{2.23}$$

若两系统之间有作用,则 $\hat{\boldsymbol{H}}\neq\hat{\boldsymbol{H}}_A+\hat{\boldsymbol{H}}_B$,$U_{AB}\neq U_A\otimes U_B$,这时系统状态不再是两子系统的直积态,而是处于纠缠态(entangled state)。若两粒子分别对应两个量子态 $|0\rangle$ 和 $|1\rangle$,则对称与反对称的纠缠态分别为

$$|\boldsymbol{\psi}^+\rangle_{AB}=\frac{1}{\sqrt{2}}(|0\rangle_A\,|1\rangle_B+|1\rangle_A\,|0\rangle_B) \tag{2.24}$$

$$|\boldsymbol{\psi}^-\rangle_{AB}=\frac{1}{\sqrt{2}}(|0\rangle_A\,|1\rangle_B-|1\rangle_A\,|0\rangle_B) \tag{2.25}$$

另外两个纠缠态分别表示为

$$|\boldsymbol{\phi}^+\rangle_{AB}=\frac{1}{\sqrt{2}}(|0\rangle_A\,|0\rangle_B+|1\rangle_A\,|1\rangle_B) \tag{2.26}$$

$$|\boldsymbol{\phi}^-\rangle_{AB}=\frac{1}{\sqrt{2}}(|0\rangle_A\,|0\rangle_B-|1\rangle_A\,|1\rangle_B) \tag{2.27}$$

这4个纠缠态在量子通信中有重要作用,称为贝尔(Bell)基态。处在贝尔基态的两纠缠粒子称为EPR(Einstein Podolsky Rosen)对。

6. 小结

至此已阐述完量子力学的5条公设,也是量子力学5条基本原理,现在从全局观点来小

结一下这些公设。

量子状态公设通过确定如何描述一个封闭量子系统的状态，设定量子力学研究的对象。力学量公设给出力学量在量子力学中的表述，它是一个线性厄米算符。量子态运动方程公设明确封闭量子系统的动态由薛定谔方程（即一个幺正变换）来描述。量子测量公设告诉人们如何通过规定测量来从量子系统中获取信息。全同性原理公设确定一个复杂系统的量子力学状态应如何用单粒子状态去组合。

从经典观点看，量子力学独特之处是不能直接观测确定系统状态矢量，对一个状态矢量中的力学量是不完全确定的。去测量状态，状态会发生坍缩，坍缩为测量力学量的一个本征态。量子态的纠缠和量子态的隐含特性正是量子信息与量子通信独特性能的基础。

2.2　量子力学的表述与模型

本节介绍量子力学中一些描述方法和有用的简单模型。

1. 量子力学中的表象

当量子力学利用薛定谔波动力学方式来描述时，其状态使用波函数来表示，波函数的写法与自变量有关，通常波函数表示为 $\boldsymbol{\psi}(\boldsymbol{r},t)$，自变量是坐标 $\boldsymbol{r}$ 与时间 t，称为坐标表象中波函数。若将波函数表示为 $\boldsymbol{\varphi}(\boldsymbol{p},t)$，则称为动量表象中波函数。两类波函数之间的关系是一个傅里叶(Fourier)变换，则

$$\boldsymbol{\varphi}(\boldsymbol{p},t)=\frac{1}{(2\pi\hbar)^{3/2}}\int \mathrm{d}V\boldsymbol{\psi}(\boldsymbol{r},t)\mathrm{e}^{-\mathrm{i}\boldsymbol{p}\cdot\boldsymbol{r}/\hbar} \tag{2.28}$$

逆变换为

$$\boldsymbol{\psi}(\boldsymbol{r},t)=\frac{1}{(2\pi\hbar)^{3/2}}\int \mathrm{d}V_p\boldsymbol{\varphi}(\boldsymbol{p},t)\mathrm{e}^{\mathrm{i}\boldsymbol{p}\cdot\boldsymbol{r}/\hbar} \tag{2.29}$$

其中 $|\boldsymbol{\varphi}(\boldsymbol{p},t)|^2$ 表示 t 时刻在动量空间 $\boldsymbol{p}$ 附近出现的概率密度，$\mathrm{d}V_p$ 为动量空间的体积元。表示力学量的算符也与所用的自变量有关，即与表象有关。在坐标表象中，坐标为乘算符，动量是微商算符：

$$\hat{\boldsymbol{p}}_x=\frac{\hbar}{\mathrm{i}}\frac{\partial}{\partial x},\quad \hat{\boldsymbol{p}}_y=\frac{\hbar}{\mathrm{i}}\frac{\partial}{\partial y},\quad \hat{\boldsymbol{p}}_z=\frac{\hbar}{\mathrm{i}}\frac{\partial}{\partial z} \tag{2.30}$$

在动量表象中，动量算符为乘算符 $\hat{\boldsymbol{p}}_x,\hat{\boldsymbol{p}}_y,\hat{\boldsymbol{p}}_z$，而坐标算符为微商算符：

$$\hat{\boldsymbol{x}}=\mathrm{i}\hbar\frac{\partial}{\partial p_x},\quad \hat{\boldsymbol{y}}=\mathrm{i}\hbar\frac{\partial}{\partial p_y},\quad \hat{\boldsymbol{z}}=\mathrm{i}\hbar\frac{\partial}{\partial p_z} \tag{2.31}$$

当量子力学利用海森堡矩阵力学方式来描述时，量子状态表示与表象无关。

2. 量子力学中的绘景

若系统处在状态 $|\boldsymbol{\psi}\rangle$，系统某力学量的平均值（期望值）为

$$\langle M\rangle=|\langle\boldsymbol{\psi}|\hat{\boldsymbol{M}}|\boldsymbol{\psi}\rangle| \tag{2.32}$$

则当系统变化时，$\langle M\rangle$ 也将随时间变化，这变化可以来源于 $|\boldsymbol{\psi}(t)\rangle$，也可以来源于 $\hat{\boldsymbol{M}}(t)$，到底以谁的变化来体现，形成3个绘景(picture)，称为薛定谔绘景、海森堡绘景和相互作用绘景。

(1) 薛定谔绘景

在薛定谔绘景中,力学量平均值变化来自态矢量,而与算符无关,即算符不随时间变化,即

$$\langle M\rangle = |\langle \boldsymbol{\psi}_{\mathrm{S}}(t)|\hat{\boldsymbol{M}}_{\mathrm{S}}|\boldsymbol{\psi}_{\mathrm{S}}(t)\rangle| \tag{2.33}$$

$|\boldsymbol{\psi}_{\mathrm{S}}(t)\rangle$的变化满足薛定谔方程。

(2) 海森堡绘景

在海森堡绘景中,力学量平均值变化来自算符 $\hat{\boldsymbol{M}}(t)$,而态矢量$|\boldsymbol{\psi}\rangle$不变,即

$$\langle M\rangle = |\langle \boldsymbol{\psi}_{\mathrm{H}}|\hat{\boldsymbol{M}}_{\mathrm{H}}(t)|\boldsymbol{\psi}_{\mathrm{H}}\rangle| \tag{2.34}$$

$\hat{\boldsymbol{M}}_{\mathrm{H}}(t)$的变化满足海森堡方程,有

$$\mathrm{i}\hbar\frac{\partial}{\partial t}\hat{\boldsymbol{M}}_{\mathrm{H}}(t)=\hat{\boldsymbol{M}}_{\mathrm{H}}(t)\hat{\boldsymbol{H}}(t)-\hat{\boldsymbol{H}}(t)\hat{\boldsymbol{M}}_{\mathrm{H}}(t)=[\hat{\boldsymbol{M}}_{\mathrm{H}}(t),\hat{\boldsymbol{H}}(t)] \tag{2.35}$$

对同一系统状态,其力学量平均值不因绘景而变化。因此有

$$|\langle \boldsymbol{\psi}_{\mathrm{S}}(t)|\hat{\boldsymbol{M}}_{\mathrm{S}}|\boldsymbol{\psi}_{\mathrm{S}}(t)\rangle| = |\langle \boldsymbol{\psi}_{\mathrm{H}}|\hat{\boldsymbol{M}}_{\mathrm{H}}(t)|\boldsymbol{\psi}_{\mathrm{H}}\rangle| \tag{2.36}$$

(3) 相互作用绘景

若系统受到某种微扰作用,如在辐射场中的原子系统,其哈密顿算符为

$$\hat{\boldsymbol{H}}=\hat{\boldsymbol{H}}_0+\hat{\boldsymbol{V}} \tag{2.37}$$

其中,$\hat{\boldsymbol{H}}_0$ 为原子内部哈密顿量,$\hat{\boldsymbol{V}}$ 为相互作用哈密顿量,对这个系统的研究可以利用相互作用绘景,在这个绘景中,态矢量和算符都随时间变化,即

$$\langle M\rangle = |\langle \boldsymbol{\psi}_{\mathrm{I}}(t)|\hat{\boldsymbol{M}}_{\mathrm{I}}(t)|\boldsymbol{\psi}_{\mathrm{I}}(t)\rangle| \tag{2.38}$$

相互作用绘景中的态矢量和算符与薛定谔绘景中的态矢量和算符之间的关系,可通过幺正变换得到

$$|\boldsymbol{\psi}_{\mathrm{I}}(t)\rangle=\mathrm{e}^{\mathrm{i}\hat{\boldsymbol{H}}_0 t/\hbar}|\boldsymbol{\psi}_{\mathrm{S}}(t)\rangle,\quad \hat{\boldsymbol{M}}_{\mathrm{I}}(t)=\mathrm{e}^{\mathrm{i}\hat{\boldsymbol{H}}_0 t/\hbar}\hat{\boldsymbol{M}}_{\mathrm{S}}\mathrm{e}^{-\mathrm{i}\hat{\boldsymbol{H}}_0 t/\hbar} \tag{2.39}$$

其中态矢量$|\boldsymbol{\psi}_{\mathrm{I}}(t)\rangle$满足方程

$$\mathrm{i}\hbar\frac{\partial}{\partial t}|\boldsymbol{\psi}_{\mathrm{I}}(t)\rangle=\hat{\boldsymbol{V}}_{\mathrm{I}}(t)|\boldsymbol{\psi}_{\mathrm{I}}(t)\rangle \tag{2.40}$$

$$\hat{\boldsymbol{V}}_{\mathrm{I}}(t)=\mathrm{e}^{\mathrm{i}\hat{\boldsymbol{H}}_0 t/\hbar}\hat{\boldsymbol{V}}_{\mathrm{S}}\mathrm{e}^{-\mathrm{i}\hat{\boldsymbol{H}}_0 t/\hbar} \tag{2.41}$$

而算符 $\hat{\boldsymbol{M}}_{\mathrm{I}}(t)$满足海森堡方程

$$\mathrm{i}\hbar\frac{\partial}{\partial t}\hat{\boldsymbol{M}}_{\mathrm{I}}(t)=\hat{\boldsymbol{M}}_{\mathrm{I}}(t)\hat{\boldsymbol{H}}_0-\hat{\boldsymbol{H}}_0\hat{\boldsymbol{M}}_{\mathrm{I}}(t)=[\hat{\boldsymbol{M}}_{\mathrm{I}}(t),\hat{\boldsymbol{H}}_0] \tag{2.42}$$

3. 二能级原子模型与量子双态系统

原子是由原子核与核外电子组成的,并且其物理和化学性质主要由核外电子决定。原子光谱为线状光谱,显示核外电子处在分离能态上。当电子从高能态跃迁到低能态时,就放出一个光子,放出光子频率满足频率定则

$$\nu=\frac{E_{\mathrm{n}}-E_{\mathrm{i}}}{\hbar} \tag{2.43}$$

该定则表明光子辐射主要涉及原子中两个电子的能态。因此，在研究光子与原子相互作用时，仅考虑原子中两个能级而忽略其他能级作用的模型，称二能级原子模型。

在二能级原子模型中，原子仅有两个能态，分别为 a 与 b，其中 b 为基态，态矢量表示为 $|\boldsymbol{b}\rangle$，激发态为 $|\boldsymbol{a}\rangle$，如图 2.1 所示。

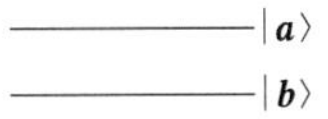

$$\overline{\qquad\qquad}\,|\boldsymbol{a}\rangle$$
$$\overline{\qquad\qquad}\,|\boldsymbol{b}\rangle$$

图 2.1　二能级原子模型

原子的哈密顿量为 $\hat{\boldsymbol{H}}_0$，并且有

$$\hat{\boldsymbol{H}}_0|\boldsymbol{a}\rangle=E_a|\boldsymbol{a}\rangle,\quad \hat{\boldsymbol{H}}_0|\boldsymbol{b}\rangle=E_b|\boldsymbol{b}\rangle \tag{2.44}$$

因为可以用它来构成一个量子比特，所以二能级原子在量子信息中有重要应用，其状态可表示为

$$|\boldsymbol{\psi}\rangle=a|\boldsymbol{a}\rangle+b|\boldsymbol{b}\rangle \tag{2.45}$$

作为量子比特的量子系统，除利用二能级原子外，也可以利用原子中电子或原子核的两个自旋态，它们在磁场中的投影可以为 $\pm\frac{1}{2}\hbar$，$\hbar$是自旋和角动量的单位；另外也可以利用两个相互垂直的偏振态光子，垂直偏振光子状态为 $|1\rangle$，而水平偏振态取为 $|0\rangle$。

任何一个量子双态系统都可以用来构成量子信息中的一个量子比特。量子双态系统基矢一般取为 $|0\rangle$ 和 $|1\rangle$，一个量子比特表示为

$$|\boldsymbol{\psi}\rangle=a|1\rangle+b|0\rangle \tag{2.46}$$

利用二分量表示为 $|0\rangle=\begin{pmatrix}1\\0\end{pmatrix}$，$|1\rangle=\begin{pmatrix}0\\1\end{pmatrix}$。

设光子沿 z 方向前进，$|0\rangle$ 表示水平偏振，而 $|1\rangle$ 为垂直偏振，若将其偏振状态在 xOy 平面内转动 θ 角，则其转动变换用矩阵表示为

$$\boldsymbol{M}=\begin{pmatrix}\cos\theta & \sin\theta\\-\sin\theta & \cos\theta\end{pmatrix}$$

$$\boldsymbol{M}|0\rangle=\begin{pmatrix}\cos\theta & \sin\theta\\-\sin\theta & \cos\theta\end{pmatrix}\begin{pmatrix}1\\0\end{pmatrix}=\begin{pmatrix}\cos\theta\\-\sin\theta\end{pmatrix}$$

$$\boldsymbol{M}|1\rangle=\begin{pmatrix}\cos\theta & \sin\theta\\-\sin\theta & \cos\theta\end{pmatrix}\begin{pmatrix}0\\1\end{pmatrix}=\begin{pmatrix}\sin\theta\\\cos\theta\end{pmatrix}$$

则基矢可表示为

$$|0\rangle=\begin{pmatrix}\cos\theta\\-\sin\theta\end{pmatrix},\quad |1\rangle=\begin{pmatrix}\sin\theta\\\cos\theta\end{pmatrix}$$

特别地，当 $\theta=\frac{\pi}{4}$ 时，有

$$|0\rangle=\frac{1}{\sqrt{2}}\begin{pmatrix}1\\-1\end{pmatrix},\quad |1\rangle=\frac{1}{\sqrt{2}}\begin{pmatrix}1\\1\end{pmatrix}$$

另外，$|0\rangle$ 和 $|1\rangle$ 还可以写成复数形式，为

$$|0\rangle=\begin{pmatrix}\mathrm{e}^{\mathrm{i}\varphi}\cos\theta\\-\sin\theta\end{pmatrix},\quad |1\rangle=\begin{pmatrix}\mathrm{e}^{-\mathrm{i}\varphi}\sin\theta\\\cos\theta\end{pmatrix}$$

4. 一般测量与正定算符值测量

2.1节介绍的测量公设实际为投影测量,将状态投影到一个力学量的本征态,测到力学量的一个本征值。在一般量子力学中,知道这种测量就够了。因在一般量子力学中人们感兴趣的是力学量的平均值,通过测量求出平均值就行了,而对测量过程不去细究。而在量子信息与量子通信中,要求在比较精细水平上控制测量的过程,因此有必要介绍一般测量与正定算符值(Positive Operator Valued Measure,POVM)测量的概念。

量子测量由一组测量算符$\{\hat{\boldsymbol{M}}_m\}$来描述,这些算符作用在被测量系统状态空间上,所测力学量结果为m,若系统的态矢量为$|\boldsymbol{\psi}\rangle$,测到$m$的概率为

$$P(m)=\langle\boldsymbol{\psi}|\hat{\boldsymbol{M}}_m^+\hat{\boldsymbol{M}}_m|\boldsymbol{\psi}\rangle \tag{2.47}$$

测量后系统状态坍缩为

$$\frac{\hat{\boldsymbol{M}}_m|\boldsymbol{\psi}\rangle}{(\langle\boldsymbol{\psi}|\hat{\boldsymbol{M}}_m^+\hat{\boldsymbol{M}}_m|\boldsymbol{\psi}\rangle)^{1/2}} \tag{2.48}$$

测量算符满足完备性方程

$$\sum_m \hat{\boldsymbol{M}}_m^+\hat{\boldsymbol{M}}_m = I \tag{2.49}$$

完备性方程反映了总概率为1的要求,即

$$\sum_m P(m) = \sum_m \langle\boldsymbol{\psi}|\hat{\boldsymbol{M}}_m^+\hat{\boldsymbol{M}}_m|\boldsymbol{\psi}\rangle = 1$$

例如,在单量子比特基下测量,其测量算符为

$$\hat{\boldsymbol{M}}_0=|0\rangle\langle 0|,\quad \hat{\boldsymbol{M}}_1=|1\rangle\langle 1|$$

这两个算符都是投影算符,也是厄米算符,满足

$$\hat{\boldsymbol{M}}_0^+=\hat{\boldsymbol{M}}_0,\quad \hat{\boldsymbol{M}}_1^+=\hat{\boldsymbol{M}}_1$$

其完备性关系为

$$\hat{\boldsymbol{M}}_0^+\hat{\boldsymbol{M}}_0+\hat{\boldsymbol{M}}_1^+\hat{\boldsymbol{M}}_1=\boldsymbol{I}$$

正定算符是厄米算符,要求$\int\psi^*\hat{\boldsymbol{M}}\psi\mathrm{d}V$为非负数。

设被测力学量算符为$\hat{\boldsymbol{M}}_m$,在状态为$|\boldsymbol{\psi}\rangle$的量子系统上进行测量,结果为$m$,概率为

$$P(m)=\langle\boldsymbol{\psi}|\hat{\boldsymbol{M}}_m^+\hat{\boldsymbol{M}}_m|\boldsymbol{\psi}\rangle$$

定义

$$\boldsymbol{E}_m=\hat{\boldsymbol{M}}_m^+\hat{\boldsymbol{M}}_m \tag{2.50}$$

则$\boldsymbol{E}_m$是满足$\sum\limits_m \boldsymbol{E}_m=\boldsymbol{I}$和$P(m)=\langle\boldsymbol{\psi}|\boldsymbol{E}_m|\boldsymbol{\psi}\rangle$的正定算符,算符$\boldsymbol{E}_m$称为与测量相关联的POVM元,集合$\{\boldsymbol{E}_m\}$称为一个POVM。

前面介绍的投影测量是正定算符值测量的一种,若$\boldsymbol{p}_m$表示投影算符,满足$\boldsymbol{p}_m\boldsymbol{p}_{m'}=\delta_{mm'}\boldsymbol{p}_m$且$\sum\limits_m \boldsymbol{p}_m=\boldsymbol{I}$,则$\boldsymbol{p}_m$对应的就是一个$\boldsymbol{E}_m$,即$\boldsymbol{p}_m=\boldsymbol{E}_m$。

5. 测不准关系与不可克隆定理[2]

(1) 测不准关系

凡是学过量子力学的人,都知道测不准关系,测不准关系是微观世界与宏观世界不同的最突出的表现。

考虑两个力学量 $\hat{\boldsymbol{C}}$ 和 $\hat{\boldsymbol{D}}$,其测量不确定量为

$$\Delta C=[\langle(\hat{\boldsymbol{C}}-\langle\hat{\boldsymbol{C}}\rangle)^2\rangle]^{1/2},\quad \Delta D=[\langle(\hat{\boldsymbol{D}}-\langle\hat{\boldsymbol{D}}\rangle)^2\rangle]^{1/2}$$

海森堡测不准关系给出

$$\Delta C\Delta D\geqslant\frac{1}{2}|\langle\boldsymbol{\psi}|[\hat{\boldsymbol{C}},\hat{\boldsymbol{D}}]|\boldsymbol{\psi}\rangle| \tag{2.51}$$

其中$[\hat{\boldsymbol{C}},\hat{\boldsymbol{D}}]=\hat{\boldsymbol{C}}\hat{\boldsymbol{D}}-\hat{\boldsymbol{D}}\hat{\boldsymbol{C}}$,称为对易子。

下面证明这一关系。

证明:设 $\hat{\boldsymbol{A}}$ 与 $\hat{\boldsymbol{B}}$ 是两个 Hermite 算符,而$|\boldsymbol{\psi}\rangle$是一个量子状态,设

$$\langle\boldsymbol{\psi}|\hat{\boldsymbol{A}}\hat{\boldsymbol{B}}|\boldsymbol{\psi}\rangle=x+\mathrm{i}y$$

$$\langle\boldsymbol{\psi}|\hat{\boldsymbol{B}}\hat{\boldsymbol{A}}|\boldsymbol{\psi}\rangle=x-\mathrm{i}y$$

其中 x 与 y 为实数,两算符的对易子与反对易子分别为

$$[\hat{\boldsymbol{A}},\hat{\boldsymbol{B}}]=\hat{\boldsymbol{A}}\hat{\boldsymbol{B}}-\hat{\boldsymbol{B}}\hat{\boldsymbol{A}},\quad \{\hat{\boldsymbol{A}},\hat{\boldsymbol{B}}\}=\hat{\boldsymbol{A}}\hat{\boldsymbol{B}}+\hat{\boldsymbol{B}}\hat{\boldsymbol{A}}$$

则有

$$\langle\boldsymbol{\psi}|[\hat{\boldsymbol{A}},\hat{\boldsymbol{B}}]|\boldsymbol{\psi}\rangle=2\mathrm{i}y,\quad \langle\boldsymbol{\psi}|\{\hat{\boldsymbol{A}},\hat{\boldsymbol{B}}\}|\boldsymbol{\psi}\rangle=2x$$

$$|\langle\boldsymbol{\psi}|[\hat{\boldsymbol{A}},\hat{\boldsymbol{B}}]|\boldsymbol{\psi}\rangle|^2+|\langle\boldsymbol{\psi}|\{\hat{\boldsymbol{A}},\hat{\boldsymbol{B}}\}|\boldsymbol{\psi}\rangle|^2=4\ |\langle\boldsymbol{\psi}|\hat{\boldsymbol{A}}\hat{\boldsymbol{B}}|\boldsymbol{\psi}\rangle|^2 \tag{2.52}$$

再利用 Hilbert 空间矢量关系柯西-施瓦茨(Cauchy-Schwarz)不等式,对任意两个矢量 $\boldsymbol{v}$ 和 $\boldsymbol{w}$,有

$$|\langle\boldsymbol{v}|\boldsymbol{w}\rangle|^2\leqslant\langle\boldsymbol{v}|\boldsymbol{v}\rangle\langle\boldsymbol{w}|\boldsymbol{w}\rangle$$

得到

$$|\langle\boldsymbol{\psi}|\hat{\boldsymbol{A}}\hat{\boldsymbol{B}}|\boldsymbol{\psi}\rangle|^2\leqslant|\langle\boldsymbol{\psi}|\hat{\boldsymbol{A}}^2|\boldsymbol{\psi}\rangle|\,|\langle\boldsymbol{\psi}|\hat{\boldsymbol{B}}^2|\boldsymbol{\psi}\rangle| \tag{2.53}$$

从式(2.52)、式(2.53)得到

$$|\langle\boldsymbol{\psi}|[\hat{\boldsymbol{A}},\hat{\boldsymbol{B}}]|\boldsymbol{\psi}\rangle|^2\leqslant4|\langle\boldsymbol{\psi}|\hat{\boldsymbol{A}}^2|\boldsymbol{\psi}\rangle|\,|\langle\boldsymbol{\psi}|\hat{\boldsymbol{B}}^2|\boldsymbol{\psi}\rangle| \tag{2.54}$$

设 $\hat{\boldsymbol{C}},\hat{\boldsymbol{D}}$ 为两个力学量,取 $\hat{\boldsymbol{A}}=\hat{\boldsymbol{C}}-\langle\hat{\boldsymbol{C}}\rangle$, $\hat{\boldsymbol{B}}=\hat{\boldsymbol{D}}-\langle\hat{\boldsymbol{D}}\rangle$,带入式(2.54)即得到海森堡测不准关系:

$$\Delta C\Delta D\geqslant\frac{1}{2}|\langle\boldsymbol{\psi}|[\hat{\boldsymbol{C}},\hat{\boldsymbol{D}}]|\boldsymbol{\psi}\rangle|$$

测不准关系的一个常见的例子是坐标与对应的动量之间的测不准关系。

由$[x,\hat{\boldsymbol{p}}_x]|\boldsymbol{\psi}\rangle=\left[x\dfrac{\hbar}{\mathrm{i}}\dfrac{\partial}{\partial x}-\dfrac{\hbar}{\mathrm{i}}\dfrac{\partial}{\partial x}x\right]|\boldsymbol{\psi}\rangle=\mathrm{i}\hbar|\boldsymbol{\psi}\rangle$,则有

$$\Delta x\Delta\hat{\boldsymbol{p}}_x\geqslant\frac{1}{2}\hbar$$

另一个常见的例子是考虑观测量 $\boldsymbol{\sigma}_x$ 与 $\boldsymbol{\sigma}_y$ 相应量子态为 $|0\rangle$，由于 $[\boldsymbol{\sigma}_x,\boldsymbol{\sigma}_y]=2\mathrm{i}\boldsymbol{\sigma}_2$，则有

$$\Delta\boldsymbol{\sigma}_x\Delta\boldsymbol{\sigma}_y \geqslant \langle 0|\boldsymbol{\sigma}_2|0\rangle=(1\quad 0)\begin{pmatrix}1 & 0\\ 0 & -1\end{pmatrix}\begin{pmatrix}1\\ 0\end{pmatrix}=1$$

(2) 不可克隆定理

不可克隆定理在量子通信中是一个非常重要的定理，这个定理可以看作测不准关系的一个推论。不可克隆定理简单表述如下。

一个未知的量子态不能被完全复制(克隆，cloning)。

下面利用反证法简单论证这一定理。

证明：假设存在一个克隆机，它能克隆任一个量子态，用幺正算符 $\boldsymbol{V}_{\mathrm{C}}$ 表示，即

$$\boldsymbol{V}_{\mathrm{C}}(|\boldsymbol{\psi}\rangle|0\rangle)=|\boldsymbol{\psi}\rangle|\boldsymbol{\psi}\rangle$$

若 $|\boldsymbol{\psi}\rangle=|0\rangle$，则 $\boldsymbol{V}_{\mathrm{C}}(|0\rangle|0\rangle)=|0\rangle|0\rangle$；若 $|\boldsymbol{\psi}\rangle=|1\rangle$，则 $\boldsymbol{V}_{\mathrm{C}}(|1\rangle|0\rangle)=|1\rangle|1\rangle$。

对于混合态，$|\boldsymbol{\psi}\rangle=\frac{1}{\sqrt{2}}(|0\rangle+|1\rangle)$，若克隆机也能克隆这状态，有

$$\begin{aligned}\boldsymbol{V}_{\mathrm{C}}\left(\frac{1}{\sqrt{2}}(|0\rangle+|1\rangle)|0\rangle\right)&=\frac{1}{\sqrt{2}}(|0\rangle+|1\rangle)\frac{1}{\sqrt{2}}(|0\rangle+|1\rangle)\\&=\frac{1}{2}(|00\rangle+|01\rangle+|10\rangle+|11\rangle)\end{aligned}\tag{2.55}$$

另外从 Hilbert 空间的线性性质有

$$\begin{aligned}\boldsymbol{V}_{\mathrm{C}}\left(\frac{1}{\sqrt{2}}(|0\rangle+|1\rangle)|0\rangle\right)&=\frac{1}{\sqrt{2}}(\boldsymbol{V}_{\mathrm{C}}|0\rangle|0\rangle+\boldsymbol{V}_{\mathrm{C}}|1\rangle|0\rangle)\\&=\frac{1}{\sqrt{2}}(|00\rangle+|11\rangle)\end{aligned}\tag{2.56}$$

显然式(2.55)和式(2.56)是不相等的，这表明开始假设是错误的，即不存在克隆机 $\boldsymbol{V}_{\mathrm{C}}$ 能克隆任意的未知量子态。

测不准关系和不可克隆定理在量子通信中起着重要作用，后面章节将进一步进行介绍。

2.3 密度矩阵

量子力学系统可以处在两种不同状态：一种是纯态，它可以用波函数或态矢量直接表示；另一种是混合态，这时人们不能确切地知道系统处在哪一个纯态上，没法用简单的波函数或态矢量来描述，如对二能级原子系统，人们就不知道原子到底处在 a 态还是 b 态，也不知道两能态上分配的确切份额，因此没法写出一个单一波函数或态矢量来描述。本节将从二能级原子系统引入密度矩阵概念，然后推广到一般情况，最后再讨论密度矩阵的性质。

1. 密度矩阵的定义

考虑二能级原子系统的某一个状态

$$|\boldsymbol{\psi}(t)\rangle=C_a(t)|\boldsymbol{a}\rangle+C_b(t)|\boldsymbol{b}\rangle=\begin{pmatrix}C_a\\C_b\end{pmatrix}$$

该状态虽不处在定态 $|\boldsymbol{a}\rangle$ 或 $|\boldsymbol{b}\rangle$，但已知在 $|\boldsymbol{a}\rangle$ 态的概率为 $|C_a(t)|^2$，在 $|\boldsymbol{b}\rangle$ 态的概率为 $|C_b(t)|^2$，因此该状态为一个纯态。这个纯态可以利用波函数 $\boldsymbol{\psi}(\boldsymbol{r},t)$ 或态矢量 $|\boldsymbol{\psi}(t)\rangle$ 来描述，也可以定义一个投影算符 $\boldsymbol{\rho}=|\boldsymbol{\psi}\rangle\langle\boldsymbol{\psi}|$ 来描述，这个投影算符也称为密度算符，其矩阵表示为

$$\boldsymbol{\rho}=|\boldsymbol{\psi}\rangle\langle\boldsymbol{\psi}|=\begin{pmatrix}C_a\\C_b\end{pmatrix}(C_a^* \quad C_b^*)=\begin{pmatrix}C_aC_a^* & C_aC_b^*\\C_bC_a^* & C_bC_b^*\end{pmatrix}=\begin{pmatrix}\rho_{aa} & \rho_{ab}\\\rho_{ba} & \rho_{bb}\end{pmatrix} \tag{2.57}$$

矩阵 $\boldsymbol{\rho}$ 称为密度矩阵，其中 $\rho_{aa}=C_aC_a^*$，它正比于原子在能态 $|\boldsymbol{a}\rangle$ 的概率；$\rho_{bb}=C_bC_b^*$，它正比于原子在能态 $|\boldsymbol{b}\rangle$ 的概率；而 $\rho_{ab}=C_aC_b^*=\rho_{ba}^*$ 显示出 a，b 两能态之间的关联，它与两能态之间量子跃迁有关，由此可见，密度矩阵可以比态矢量带来更多的信息。

$\boldsymbol{\rho}$ 不仅可以表示状态，也可以用它来求力学量的平均值，对力学量 M，有

$$\begin{aligned}\langle M\rangle&=\langle\boldsymbol{\psi}|\hat{\boldsymbol{M}}|\boldsymbol{\psi}\rangle\\&=(C_a^*\langle\boldsymbol{a}|+C_b^*\langle\boldsymbol{b}|)\hat{\boldsymbol{M}}(C_a|\boldsymbol{a}\rangle+C_b|\boldsymbol{b}\rangle)\\&=C_a^*C_a\langle\boldsymbol{a}|\hat{\boldsymbol{M}}|\boldsymbol{a}\rangle+C_b^*C_b\langle\boldsymbol{b}|\hat{\boldsymbol{M}}|\boldsymbol{b}\rangle+C_a^*C_b\langle\boldsymbol{a}|\hat{\boldsymbol{M}}|\boldsymbol{b}\rangle+C_b^*C_a\langle\boldsymbol{b}|\hat{\boldsymbol{M}}|\boldsymbol{a}\rangle\\&=\rho_{aa}M_{aa}+\rho_{ab}M_{ba}+\rho_{ba}M_{ab}+\rho_{bb}M_{bb}\\&=\mathrm{tr}(\boldsymbol{\rho}\hat{\boldsymbol{M}})\end{aligned} \tag{2.58}$$

tr 为 trace 的简记，称为矩阵的迹，即力学量平均值是密度算符与该力学量算符乘积的矩阵迹。这个结果不仅对二能级系统，对多能级系统也是成立的。对多能级系统的力学量 M，其平均值

$$\langle M\rangle=\sum_n\sum_m\rho_{nm}M_{mn}=\sum_n(\boldsymbol{\rho}\hat{\boldsymbol{M}})_{nn}=\mathrm{tr}(\boldsymbol{\rho}\hat{\boldsymbol{M}}) \tag{2.59}$$

若一个量子系统不能确切知道在哪个纯态 $|\boldsymbol{\psi}\rangle$，而只知道在 $|\boldsymbol{\psi}\rangle$ 的概率为 P_ψ，则这个系统为混合态，混合态的密度矩阵为

$$\boldsymbol{\rho}=\sum_\psi P_\psi|\boldsymbol{\psi}\rangle\langle\boldsymbol{\psi}| \tag{2.60}$$

将态矢量 $|\boldsymbol{\psi}\rangle$ 在某力学量的本征态 $|\boldsymbol{n}\rangle$ 上展开，即

$$|\boldsymbol{\psi}\rangle=\sum_n C_n|\boldsymbol{n}\rangle$$

其中 $C_n=\langle\boldsymbol{n}|\boldsymbol{\psi}\rangle$，则

$$\begin{aligned}\boldsymbol{\rho}&=\sum_\psi P_\psi\sum_n\sum_m C_nC_m^*|\boldsymbol{n}\rangle\langle\boldsymbol{m}|\\&=\sum_n\sum_m\rho_{nm}|\boldsymbol{n}\rangle\langle\boldsymbol{m}|\end{aligned} \tag{2.61}$$

其中，矩阵元 $\rho_{nm}=\sum_\psi P_\psi C_nC_m^*$。

相应力学量 M 的平均值

$$\begin{aligned}\langle M\rangle &= \sum_{\psi} P_{\psi}\langle \boldsymbol{\psi}|\hat{\boldsymbol{M}}|\boldsymbol{\psi}\rangle \\ &= \sum_{\psi} P_{\psi}\sum_{k}\langle \boldsymbol{\psi}|\hat{\boldsymbol{M}}|\boldsymbol{k}\rangle\langle \boldsymbol{k}\mid \boldsymbol{\psi}\rangle \\ &= \sum_{k}\langle \boldsymbol{k}|\boldsymbol{\rho}\hat{\boldsymbol{M}}|\boldsymbol{k}\rangle \\ &= \mathrm{tr}(\boldsymbol{\rho}\hat{\boldsymbol{M}})\end{aligned} \tag{2.62}$$

因此,对于混合系统,力学量的平均值也是密度算符和力学量算符乘积的矩阵迹。

2. 密度矩阵的性质

描述量子系统的密度矩阵具有以下基本性质。

① 密度矩阵的迹为 1。

取密度矩阵 $\boldsymbol{\rho} = \sum_{\psi} P_{\psi}|\boldsymbol{\psi}\rangle\langle\boldsymbol{\psi}|$,则

$$\mathrm{tr}\,\boldsymbol{\rho} = \sum_{\psi} P_{\psi}\mathrm{tr}(|\boldsymbol{\psi}\rangle\langle\boldsymbol{\psi}|) = \sum_{\psi} P_{\psi} = 1$$

② 密度矩阵是厄米矩阵。

$$\rho_{nm}^{*} = \sum_{\psi} P_{\psi}(C_n C_m^{*})^{*} = \sum_{\psi} P_{\psi} C_m C_n^{*} = \rho_{mn}$$

③ 密度矩阵是一个正定矩阵。

设$|\boldsymbol{n}\rangle$是状态空间任一态矢量,则

$$\langle \boldsymbol{n}|\boldsymbol{\rho}|\boldsymbol{n}\rangle = \sum_{\psi} P_{\psi}\langle \boldsymbol{n}\mid\boldsymbol{\psi}\rangle\langle\boldsymbol{\psi}\mid\boldsymbol{n}\rangle = \sum_{\psi} P_{\psi}\,|\langle\boldsymbol{n}\mid\boldsymbol{\psi}\rangle|^{2} \geqslant 0$$

④ 对于纯态$|\boldsymbol{\psi}\rangle$,$\boldsymbol{\rho}^2=|\boldsymbol{\psi}\rangle\langle\boldsymbol{\psi}|\boldsymbol{\psi}\rangle\langle\boldsymbol{\psi}|=|\boldsymbol{\psi}\rangle\langle\boldsymbol{\psi}|=\boldsymbol{\rho}$,则 $\mathrm{tr}\,\boldsymbol{\rho}^2=\mathrm{tr}\,\boldsymbol{\rho}=1$;而对于混合态,$\mathrm{tr}\,\boldsymbol{\rho}^2<1$。

注意:密度矩阵并不对应某一个力学量,因此作为密度算符,它并不存在确定的本征值和本征态。有时可以有几个不同的量子状态系统对应同一个密度矩阵。例如,我们设想一个密度矩阵为

$$\boldsymbol{\rho}=\frac{3}{4}|0\rangle\langle 0|+\frac{1}{4}|1\rangle\langle 1|$$

能否认为系统必然以 3/4 概率处在状态$|0\rangle$,而以 1/4 概率处在状态$|1\rangle$呢?结果是不一定。因为可以定义状态

$$|\boldsymbol{a}\rangle=\sqrt{\frac{3}{4}}|0\rangle+\sqrt{\frac{1}{4}}|1\rangle,\quad |\boldsymbol{b}\rangle=\sqrt{\frac{3}{4}}|0\rangle-\sqrt{\frac{1}{4}}|1\rangle$$

若量子系统状态以 1/2 概率处在状态$|\boldsymbol{a}\rangle$,以 1/2 概率处在状态$|\boldsymbol{b}\rangle$,则相应密度矩阵为

$$\boldsymbol{\rho}=\frac{1}{2}|\boldsymbol{a}\rangle\langle\boldsymbol{a}|+\frac{1}{2}|\boldsymbol{b}\rangle\langle\boldsymbol{b}|=\frac{3}{4}|0\rangle\langle 0|+\frac{1}{4}|1\rangle\langle 1|$$

即两个不同的量子状态系统对应同一密度矩阵。

⑤ 密度矩阵的动力学方程。

从薛定谔方程出发,可以推出密度矩阵及其矩阵元满足的动力学方程。由于

$$\mathrm{i}\hbar\frac{\partial|\boldsymbol{\psi}\rangle}{\partial t}=\hat{\boldsymbol{H}}|\boldsymbol{\psi}\rangle,\quad -\mathrm{i}\hbar\frac{\partial\langle\boldsymbol{\psi}|}{\partial t}=\langle\boldsymbol{\psi}|\hat{\boldsymbol{H}}$$

则密度矩阵满足的动力学方程为

$$\begin{aligned}\frac{\partial \boldsymbol{\rho}}{\partial t} &= \sum_{\psi} P_{\psi}\left[\frac{\partial \mid \boldsymbol{\psi}\rangle}{\partial t}\langle \boldsymbol{\psi} \mid + \mid \boldsymbol{\psi}\rangle \frac{\partial \langle \boldsymbol{\psi} \mid}{\partial t}\right] \\ &= \frac{1}{\mathrm{i}\hbar}\sum_{\psi} P_{\psi}[\hat{\boldsymbol{H}} \mid \boldsymbol{\psi}\rangle\langle \boldsymbol{\psi} \mid - \mid \boldsymbol{\psi}\rangle\langle \boldsymbol{\psi} \mid \hat{\boldsymbol{H}}] \\ &= \frac{1}{\mathrm{i}\hbar}[\hat{\boldsymbol{H}}\boldsymbol{\rho} - \boldsymbol{\rho}\hat{\boldsymbol{H}}] \\ &= \frac{1}{\mathrm{i}\hbar}[\hat{\boldsymbol{H}},\boldsymbol{\rho}]\end{aligned} \tag{2.63}$$

密度矩阵元满足的动力学方程为

$$\begin{aligned}\frac{\partial \rho_{mn}}{\partial t} &= \left\langle \boldsymbol{m}\left|\frac{\partial \boldsymbol{\rho}}{\partial t}\right|\boldsymbol{n}\right\rangle \\ &= \frac{1}{\mathrm{i}\hbar}\sum_{k}[\langle \boldsymbol{m}|\hat{\boldsymbol{H}}|\boldsymbol{k}\rangle\langle \boldsymbol{k}|\boldsymbol{\rho}|\boldsymbol{n}\rangle - \langle \boldsymbol{m}|\boldsymbol{\rho}|\boldsymbol{k}\rangle\langle \boldsymbol{k}|\hat{\boldsymbol{H}}|\boldsymbol{n}\rangle] \\ &= \frac{1}{\mathrm{i}\hbar}(H_{mk}\rho_{kn} - \rho_{mk}H_{kn})\end{aligned} \tag{2.64}$$

对一个封闭量子系统的演化，也可以用幺正变换来描述，若 $\boldsymbol{\rho}_0$ 为 t_0 时的密度矩阵，而 $\boldsymbol{\rho}$ 是 t 时的密度矩阵，则

$$\boldsymbol{\rho}=\boldsymbol{U}\boldsymbol{\rho}_0\boldsymbol{U}^{+} \tag{2.65}$$

其中 $\boldsymbol{U}$ 是一个幺正算符，它用 $\hat{\boldsymbol{H}}$ 表示为

$$\boldsymbol{U}(t_0,t)=\exp\left[-\frac{\mathrm{i}}{\hbar}\hat{\boldsymbol{H}}(t-t_0)\right] \tag{2.66}$$

3. 约化密度矩阵

当研究一个系统与外界作用时，常把系统与外界合成一个总系统，系统本身为复合系统的子系统。设子系统为 A，外界为 B。复合系统状态用密度算符 $\boldsymbol{\rho}^{AB}$ 描述，子系统 A 的约化密度算符定义为

$$\boldsymbol{\rho}^{A}=\mathrm{tr}_B(\boldsymbol{\rho}^{AB}) \tag{2.67}$$

其中，tr_B 是一个算符映射，称为在系统 B 上的偏迹。

当两系统之间没有互作用时，偏迹可以按如下公式计算：

$$\mathrm{tr}_B(|\boldsymbol{a}_1\rangle\langle \boldsymbol{a}_2|\otimes|\boldsymbol{b}_1\rangle\langle \boldsymbol{b}_2|)\equiv|\boldsymbol{a}_1\rangle\langle \boldsymbol{a}_2|\mathrm{tr}(|\boldsymbol{b}_1\rangle\langle \boldsymbol{b}_2|) \tag{2.68}$$

其中 $|\boldsymbol{a}_1\rangle$，$|\boldsymbol{a}_2\rangle$ 为状态空间 A 中的两个矢量，$|\boldsymbol{b}_1\rangle$，$|\boldsymbol{b}_2\rangle$ 为状态空间 B 中的两个矢量，求迹

$$\mathrm{tr}(|\boldsymbol{b}_1\rangle\langle \boldsymbol{b}_2|)=\langle \boldsymbol{b}_2|\boldsymbol{b}_1\rangle \tag{2.69}$$

下面给出一个求偏迹的简单实例。考虑两量子比特系统，其密度算符为

$$\begin{aligned}\boldsymbol{\rho} &= \left(\frac{|00\rangle+|11\rangle}{\sqrt{2}}\right)\left(\frac{\langle 00|+\langle 11|}{\sqrt{2}}\right) \\ &= \frac{1}{2}(|00\rangle\langle 00|+|11\rangle\langle 00|+|00\rangle\langle 11|+|11\rangle\langle 11|)\end{aligned} \tag{2.70}$$

对第二个量子比特取偏迹，得到第一个量子比特的约化密度矩阵

$$\begin{aligned}\boldsymbol{\rho}^1 &= \mathrm{tr}_2\boldsymbol{\rho} \\ &= \frac{1}{2}(\mathrm{tr}_2|00\rangle\langle 00| + \mathrm{tr}_2|11\rangle\langle 00| + \mathrm{tr}_2|00\rangle\langle 11| + \mathrm{tr}_2|11\rangle\langle 11|) \\ &= \frac{1}{2}[|0\rangle\langle 0|\mathrm{tr}|0\rangle\langle 0| + |1\rangle\langle 0|\mathrm{tr}|1\rangle\langle 0| + |0\rangle\langle 1|\mathrm{tr}|0\rangle\langle 1| + |1\rangle\langle 1|\mathrm{tr}|1\rangle\langle 1|] \\ &= \frac{1}{2}[|0\rangle\langle 0| + |1\rangle\langle 1|](\text{因为}\langle 0|1\rangle = 0)\end{aligned} \tag{2.71}$$

这个状态是一个混合态,因为

$$\begin{aligned}(\boldsymbol{\rho}^1)^2 &= \frac{1}{4}[|0\rangle\langle 0| + |1\rangle\langle 1|][|0\rangle\langle 0| + |1\rangle\langle 1|] \\ &= \frac{1}{4}[|0\rangle\langle 0| + |1\rangle\langle 1|]\end{aligned} \tag{2.72}$$

则 $\mathrm{tr}\,(\boldsymbol{\rho}^1)^2 = \frac{1}{2} < 1$,混合态密度矩阵平方的迹小于1。这是一个非常引人注目的结果,表明双量子比特联合系统状态是一个纯态,而第一个量子比特处于混合态,是我们不具备完全知识的一个状态。这个奇特结果是量子纠缠现象的一个特性。

4. 施密特分解和纯化

这里介绍在量子信息与量子通信中对复合系统进行处理的两个概念:施密特(Schmidt)分解和纯化。

(1) 施密特分解

设$|\boldsymbol{\psi}\rangle$是复合系统$AB$的一个纯态,则存在系统$A$的标准正交基$|\boldsymbol{n}_A\rangle$和系统$B$的标准正交基$|\boldsymbol{n}_B\rangle$,使得

$$|\boldsymbol{\psi}\rangle = \sum_n \lambda_n |\boldsymbol{n}_A\rangle |\boldsymbol{n}_B\rangle \tag{2.73}$$

其中λ_n是满足$\sum_n \lambda_n^2 = 1$的非负实数,称为施密特系数。凡是一个状态作施密特分解时,系数为1的状态为可分态,否则就是一个纠缠态。可分态其状态可以写成子态的直积。

复合系统AB是一个纯态$|\boldsymbol{\psi}\rangle$,相应的密度矩阵$\boldsymbol{\rho} = |\boldsymbol{\psi}\rangle\langle\boldsymbol{\psi}|$,对它求偏迹可得到

$$\boldsymbol{\rho}^A = \sum_\lambda \lambda_n^2 |\boldsymbol{n}_A\rangle\langle\boldsymbol{n}_A| = \mathrm{tr}_B\boldsymbol{\rho},\quad \boldsymbol{\rho}^B = \sum_\lambda \lambda_n^2 |\boldsymbol{n}_B\rangle\langle\boldsymbol{n}_B| = \mathrm{tr}_A\boldsymbol{\rho} \tag{2.74}$$

显然,这两个约化密度算符有相同的特征值λ_n^2,量子系统的许多重要性质都取决于系统约化密度算符的特征值。例如,对双量子比特状态(纯态)$|\boldsymbol{\psi}\rangle = \frac{|00\rangle + |01\rangle + |11\rangle}{\sqrt{3}}$,它的两个约化密度算符平方的矩阵迹为

$$\mathrm{tr}[(\boldsymbol{\rho}^A)^2] = \mathrm{tr}[(\boldsymbol{\rho}^B)^2] = \frac{7}{9} \tag{2.75}$$

这两个迹相同且小于1,表明它是混合态。

下面给出式(2.75)的详细计算过程:

$$\begin{aligned}\boldsymbol{\rho}^B &= \mathrm{tr}_A\left[\frac{1}{3}(|00\rangle + |01\rangle + |11\rangle)(\langle 00| + \langle 01| + \langle 11|)\right] \\ &= \frac{1}{3}(|0\rangle\langle 0| + |0\rangle\langle 1| + |1\rangle\langle 0| + 2|1\rangle\langle 1|)\end{aligned} \tag{2.76}$$

$$(\boldsymbol{\rho}^B)^2=\frac{1}{9}(2|0\rangle\langle 0|+5|1\rangle\langle 1|+3|0\rangle\langle 1|+3|1\rangle\langle 0|) \tag{2.77}$$

利用

$$\mathrm{tr}_A|00\rangle\langle 00|=\langle 0|0\rangle|0\rangle\langle 0|=|0\rangle\langle 0| \tag{2.78}$$

及

$$\mathrm{tr}|0\rangle\langle 1|=\langle 0|1\rangle=0,\quad \mathrm{tr}|0\rangle 0=\langle 0|0\rangle=1 \tag{2.79}$$

可得

$$\mathrm{tr}[(\boldsymbol{\rho}^B)^2]=\frac{7}{9}$$

类似可得

$$\begin{aligned}\boldsymbol{\rho}^A&=\mathrm{tr}_B|\boldsymbol{\psi}\rangle\langle\boldsymbol{\psi}|\\&=\frac{1}{3}(2|0\rangle\langle 0|+|0\rangle\langle 1|+|1\rangle\langle 0|+|1\rangle\langle 1|)\end{aligned} \tag{2.80}$$

$$(\boldsymbol{\rho}^A)^2=\frac{1}{9}[5|0\rangle\langle 0|+3|0\rangle\langle 1|+3|1\rangle\langle 0|+2|1\rangle\langle 1|] \tag{2.81}$$

从而

$$\mathrm{tr}[(\boldsymbol{\rho}^A)^2]=\frac{7}{9}$$

(2) 量子系统的纯化

对给定量子系统 A 的状态 $\boldsymbol{\rho}^A$，我们可以引入另一个系统，设为 R，使联合系统 AR 为纯态 $|AR\rangle$。当只讨论系统 A 时，有 $\boldsymbol{\rho}^A=\mathrm{tr}_R(|AR\rangle\langle AR|)$，纯态 $|AR\rangle$ 约化为系统 A，这个过程称为纯化。

下面看如何对给定的 $\boldsymbol{\rho}^A$ 构造系统 R 和纯态 $|AR\rangle$。设 $\boldsymbol{\rho}^A$ 有标准正交分解：

$$\boldsymbol{\rho}^A=\sum_n P_n|\boldsymbol{n}^A\rangle\langle\boldsymbol{n}^A| \tag{2.82}$$

为对 $\boldsymbol{\rho}^A$ 进行纯化，引入系统 R，它与 A 具有相同的状态空间(Hilbert 空间)，有标准正交基 n^R，复合系统 AR 为纯态，有施密特分解

$$|AR\rangle=\sum_n\sqrt{P_n}|\boldsymbol{n}^A\rangle|\boldsymbol{n}^R\rangle \tag{2.83}$$

则系统 A 对应状态 $|AR\rangle$ 的约化密度算符为

$$\begin{aligned}\boldsymbol{\rho}^A&=\mathrm{tr}_R(|AR\rangle\langle AR|)\\&=\sum_{nm}\sqrt{P_nP_m}|\boldsymbol{n}^A\rangle\langle\boldsymbol{m}^A|\mathrm{tr}(|\boldsymbol{n}^R\rangle\langle\boldsymbol{m}^R|)\\&=\sum_{nm}\sqrt{P_nP_m}|\boldsymbol{n}^A\rangle\langle\boldsymbol{m}^A|\delta_{mn}\\&=\sum_n P_n|\boldsymbol{n}^A\rangle\langle\boldsymbol{n}^A|\end{aligned} \tag{2.84}$$

式(2.84)表明给出的 $|AR\rangle$ 是 $\boldsymbol{\rho}^A$ 的纯化，即要求引入的参考系统 R 具有与 $\boldsymbol{\rho}^A$ 相同的 Hilbert 空间。

注意：施密特分解和纯化有密切关系。用于纯化一个系统 A 混合态的过程也是定义一个纯态的过程，该纯态相对系统 A 的施密特分解恰好将混合态对角化，并且施密特系统是

被分解时密度算符的特征值 P_n 的平方根。

5. 量子纠缠态[3]

量子纠缠态是量子系统不同于经典系统的一个突出表现,在量子通信中有广泛的应用。

在前文已提到,凡是一个复合系统能做系数为1的施密特分解的为可分态,凡是施密特分解系数不为1的状态就是纠缠态。下面我们介绍一个实例。

在量子通信中,一个量子比特可以用二维 Hilbert 空间的两个基矢 $|0\rangle=\begin{pmatrix}1\\0\end{pmatrix}$ 和 $|1\rangle=\begin{pmatrix}0\\1\end{pmatrix}$ 来描述。两个量子比特可以构成一个四维 Hilbert 空间,它的基矢为 $|00\rangle$, $|01\rangle$, $|10\rangle$, $|11\rangle$。

可以证明在这个四维空间的一个复合态

$$|\boldsymbol{\psi}\rangle=\frac{1}{\sqrt{2}}(|01\rangle-|10\rangle)$$

是一个纠缠态,因为它不能写成二维空间中两个矢量的直积。

证明:取二维空间的两个任意矢量

$$|\boldsymbol{\phi}_1\rangle=a|0\rangle+b|1\rangle,\quad |\boldsymbol{\phi}_2\rangle=c|0\rangle+d|1\rangle \tag{2.85}$$

证明不论 a,b,c,d 取什么值,都有

$$|\boldsymbol{\psi}\rangle\frac{1}{\sqrt{2}}(|10\rangle-|01\rangle)\neq|\boldsymbol{\phi}_1\rangle\otimes|\boldsymbol{\phi}_2\rangle \tag{2.86}$$

由

$$|\boldsymbol{\phi}_1\rangle=\begin{pmatrix}a\\b\end{pmatrix},\quad |\boldsymbol{\phi}_2\rangle=\begin{pmatrix}c\\d\end{pmatrix}$$

$$|\boldsymbol{\phi}_1\rangle\otimes|\boldsymbol{\phi}_2\rangle=\begin{pmatrix}a\begin{pmatrix}c\\d\end{pmatrix}\\ b\begin{pmatrix}c\\d\end{pmatrix}\end{pmatrix}=\begin{pmatrix}ac\\ad\\bc\\bd\end{pmatrix}=\begin{pmatrix}0\\-\frac{1}{\sqrt{2}}\\ \frac{1}{\sqrt{2}}\\0\end{pmatrix} \tag{2.87}$$

假定 $|\boldsymbol{\psi}\rangle$ 能做系数为1的施密特分解,要求:

$$ac=bd=0,\quad bc=-ad=\frac{1}{\sqrt{2}} \tag{2.88}$$

但不论 a,b,c,d 取什么值,式(2.88)中两等式都不能全部满足,因此

$$|\boldsymbol{\psi}\rangle\neq|\boldsymbol{\phi}_1\rangle\otimes|\boldsymbol{\phi}_2\rangle$$

也就是说,我们给出 $|\boldsymbol{\psi}\rangle$ 是一个纠缠态,这个态称为贝尔态,四维空间中独立贝尔态一共有4个,分别是

$$|\boldsymbol{\psi}_1\rangle=\frac{1}{\sqrt{2}}(|10\rangle-|01\rangle),\quad |\boldsymbol{\psi}_2\rangle=\frac{1}{\sqrt{2}}(|10\rangle+|01\rangle) \tag{2.89}$$

$$|\boldsymbol{\psi}_3\rangle=\frac{1}{\sqrt{2}}(|00\rangle-|11\rangle),\quad |\boldsymbol{\psi}_4\rangle=\frac{1}{\sqrt{2}}(|00\rangle+|11\rangle) \tag{2.90}$$

这 4 个贝尔态都是纠缠态，称为 4 个贝尔基。

2.4 EPR 佯谬与贝尔不等式

前面我们主要介绍了量子力学的基本原理，从内容中可以看出，微观粒子存在许多非经典的特性，例如对系统状态，我们只能用一个态矢量或波函数来描述，我们无法确定一个微观粒子在空间中确定的位置，而只能知道对其进行测量后其在各个区域中的概率，这样一种非直观的对自然的新观点，是不容易被人接受的，包括许多物理学家，其中最有名的就是相对论的创立者爱因斯坦。在 1935 年[4]，他与波多尔斯基（Podolsky）和罗森（Rosen）一起在 *Physics Review* 上发表了一篇文章，题目为“Can Quantum Mechanical Description of Physical Reality be Considered Completed?”，他们借助一个理想实验，用逻辑论证方法，证明量子力学的描述是不完备的，通常称他们的论证为 EPR 佯谬。1964 年，贝尔给出这样的佯谬即一个定量的描述[5]，并给出验证 EPR 佯谬正确性的一个证据——贝尔不等式。下面分别予以介绍。

1. EPR 佯谬和量子理论的完备性

爱因斯坦理想实验是给出一个两粒子系统的纠缠态，这里介绍 1951 年玻姆（Bohm）对这一问题的论述[6]。爱因斯坦给出的是连续变量的纠缠，而玻姆给出的是分离变量的纠缠，后者更容易理解一些。

考虑两个自旋为$\frac{1}{2}\hbar$的电子对，自旋关联成总自旋为 0 的纠缠态，状态表示为

$$|\boldsymbol{\psi}\rangle=\frac{1}{\sqrt{2}}(|10\rangle-|01\rangle)$$

假定这两个电子反向飞行，一个给 Alice，另一个给 Bob，Alice 与 Bob 彼此空间相距很远，分别作独立测量，时间间隔 Δt 很小，间距 Δx 满足

$$\Delta x^2>c^2\Delta t^2 \tag{2.91}$$

其中，c 为光速，这两个测量所构成的两个事件，从相对论角度来说是类空的，即以光速 c 传信息，在 Δt 内传不到 Δx，按经典定域论观点，这两个测量是无关的，即依据狭义相对论的定域因果关系，Alice 对其中一个电子的测量不会影响 Bob 对另一个电子的测量。

首先 Alice 在 z 方向对电子自旋进行测量，得 $S_z=\frac{1}{2}\hbar$，相应状态为$|1\rangle$。由两电子纠缠可推断 Bob 在 z 方向对电子进行测量，得 $S_z=-\frac{1}{2}\hbar$，即状态为$|0\rangle$。

如果 Alice 测量电子的自旋是 x 分量，给出 $S_x=\frac{1}{2}\hbar$，则由于相关推断可知 Bob 测量电子的自旋是 $S_x=-\frac{1}{2}\hbar$。

由于 $\boldsymbol{\sigma}_x$ 和 $\boldsymbol{\sigma}_z$ 是彼此不对易的，所以它们不能同时有确定的值，而现在得到两个不同的确定值，这就是 EPR 佯谬。

爱因斯坦认为这个佯谬表明:要么量子力学对微观世界的描述是不完备的;要么两个子系统虽然处于类空间隔,但彼此是不独立的,是相关的。爱因斯坦从经典定域实在论出发,绝对否定第二条而断定量子力学利用态矢量或波函数的描述是不完备的。玻尔(Bohr)当时对爱因斯坦等人的质疑给出明确的回答,他认为爱因斯坦等人不理解两点:①在量子力学中,两粒子构成的相关态(现称为纠缠态)是非定域的,纠缠性使两粒子形成一个不可分割的统一系统;②当对系统进行不同测量时,就会造成不同坍缩而得到不同结果。

迄今为止实验支持玻尔的观点,表明:①不管是用波函数,还是用态矢量或密度矩阵,现有量子系统的描述是完备的;②量子系统的纠缠是非定域的,在测量过程中的坍缩也是非定域的。

2. 贝尔不等式

爱因斯坦从定域实在论出发,认为量子力学波函数或态矢量描述是不完备的,其中应存在我们还不认识的隐参数。1964年,贝尔从定域实在论出发,推出一个不等式,若满足定域实在论,任何系统应满足以下不等式:

$$|p(\boldsymbol{a},\boldsymbol{b})-p(\boldsymbol{a},\boldsymbol{c})|\leqslant 1+p(\boldsymbol{b},\boldsymbol{c}) \tag{2.92}$$

其中

$$p(\boldsymbol{a},\boldsymbol{b})=\int\rho(\lambda)A(\boldsymbol{a}\lambda)B(\boldsymbol{b}\lambda)\mathrm{d}\lambda \tag{2.93}$$

λ是隐变量,$\rho(\lambda)$为其分布函数,$A(\boldsymbol{a}\lambda)$是Alice沿a方向测量相关的a粒子的自旋结果,而$B(\boldsymbol{b}\lambda)$是Bob在b方向测量相关的b粒子的自旋结果。自旋为$\frac{1}{2}$的粒子自旋算符$\hat{\boldsymbol{S}}=\frac{1}{2}\hbar\boldsymbol{\sigma}$,自旋沿任何方向测量得到$\boldsymbol{\sigma}$算符本征值$\sigma_i=\pm 1$,即$A(\boldsymbol{a}\lambda)=\pm 1$,$B(\boldsymbol{b}\lambda)=\pm 1$。

贝尔不等式有多种推广形式,其中最有名的是Clauser,Horne,Shimony,Holt在1969年提出的不等式[7],文献上称为CHSH不等式,CHSH不等式适用于讨论偏振纠缠的双光子。下面就来介绍CHSH不等式。

设想进行如图2.2所示的实验,Charlie制备光子纠缠对,一个光子给Alice,另一个光子给Bob。Alice收到光子后对其进行测量,设想他有两台测量设备,分别是A,C,测量物理量为p_A与p_C,测量值分别为$+1$,-1。同样Bob也有两台测量设备,分别为B与D,测量物理量为p_B与p_D,测量值分别为$+1$,-1。Alice用A或C测量,Bob用B或D测量,完全是随机的。Alice与Bob的测量几乎是同时的,要求其时间差Δt满足$c^2\Delta t^2<\Delta x^2$,Δx是Alice与Bob之间的空间间隔,即测量为类空事件,Δt为类空时间。

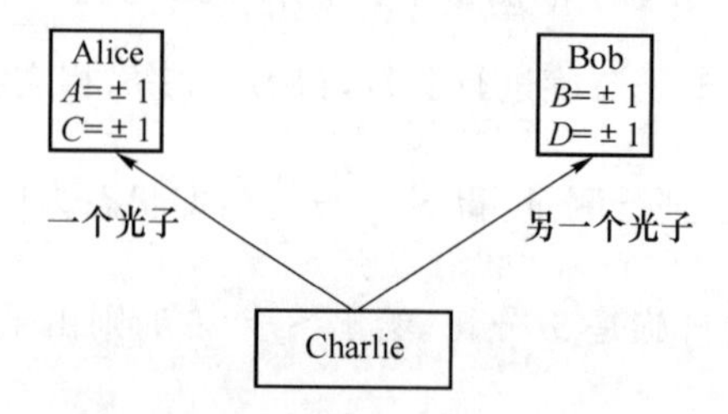

图2.2 CHSH不等式验证实验示意图

对他们的测量结果进行简单代数计算,有

$$AB+CB+CD-AD=(A+C)B+(C-A)D \tag{2.94}$$

由于 $A,C=\pm 1$，则 $A+C$ 与 $C-A$ 中一定有一个为 0，另一个为 ± 2，所以有

$$AB+CB+CD-AD=\pm 2 \tag{2.95}$$

设测量前系统处于态 $A=a,C=c,B=b,D=d$ 的概率为 $P(abcd)$，这个概率与 Charlie 如何制备两粒子有关，相应平均值表示为 $E(\cdot)$，有

$$E(AB+CB+CD-AD)=\sum_{abcd}P(abcd)(ab+cb+cd-ad)\leqslant\sum_{abcd}P(abcd)\times 2 \tag{2.96}$$

而

$$E(AB+CB+CD-AD)=E(AB)+E(CB)+E(CD)-E(AD) \tag{2.97}$$

从而得到如下不等式：

$$E(AB)+E(CB)+E(CD)-E(AD)\leqslant 2 \tag{2.98}$$

这个不等式称为 CHSH 不等式。推出这个不等式用了两个假定：①物理量 p_A,p_B,p_C,p_D 具有独立观测的值 A,B,C,D，称具有实在性；②Alice 测量不影响 Bob 测量，称具有定域性，也就是说，CHSH 不等式是定域实在论的结果。

如果两个光子处于纠缠态，会有什么样的结果呢？设 Charlie 制备的是一个双量子比特纠缠态，有

$$|\boldsymbol{\psi}\rangle=\frac{1}{\sqrt{2}}(|01\rangle-|10\rangle)$$

他将一个量子比特给 Alice，将另一个量子比特给 Bob，Alice 分别在 z 方向和 x 方向进行测量，而 Bob 分别在 45°和 135°进行测量，即

$$A=z_1$$

$$B=\frac{1}{\sqrt{2}}(-z_2-x_2)\quad 45^\circ$$

$$C=x_1$$

$$D=\frac{1}{\sqrt{2}}(z_2-x_2)\quad 135^\circ$$

由于纠缠存在，当 Alice 测到 $z_1=1$ 时，第二光子应在 $z_2=-1$ 处，即 Bob 测到的将为$\frac{1}{\sqrt{2}}$，因此测到算符平均值$\langle AB\rangle=\frac{1}{\sqrt{2}}$；当 Alice 测到 $x_1=1$ 时，第二光子将在 $x_2=-1$ 处，Bob 测到的将为(用 B 测)$\frac{1}{\sqrt{2}}$，因此，测到算符平均值$\langle CB\rangle=\frac{1}{\sqrt{2}}$。类似给出，$\langle CD\rangle=\frac{1}{\sqrt{2}}$，$\langle AD\rangle=-\frac{1}{\sqrt{2}}$。结果是

$$\langle AB\rangle+\langle CB\rangle+\langle CD\rangle-\langle AD\rangle=4\times\frac{1}{\sqrt{2}}=2\sqrt{2}>2 \tag{2.99}$$

这就违反了 CHSH 不等式的结果，即双光子如果处在双光子纠缠态就违反了 CHSH 不等式。

光子精巧实验已证明量子力学结果是正确的。这意味着 CHSH 不等式中假定至少有一个是不正确的，是定域性不对还是实在性不对呢？不同人有不同看法，但纠缠现象带来的非定域性是量子力学带给人们的新的资源。量子信息与量子通信的一个重要任务就是利用这新资源进行用经典资源不可能或难以完成的信息传输和信息处理的工作。量子密码通

信、量子远程传态和量子密集编码都有可能用纠缠去完成。

3. 量子力学非定域性的讨论

在研究微观粒子状态和运动时,采用时空变数 $x=(\boldsymbol{r},t)$ 对它作描述,称为定域描述。若物体相互作用只与当时当地的时空变数有关,称为定域物理过程。例如,电磁波包在时空中传输是一个定域物理过程。若考虑两微观粒子的作用,在 x 处的作用只与两场量 $A(x)$, $B(x)$ 有关,这也是定域物理过程。但在量子力学中,也有一些作用是非定域的。

(1) 自旋态及其坍缩的非定域性质

构成自旋 EPR 对的两个反向飞行的粒子经过一定时间后,它们的空间波包已不再交叠,但它们的自旋态依然彼此关联,这是一种不依赖空间变数关联的非定域关联。对其中一个粒子进行自旋取向测量,使其产生坍缩,若这两个粒子组合自旋单态,合成自旋为 0,则一个粒子测到自旋 $\sigma_z=+1$,遥远地方的另一个粒子将同时发生自旋态向下坍缩,使 $\sigma_z=-1$。这种同时的坍缩是两粒子关联的结果,不存在自旋态坍缩波的空间传送,这种非定域性的关联坍缩正是量子力学特性的表现。

(2) 空间波函数坍缩的非定域性质

当对一个粒子的空间波函数进行某种测量时,坍缩将引起其空间波函数的改变。例如,我们将状态波函数 $|\boldsymbol{\psi}\rangle$ 按能量算符本征函数展开,得

$$|\boldsymbol{\psi}\rangle=\sum_n C_n|\boldsymbol{n}\rangle$$

当测到状态能量为 E_n 时,状态将坍缩为 $|\boldsymbol{n}\rangle$,这个变化是整个空间分布的改变。对粒子位置进行测量,粒子波会很快坍缩为空间一点,这种空间波函数的坍缩是非定域的。

量子测量造成的坍缩不仅是随机的、不可逆的、斩断相关性的,也是非定域的。量子关联的非定域性将在量子通信的实践中得到更广泛的实验证实。

习　题

2.1　当量子力学系统用密度矩阵表示时,试给出相应量子力学 5 条基本公设的表述。

2.2　若 $\{|0\rangle,|1\rangle\}$ 是二维 Hilbert 空间 $\mathbf{R}^2$ 的正交基,取算符 $\mathbf{A}=|0\rangle\langle 0|+|1\rangle\langle 1|$,给出以下 3 种基:

① $|0\rangle=\begin{pmatrix}1\\0\end{pmatrix},|1\rangle=\begin{pmatrix}0\\1\end{pmatrix}$;

② $|0\rangle=\frac{1}{\sqrt{2}}\begin{pmatrix}1\\1\end{pmatrix}$, $|1\rangle=\frac{1}{\sqrt{2}}\begin{pmatrix}1\\-1\end{pmatrix}$;

③ $|0\rangle=\begin{pmatrix}\cos\theta\\\sin\theta\end{pmatrix},|1\rangle=\begin{pmatrix}\sin\theta\\-\cos\theta\end{pmatrix}$。

试求 $\mathbf{A}$ 在这些基中的矩阵表示。

2.3　取状态 $|\boldsymbol{\psi}\rangle=\begin{pmatrix}\exp(\mathrm{i}\varphi)\cos\theta\\\sin\theta\end{pmatrix}$,其中 φ 与 θ 为实数,求密度算符 $\boldsymbol{\rho}=|\boldsymbol{\psi}\rangle\langle\boldsymbol{\psi}|$,并求 $\mathrm{tr}\,\boldsymbol{\rho}$ 和 $\boldsymbol{\rho}^2$。

2.4　若取二维 Hilbert 空间正交基为$|0\rangle=\begin{pmatrix}1\\0\end{pmatrix}$，$|1\rangle=\begin{pmatrix}0\\1\end{pmatrix}$，试求它们的张量积$|0\rangle\otimes|0\rangle$，$|0\rangle\otimes|1\rangle$，$|1\rangle\otimes|0\rangle$，$|1\rangle\otimes|1\rangle$，并说明它们构成四维 Hilbert 空间的正交基。

2.5　已知泡利矩阵 $\boldsymbol{\sigma}_x=\begin{pmatrix}0&1\\1&0\end{pmatrix}$，$\boldsymbol{\sigma}_y=\begin{pmatrix}0&-\mathrm{i}\\\mathrm{i}&0\end{pmatrix}$，$\boldsymbol{\sigma}_z=\begin{pmatrix}1&0\\0&-1\end{pmatrix}$，试求矩阵的张量积：$\boldsymbol{\sigma}_x\otimes\boldsymbol{\sigma}_y$，$\boldsymbol{\sigma}_y\otimes\boldsymbol{\sigma}_z$。

2.6　若二维 Hilbert 空间 $\mathbf{C}^2$ 的正交基为 $|0\rangle=\begin{pmatrix}\exp(\mathrm{i}\varphi)\cos\theta\\\sin\theta\end{pmatrix}$，$|1\rangle=\begin{pmatrix}-\exp(\mathrm{i}\varphi)\sin\theta\\\cos\theta\end{pmatrix}$。在张量积 $\mathbf{C}^2\otimes\mathbf{C}^2$ 空间中贝尔态为

$$|\boldsymbol{\phi}^+\rangle=\frac{1}{\sqrt{2}}(|0\rangle\otimes|0\rangle+|1\rangle\otimes|1\rangle),\quad |\boldsymbol{\phi}^-\rangle=\frac{1}{\sqrt{2}}(|0\rangle\otimes|0\rangle-|1\rangle\otimes|1\rangle)$$

$$|\boldsymbol{\psi}^+\rangle=\frac{1}{\sqrt{2}}(|0\rangle\otimes|1\rangle+|1\rangle\otimes|0\rangle),\quad |\boldsymbol{\psi}^-\rangle=\frac{1}{\sqrt{2}}(|0\rangle\otimes|1\rangle-|1\rangle\otimes|0\rangle)$$

试给出这 4 个态的矩阵表示，若 $\varphi=0,\theta=0$，结果又如何？

2.7　若哈密顿算符 $\boldsymbol{H}=\hbar\omega\boldsymbol{\sigma}_x$，$\boldsymbol{\sigma}_x=\begin{pmatrix}0&1\\1&0\end{pmatrix}$，满足 $\exp(-\frac{\mathrm{i}\boldsymbol{H}t}{\hbar})\equiv\boldsymbol{U}(t)=\begin{pmatrix}\cos(\omega t)&-\mathrm{i}\sin(\omega t)\\-\mathrm{i}\sin(\omega t)&\cos(\omega t)\end{pmatrix}$，系统初态$|\boldsymbol{\psi}(0)\rangle=\begin{pmatrix}1\\0\end{pmatrix}$：

① 试求薛定谔方程的解$|\boldsymbol{\psi}(t)\rangle=\exp(-\mathrm{i}\boldsymbol{H}t/\hbar)|\boldsymbol{\psi}(0)\rangle$，并计算$|\langle\boldsymbol{\psi}(0)|\boldsymbol{\psi}(t)\rangle|^2$；

② 求海森堡方程 $\mathrm{i}\hbar\frac{\mathrm{d}\boldsymbol{\sigma}_z}{\mathrm{d}t}=[\boldsymbol{\sigma}_z(t),\boldsymbol{H}]$ 的解 $\boldsymbol{\sigma}_z(t)=\exp\left(\frac{\mathrm{i}\boldsymbol{H}t}{\hbar}\right)\boldsymbol{\sigma}_z(0)\exp\left(-\frac{\mathrm{i}\boldsymbol{H}t}{\hbar}\right)$；

③ 证明$\langle\boldsymbol{\psi}(0)|\boldsymbol{\sigma}_z(t)|\boldsymbol{\psi}(0)\rangle=\langle\boldsymbol{\psi}(t)|\boldsymbol{\sigma}_z(0)|\boldsymbol{\psi}(t)\rangle$，其中$\boldsymbol{\sigma}_z(0)=\begin{pmatrix}1&0\\0&-1\end{pmatrix}$。

本章参考文献

[1]　杨伯君. 量子光学基础[M]. 北京：北京邮电大学出版社，1996.

[2]　曾谨言. 量子力学导论[M]. 北京：北京大学出版社，1992.

[3]　张永德. 量子信息物理原理[M]. 北京：科学出版社，2006.

[4]　Einstein A，Podosky B，Rosen N. Can quantum mechanical discription of phsical reality be considered complete? [J]. Phys. Rev.，1935(47)：777-780.

[5]　Nielsen M A，Chuang I L. Quantum Computation and Quantum Information[M]. Cambridge：Cambridge University Press，2000.

[6]　Alber G，Beth T. Quantum Information[M]. Berlin：Springer，2001.

[7]　Clauser J F，Horne M A，Shimony A，et al. Proposed experiment to test local hidden variable theories[J]. Phys. Rev. Lett.，1969(49)：1804-1809.

[8]　Steeb W H，Harby Y. Problems and Solutions in Quantum Computing and Quantum Information[M]. [S. n.]：South Africa World Press，2004.

第 3 章　量子信息论基础[1-2]

信息论是通信的数学基础，它通过数学描述与定量分析，研究通信系统的全过程，包括信息的测度、信道容量、信源和信道编码理论等问题。量子通信的数学基础是量子信息论，经典通信的数学基础是香农信息论，香农信息论已发展得比较成熟。而量子信息论还处在发展过程中。为了使读者更好地了解量子信息论的基础知识，以及量子信息论与经典信息论的异同之处，本章采用经典信息论与量子信息论并行介绍的方法进行阐述。

本章包括以下几节。

① 熵、量子信息的测度。

② 可获取的最大信息。

③ 量子无噪声信道编码定理。

④ 带噪声量子信道上的信息。

熵不仅给出了量子信息的测度，也给出了可获取信息的上限，并且给出了量子可靠编码需要的量子比特下限。本章主要讲解信息熵的意义、性质及系统信息熵的计算方法。

3.1　熵、量子信息的测度

熵的概念来自热力学与统计物理学，热力学中最重要的定理是热力学第二定律，它指出任何一个孤立系统的热力学过程总是向熵增加的方向进行。熵是系统混乱度的量度，在统计物理学中，近独粒子系统熵与粒子速度分布函数 $f(v)$ 的关系可表示为

$$S=-\int f(v)\ln f(v)\mathrm{d}v$$

1948 年，信息论创始人香农创造性地将概率论方法用于研究通信中的问题，并引入信息熵的概念，用信息熵作为信息量多少的测度，信息熵已成为经典信息论和量子信息论中最重要的概念之一。用它来度量物理系统状态所包含的不确定性，它也是我们对物理系统测量后所获得信息多少的一种测度。本节将讲述经典信息论与量子信息论中熵的定义和基本性质。

1. 经典香农熵

香农熵是经典信息论中的基本概念。对于随机变量 X，它具有不确定性，它可以取不同值：$x_1,x_2,\cdots,x_n$。X 的香农熵既是我们测到 X 的值之前关于 X 的不确定性的测度，也可以视为测到 X 值之后我们得到信息多少的一种平均测度。

定义 3.1　设对随机变量 X，测到其值为 $x_1,x_2,\cdots,x_i,\cdots,x_n$，概率分别为 $P_1,P_2,\cdots,$

$P_j, \cdots, P_n$，则与该概率分布相联系的香农熵定义为

$$H(X) = H(P_1, P_2, \cdots, P_n) = -\sum_i P_i \log_2 P_i \tag{3.1}$$

其中 P_i 是测到 x_i 的概率。

必须强调的是，这里对数 log 是以 2 为底的，因此熵的单位是比特(bit)，并且约定 $0\log_2 0 = 0$，其中概率满足：$\sum_{i=1}^{n} P_i = 1$。

例如，投掷两面均匀的硬币，两面出现的概率均为 1/2，其相应熵为

$$H(X) = -\sum_{i=1}^{2} P_i \log_2 P_i = -\frac{1}{2}\log_2\frac{1}{2} - \frac{1}{2}\log_2\frac{1}{2} = \frac{1}{2} + \frac{1}{2} = 1$$

若投掷均匀的四面体，则熵为

$$H(X) = 4\left(-\frac{1}{4}\log_2\frac{1}{4}\right) = 4 \times \frac{1}{2} = 2\ \text{bit}$$

一般地，如果随机变量取两个值，概率分别为 P 与 $1-P$，则熵为

$$H_2(P) = -P\log_2 P - (1-P)\log_2(1-P) \tag{3.2}$$

人们称它为二元熵。二元熵函数与概率 P 的关系如图 3.1 所示，可以看出当 $P=1/2$ 时，$H_2(P)$ 取最大值，为 1。

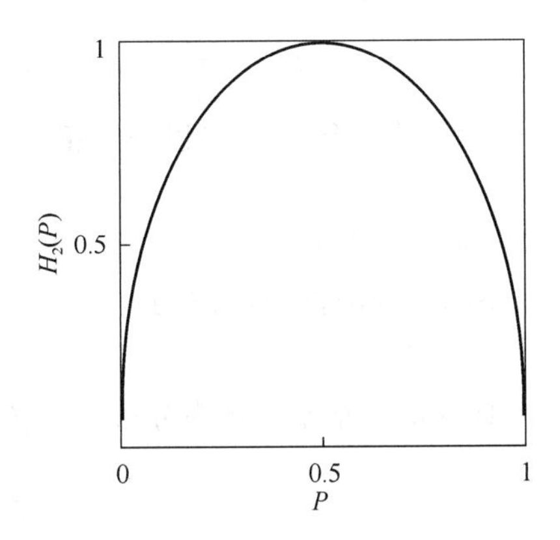

图 3.1　二元熵函数与概率 P 的关系

二元熵为我们理解熵的性质提供了一些容易掌握的实例，例如用它讨论两个概率分布混合时系统的行为。

设想 Alice 有两个硬币，一个是美元，另一个是人民币，两硬币两面都不均匀，两面出现的概率不是 1/2，设美元正面出现的概率为 P_U，人民币正面出现的概率为 P_C，假定 Alice 投美元的概率为 Q，投人民币的概率为 $1-Q$，Alice 告诉 Bob 正面或反面，平均而言 Bob 获得多少信息？

Bob 获得的信息会大于或等于单独投美元和人民币获得的信息，在数学上表示为

$$H_2(QP_U + (1-Q)P_C) \geqslant QH_2(P_U) + (1-Q)H_2(P_C) \tag{3.3}$$

不等式(3.3)表示 Bob 不仅获得硬币是正面或反面的信息，还可能获得硬币类型的附加信息。例如，若 $P_U=1/3$，$P_C=5/6$，而出现面为正面，这告诉 Bob，该币很可能是人民币。

具体计算如下(取 $Q=1/2$)：

$$H_2(P_U)=H_2\left(\frac{1}{3}\right)=-\frac{1}{3}\log_2\frac{1}{3}-\frac{2}{3}\log_2\frac{2}{3}=\frac{1}{3}\times1.585+\frac{2}{3}\times0.585=0.918$$

$$H_2(P_C)=H_2(\frac{5}{6})=-\frac{5}{6}\log_2\frac{5}{6}-\frac{1}{6}\log_2\frac{1}{6}=\frac{5}{6}\times0.262+\frac{1}{6}\times2.585=0.649$$

$$qH_2(P_U)+(1-Q)H_2(P_C)=\frac{1}{2}H_2\left(\frac{1}{3}\right)+\frac{1}{2}H_2(\frac{5}{6})=0.784$$

$$H_2(QP_U+(1-Q)P_C)=H_2\left(\frac{1}{6}+\frac{5}{12}\right)=H_2(\frac{7}{12})=0.98$$

定义 3.2 凡是一个实函数 f 满足以下关系：

$$f(Px+(1-P)y)\geqslant Pf(x)+(1-P)f(y) \tag{3.4}$$

其中，$0\leqslant P,x,y\leqslant1$，这时称函数 f 具有凹性，表示二元熵是有凹性的，一般信息熵都是具有凹性的。若不等式(3.4)反过来，则称函数 f 具有凸性。

下面介绍有关熵的几个重要概念，它们涉及几个概率分布关系。

(1) 相对熵

定义 3.3 对同一随机变量 X 有两个概率 $P(x)$ 和 $Q(x)$，$P(x)$ 到 $Q(x)$ 的相对熵定义为

$$\begin{aligned}H(P(x)\|Q(x))&=\sum_x P(x)\log_2(P(x)/Q(x))\\&=-H(X)-\sum_x P(x)\log_2 Q(x)\end{aligned} \tag{3.5}$$

相对熵可以作为两个分布间距离的一个度量，可以证明相对熵满足 $H(P(x)\|Q(x))\geqslant0$，即相对熵是非负的。

利用相对熵的非负性可以证明一个重要定理，该定理如下。

定理 3.1 设 X 是具有 d 个结果的随机变量，则 $H(X)\leqslant\log_2 d$，当 X 在 d 个结果上分布相同时取等号。

证明：设 $P(x)$ 是 X 的一个具有 d 个结果的概率分布，令 $Q(x)=1/d$，则有

$$H(P(x)\|Q(x))=H(P(x)\|1/d)=-H(X)-\sum_x P(x)\log_2(1/d)$$

因为 $\sum_x P(x)=1$，所以 $H(P(x)\|Q(x))=\log_2 d-H(X)\geqslant0$，即 $\log_2 d\geqslant H(X)$。

(2) 联合熵与条件熵

定义 3.4 设 X 和 Y 是两个随机变量，X 和 Y 的联合熵定义为

$$H(XY)=-\sum_{xy}P(xy)\log_2 P(xy) \tag{3.6}$$

其中 $P(xy)$ 是 X 取值 x 及 Y 取值 y 同时发生的概率。若 X 取值 x 的概率为 $P(x)$，Y 取值 y 的概率为 $P(y)$，则它们各自的信息熵为 $H(X)$ 与 $H(Y)$。

联合熵是测量 XY 对总个不确定性的测度，若从联合熵中减去 Y 的熵，就得到了在已知 Y 条件下 X 的条件熵，表示为

$$H(X|Y)=H(XY)-H(Y) \tag{3.7}$$

它是在已知 Y 值的条件下，平均而言对 X 值的不确定性的测度。

(3) 互信息

定义 3.5 将包含 X 信息的 $H(X)$ 加上包含 Y 信息的 $H(Y)$，再减去联合信息 $H(XY)$，

就得到 X 和 Y 的共同信息 $H(X:Y)$，称为互信息，即有

$$H(X:Y)=H(X)+H(Y)-H(XY) \tag{3.8}$$

将条件熵和互信息联系起来有：

$$H(X:Y)=H(X)-H(X|Y)=H(Y)-H(Y|X) \tag{3.9}$$

互信息和各种熵之间的关系可以用一个图形来表示，如图 3.2 所示。此图称为维恩(Venn)图，利用它可以帮助人们理解各种熵之间的关系。但此图对量子熵不适用。

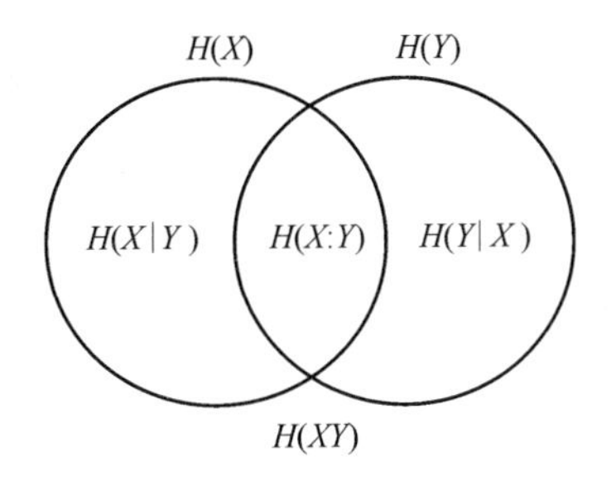

图 3.2 互信息和各种熵之间的关系

下面集中给出 Shannon(香农)熵的几点性质。

① $H(XY)=H(YX)$；$H(X:Y)=H(Y:X)$。

② 因为 $H(Y|X)\geqslant 0$，从而 $H(X:Y)\leqslant H(Y)$，只有当 Y 是 X 的函数，即当 $Y=f(X)$ 时，才取等号。

③ $H(X)\leqslant H(XY)$，当 Y 是 X 的函数时取等号。

④ $H(XY)\leqslant H(X)+H(Y)$，称为熵的次可加性，当 X 与 Y 是两个独立随机变量时取等号。

⑤ 因为 $H(Y|X)\leqslant H(Y)$，从而 $H(X:Y)\geqslant 0$，当 X 与 Y 是两个独立随机变量时取等号。

⑥ 3 个随机变量熵满足强次可加性，即

$$H(XYZ)+H(Y)\leqslant H(XY)+H(YZ) \tag{3.10}$$

当 Z-Y-X 构成马尔可夫(Markov)链时取等号。

一个离散随机变量序列为 $X_1,X_2,\cdots$，其概率分布函数满足

$$p(X_{n+1}=x_{n+1}|X_n=x_n,\cdots,X_1=x_1)=p(X_{n+1}=x_{n+1}|X_n=x_n) \tag{3.11}$$

这个离散随机变量序列称为马尔可夫序列，即当前符号的概率仅与前一个符号有关，而与更前面的符号无关，即 Z 的概率只与 Y 有关，而与 X 无关，则 Z-Y-X 构成马尔可夫链。

⑦ 条件减少熵：

$$H(X|YZ)\leqslant H(X|Y) \tag{3.12}$$

即在已知 Y,Z 时关于 X 的不确定性会低于仅知 Y 时 X 的不确定性，代入条件熵，式(3.12)变为

$$H(XYZ)-H(YZ)\leqslant H(XY)-H(Y) \tag{3.13}$$

这个结果可以由性质⑥移项得到。进一步的讨论将在后面的量子熵中进行。

⑧ 设 X-Y-Z 是一个马尔可夫链,则

$$H(X)\geqslant H(X:Y)\geqslant H(X:Z) \tag{3.14}$$

表达式(3.14)称为数据处理不等式,表示 X,Z 共享的任何信息也必为 X,Y 共享。

2. 量子冯·诺依曼熵

将香农经典熵推广到量子状态,就是用密度算符代替熵中概率分布。

定义 3.6 若量子系统用密度算符 $\boldsymbol{\rho}$ 描述,则相应量子熵定义为

$$S(\boldsymbol{\rho})=-\mathrm{tr}(\boldsymbol{\rho}\log_2\boldsymbol{\rho}) \tag{3.15}$$

量子熵最早由冯·诺依曼(von Neumann)引入,故又称冯·诺依曼熵,若 λ_n 是 $\boldsymbol{\rho}$ 的特征值,冯·诺依曼熵又可以写为

$$S(\boldsymbol{\rho})=-\sum_n\lambda_n\log_2\lambda_n \tag{3.16}$$

同样取 $0\log_2 0=0$,在具体计算中,式(3.16)用得比较多。例如:

① 取 $\boldsymbol{\rho}=\frac{1}{2}\begin{pmatrix}1&1\\1&1\end{pmatrix}$,由 $\begin{vmatrix}\lambda-\frac{1}{2}&\frac{1}{2}\\\frac{1}{2}&\lambda-\frac{1}{2}\end{vmatrix}=0$ 得其特征值 $\lambda=1,0$,则其冯·诺依曼熵为 $S(\boldsymbol{\rho})=-1\log_2 1-0\log_2 0=0$;

② 对于 d 维空间中完全混合密度算符 $\boldsymbol{\rho}=\frac{1}{d}\begin{pmatrix}1&0&\cdots&0\\0&1&\cdots&0\\\vdots&\vdots&&\vdots\\0&0&\cdots&1\end{pmatrix}$,其冯·诺依曼熵为 $S(\boldsymbol{\rho})=-d\times\frac{1}{d}\log_2 d=\log_2 d$;

③ 若 $\boldsymbol{\rho}=\sum p_i\,|\boldsymbol{i}\rangle\langle\boldsymbol{i}|$,则其冯·诺依曼熵为 $S(\boldsymbol{\rho})=-\sum_i p_i\log_2 p_i$。

定义 3.7 若 $\boldsymbol{\rho}$ 与 $\boldsymbol{\sigma}$ 是密度算符,$\boldsymbol{\rho}$ 到 $\boldsymbol{\sigma}$ 的量子相对熵定义为

$$S(\boldsymbol{\rho}\|\boldsymbol{\sigma})\equiv\mathrm{tr}(\boldsymbol{\rho}\log_2\boldsymbol{\rho})-\mathrm{tr}(\boldsymbol{\rho}\log_2\boldsymbol{\sigma}) \tag{3.17}$$

可以证明量子相对熵是非负的,即 $S(\boldsymbol{\rho}\|\boldsymbol{\sigma})\geqslant 0$,当 $\boldsymbol{\rho}=\boldsymbol{\sigma}$ 时取等号。此不等式称 Klein 不等式,证明见习题 3.6。

下面介绍冯·诺依曼熵的几点性质。

① 熵是非负的,对于纯态,熵为 0。

例如贝尔态,$|\boldsymbol{\psi}\rangle=\frac{1}{\sqrt{2}}(|10\rangle+|01\rangle)$,它是一个纯态,其密度矩阵为

$$\boldsymbol{\rho}=|\boldsymbol{\psi}\rangle\langle\boldsymbol{\psi}|=\frac{1}{2}\begin{pmatrix}0&0&0&0\\0&1&1&0\\0&1&1&0\\0&0&0&0\end{pmatrix}$$

该矩阵的特征值为 0, 1, 0, 0,其冯·诺依曼熵 $S(\boldsymbol{\rho})=0$。

② 在 d 维 Hilbert 空间中熵最大为 $\log_2 d$,但只有系统处在完全混合态,即 $\boldsymbol{\rho}=\frac{1}{d}\boldsymbol{I}$ 时,才能取最大值。

③ 设复合系统 AB 处在纯态,则 $S(A)=S(B)$。

性质②可以从相对熵的非负性得到，具体地，在 d 维 Hilbert 空间中相对熵满足 $0\leqslant S\left(\boldsymbol{\rho}\middle\|\frac{1}{d}\right)=-S(\boldsymbol{\rho})+\log_2 d$，移项后可得到性质②：$S(\boldsymbol{\rho})\leqslant\log_2 d$。性质③可以从施密特分解得到，因为系统 A 和 B 的密度算符特征值相同，而熵完全由特征值决定，故 $S(A)=S(B)$。

④ 在正交子空间中，设状态为 $\boldsymbol{\rho}_i$，其概率为 P_i，则有

$$S\left(\sum_i P_i\boldsymbol{\rho}_i\right)=H(P_i)+\sum_i P_i S(\boldsymbol{\rho}_i) \tag{3.18}$$

若 λ_i^j 和 $|\boldsymbol{e}_i^j\rangle$ 分别是 $\boldsymbol{\rho}_i$ 的特征值和特征矢量，则 $\sum_i P_i\lambda_i^j$ 和 $|\boldsymbol{e}_i^j\rangle$ 分别是 $\sum_i P_i\boldsymbol{\rho}_i$ 的特征值与特征矢量，从而有

$$\begin{aligned}S\left(\sum_i P_i\boldsymbol{\rho}_i\right)&=-\sum_{ij}P_i\lambda_i^j\log_2(P_i\lambda_i^j)\\&=-\sum_i P_i\log_2 P_i-\sum_i P_i\sum_j\lambda_i^j\log_2\lambda_i^j\\&=H(P_i)+\sum_i P_i S(\boldsymbol{\rho}_i)\left(\text{因为}\sum\lambda_i^j=1\right)\end{aligned} \tag{3.19}$$

从式(3.19)还可以得到所谓的联合熵定理。

⑤ 联合熵定理：设 P_i 是概率，$|\boldsymbol{i}\rangle$ 是子系统 A 的正交状态，$\boldsymbol{\rho}_i$ 是另一系统 B 的任一组密度算符，则有

$$S\left(\sum_i P_i|\boldsymbol{i}\rangle\langle\boldsymbol{i}|\otimes\boldsymbol{\rho}_i\right)=H(P_i)+\sum_i P_i S(\boldsymbol{\rho}_i) \tag{3.20}$$

利用联合熵定理可以证明两个系统直积态熵等于两系统熵之和，即 $S(\boldsymbol{\rho}\otimes\boldsymbol{\sigma})=S(\boldsymbol{\rho})+S(\boldsymbol{\sigma})$，证明见习题 3.7。

类似于经典香农熵，对复合量子系统也可以定义量子联合熵、量子条件熵和量子互信息。

定义 3.8　若 A，B 组成复合系统，其密度矩阵为 $\boldsymbol{\rho}^{AB}$，定义 A 和 B 的联合熵为

$$S(AB)=-\mathrm{tr}(\boldsymbol{\rho}^{AB}\log_2\boldsymbol{\rho}^{AB}) \tag{3.21}$$

定义 3.9　在已知 B 的条件下，A 的条件熵定义为

$$S(A|B)=S(AB)-S(B) \tag{3.22}$$

定义 3.10　A 和 B 的互信息定义为

$$S(A:B)=S(A)+S(B)-S(AB)=S(A)-S(A|B)=S(B)-S(B|A) \tag{3.23}$$

需注意的是，香农经典熵的某些结果对量子冯·诺依曼熵不成立。例如，两随机变量 X 与 Y 的香农熵满足 $H(XY)\geqslant H(X)$，即联合熵大于单个变量的熵，而对量子系统，此结论就不一定成立。比如，双量子比特系统 A，B 处于纠缠态 $|AB\rangle=\frac{1}{\sqrt{2}}(|00\rangle+|11\rangle)$，它是一个纯态，其量子冯·诺依曼熵 $S(AB)=0$，而对子系统 A，其约化密度矩阵为

$$\begin{aligned}\boldsymbol{\rho}^A&=\mathrm{tr}_B|\boldsymbol{\psi}\rangle\langle\boldsymbol{\psi}|\\&=\frac{1}{2}\mathrm{tr}_B(|00\rangle+|11\rangle)(\langle00|+\langle11|)\\&=\frac{1}{2}(|0\rangle\langle0|+|1\rangle\langle1|)\\&=\frac{1}{2}\begin{pmatrix}1&0\\0&1\end{pmatrix}\\&=\frac{1}{2}\boldsymbol{I}\end{aligned}$$

则熵 $S(A)=-\frac{1}{2}\log_2\frac{1}{2}-\frac{1}{2}\log_2\frac{1}{2}=1$,得 $S(A)>S(AB)$。这个结果的另一种表示为 $S(B|A)=S(BA)-S(A)<0$,因此,若 $|AB\rangle$ 为纠缠态,则其条件熵 $S(B|A)<0$。

对于联合熵还可以给出下面两个不等式:

$$S(AB)\leqslant S(A)+S(B) \tag{3.24}$$

$$S(AB)\geqslant |S(A)-S(B)| \tag{3.25}$$

第一个不等式(3.24)称冯·诺依曼熵的次可加性不等式,等号对应于 $\boldsymbol{\rho}^{AB}=\boldsymbol{\rho}^{A}\otimes\boldsymbol{\rho}^{B}$,即 A,B 是独立系统。第二个不等式(3.25)称为三角不等式。

下面介绍两个定理。

定理3.2(熵的凹性定理) 若量子系统的状态以概率 P_i 处在状态 $\boldsymbol{\rho}_i$,其中 P_i 满足 $\sum_i P_i=1$,则熵函数满足以下关系:

$$S\Big(\sum_i P_i\boldsymbol{\rho}_i\Big)\geqslant\sum_i P_iS(\boldsymbol{\rho}_i) \tag{3.26}$$

满足式(3.26)的函数为凹函数,表明冯·诺依曼熵与香农熵同样具有凹性,同时也表明混合系统的不确定性高于状态 $\boldsymbol{\rho}_i$ 的平均不确定性。

证明:设 $\boldsymbol{\rho}_i$ 是系统 A 的一组状态,引入辅助系统,其相应密度矩阵为 $|\boldsymbol{i}\rangle\langle\boldsymbol{i}|$,则联合状态 $\boldsymbol{\rho}^{AB}$ 为

$$\boldsymbol{\rho}^{AB}=\sum_i P_i\boldsymbol{\rho}_i\otimes|\boldsymbol{i}\rangle\langle\boldsymbol{i}|$$

对应 A,B 系统的熵为

$$S(A)=S(\sum_i P_i\boldsymbol{\rho}_i)$$

$$S(B)=S(\sum_i P_i|\boldsymbol{i}\rangle\langle\boldsymbol{i}|)=H(P_i)=-\sum_i P_i\log_2 P_i$$

利用冯·诺依曼熵的性质④ $S\Big(\sum_i P_i\boldsymbol{\rho}_i\Big)=H(P_i)+\sum_i P_iS(\boldsymbol{\rho}_i)$ 和次可加性关系 $S(AB)\leqslant S(A)+S(B)$,得

$$\sum_i P_iS(\boldsymbol{\rho}_i)\leqslant S(\sum_i P_i\boldsymbol{\rho}_i)$$

定理3.3(混合量子状态熵的上限估值定理) 设 $\boldsymbol{\rho}=\sum_i P_i\boldsymbol{\rho}_i$,其中 P_i 是一组概率,$\boldsymbol{\rho}_i$ 为相应的密度算符,则

$$S(\boldsymbol{\rho})\leqslant H(P_i)+\sum_i P_iS(\boldsymbol{\rho}_i) \tag{3.27}$$

当 $\boldsymbol{\rho}_i$ 为正交子空间上的支集时取等号,即前面说的冯·诺依曼熵的性质④。

证明:将 $\boldsymbol{\rho}_i$ 进行标准正交基分解,即 $\boldsymbol{\rho}_i=\sum_j P_j^i|\boldsymbol{e}_j^i\rangle\langle\boldsymbol{e}_j^i|$,则有

$$\boldsymbol{\rho}=\sum_{ij}P_iP_j^i|\boldsymbol{e}_j^i\rangle\langle\boldsymbol{e}_j^i|$$

再利用投影测量不减熵有

$$S(\boldsymbol{\rho})\leqslant-\sum_{ij}P_iP_j^i\log_2(P_iP_j^i)=-\sum_i P_i\log_2 P_i-\sum_i P_i\sum_j P_j^i\log_2 P_j^i \tag{3.28}$$

因为 $\sum_j P_j^i=1$,则有

$$-\sum_i P_i \log_2 P_i - \sum_i P_i \sum_j P_j^i \log_2 P_j^i = H(P_i) + \sum_i P_i S(\boldsymbol{\rho}_i) \tag{3.29}$$

定理得证。

利用定理 3.2 和定理 3.3，可以得到混合量子系统状态熵一个很重要的关系，即

$$\sum_i P_i S(\boldsymbol{\rho}_i) \leqslant S(\sum_i P_i \boldsymbol{\rho}_i) \leqslant H(P_i) + \sum_i P_i S(\boldsymbol{\rho}_i) \tag{3.30}$$

式(3.30)给出了混合量子系统熵的上下限。

3. 冯·诺依曼熵的强次可加性

二量子系统的次可加性和三角不等式可以推广到三量子系统，结果为强次可加性，它是量子信息论中重要的有用结论之一。

定理 3.4　对任意的三量子系统 A,B,C，以下不等式成立：

$$S(A)+S(B) \leqslant S(AB)+S(BC) \tag{3.31}$$

$$S(ABC)+S(B) \leqslant S(AB)+S(BC) \tag{3.32}$$

式(3.31)表示 A,B 两系统的不确定性之和小于 AC 和 BC 两联合系统不确定性之和。式(3.32)表示 A,B,C 三系统联合不确定性加上 B 系统不确定性小于等于 AB 和 BC 联合系统不确定性之和。这两个结果严格证明是很困难的，下面给出一个简单的论证。

证明：对系统 ABC 定义密度算符函数 $T(\boldsymbol{\rho}^{ABC})$，取

$$T(\boldsymbol{\rho}^{ABC}) \equiv S(A)+S(B)-S(AC)-S(BC) \tag{3.33}$$

利用条件熵的定义，有

$$T(\boldsymbol{\rho}^{ABC}) = -S(C|A)-S(C|B) \tag{3.34}$$

条件熵 $S(C|B)$ 具有凹性且与 $-S(C|B)$ 只差一个符号，表明 $T(\boldsymbol{\rho}^{ABC})$ 是 $\boldsymbol{\rho}^{ABC}$ 的凸函数，取 $\boldsymbol{\rho}^{ABC}$ 的谱分解 $\boldsymbol{\rho}^{ABC} = \sum_i P_i \mid \boldsymbol{i}\rangle\langle \boldsymbol{i} \mid$，由 T 的凸性有

$$T(\boldsymbol{\rho}^{ABC}) \leqslant \sum_i P_i T(\mid \boldsymbol{i}\rangle\langle \boldsymbol{i} \mid) \tag{3.35}$$

对于纯态 $T|\boldsymbol{i}\rangle\langle \boldsymbol{i}|=0$，有 $S(AC)=S(B)$，$S(BC)=S(A)$，$T(\boldsymbol{\rho}^{ABC})=0$。对于一般态 $T(\boldsymbol{\rho}^{ABC}) \leqslant 0$，则得到不等式

$$S(A)+S(B) \leqslant S(AC)+S(BC)$$

即式(3.31)。引入一个辅助系统 R，使 $ABCR$ 为纯态，则 $S(R)=S(ABC)$，而对 RBC 形成三量子态系统有

$$S(R)+S(B) \leqslant S(RC)+S(BC) \tag{3.36}$$

再利用 $S(RC)=S(AB)$，当 $ABCR$ 为纯态时，有 $S(ABC)+S(B) \leqslant S(RC)+S(BC)$，即证明了强次不等式(3.32)。

熵的强次可加性也可以用条件熵和互信息的语言来描述，由式(3.34)可以得到

$$0 \leqslant S(C|A)+S(C|B), \quad S(A:B)+S(A:C) \leqslant 2S(A) \tag{3.37}$$

下面介绍定理 3.4 的几个推论。

① 增加条件熵减少，设 ABC 是复合量子系统，则

$$S(A|BC) \leqslant S(A|B) \tag{3.38}$$

② 丢弃量子态不增加互信息，即

$$S(A:B) \leqslant S(A:BC) \tag{3.39}$$

③ 相对熵的单调性。若 $\boldsymbol{\rho}^{AB}$ 和 $\boldsymbol{\sigma}^{AB}$ 是复合系统 AB 的任意两个密度矩阵,则$S(\boldsymbol{\rho}^{A}\|\boldsymbol{\sigma}^{A})\leqslant S(\boldsymbol{\rho}^{AB}\|\boldsymbol{\sigma}^{AB})$,这表示忽略系统一部分相对熵减少,称相对熵的单调性。

④ 量子运算不增加互信息。若 AB 是复合量子系统,F 是作用在系统 B 上的保迹的量子运算,令 $S(A:B)$是 F 作用前的 AB 互信息,$S(A':B')$是 F 作用后的互信息,则有 $S(A':B')\leqslant S(A:B)$,表示测量不会增加互信息。证明从略。

⑤ 条件熵的次可加性。复合系统条件熵满足以下关系:

$$\begin{cases}S(A,B|C,D)\leqslant S(A|C)+S(B|D)\\ S(A,B|C)\leqslant S(A|C)+S(B|C)\\ S(A|B,C)\leqslant S(A|B)+S(A|C)\end{cases} \tag{3.40}$$

证明:对四量子系统 $ABCD$,其强次可加性为

$$S(A,B,C,D)+S(C)\leqslant S(A,C)+S(B,C,D,)$$

两边同加 $S(D)$,得到

$$S(A,B,C,D)+S(C)+S(D)\leqslant S(A,C)+S(B,C,D)+S(D)$$

右边后两项用强次可加性得

$$S(A,B,C,D)+S(C)+S(D)\leqslant S(A,C)+S(B,D)+S(C,D)$$

整理上式得

$$S(A,B,C,D)-S(C,D)\leqslant S(A,C)-S(C)+S(B,D)-S(D)$$

即式(3.40)的第一式 $S(A,B|C,D)\leqslant S(A|C)+S(B|D)$,称为条件熵的联合次可加性。

第二式利用条件熵的定义式:

$$S(A,B|C)=S(A,B,C)-S(C),S(A|C)=S(A,C)-S(C)$$

可看出它等价于强次可加性:

$$S(A,B,C)+S(C)\leqslant S(A,C)+S(B,C)$$

3.2 可获取的最大信息

设 Alice 有一个信源,按概率 $P_1,P_2,\cdots,P_n$ 产生随机变量 X 的值,Alice 选择量子态 $\boldsymbol{\rho}_x$ 发给 Bob,Bob 对状态进行量子测量,结果为 Y,然后根据测量结果 Y 给出 X 值的最好猜测——获取的最大信息。

根据 3.1 节关于熵的讨论,Bob 测量得到的 Y 信息应由互信息 $H(X:Y)$来量度,若 $H(X:Y)=H(X)$,则 Bob 可以从 Y 推断出 X,但一般是 $H(X:Y)\leqslant H(X)$,于是人们将 $H(X:Y)$和 $H(X)$接近的程度作为 Bob 可以确定 X 程度的一个量化测度。Bob 的目标是选择一种测量使 $H(X:Y)$尽量接近 $H(X)$,人们将 Bob 可获取的最大信息定义为在取遍所有测量方案的情况下互信息的最大值。这是 Bob 能够在多大程度上推断出 Alice 制备状态的一种度量。

Holevo 限给出可获取信息的一个常用的上限,下面讨论 Holevo 限。

1. Holevo 限的定义

定理 3.5 设 Alice 以概率 $P_1,P_2,\cdots,P_n$ 制备量子态 $\boldsymbol{\rho}_x$,其中 $x=1,2,\cdots,n$,Bob 进行正定算符值测量(POVM),其中 POVM 元为$\{E_y\}=\{E_1,E_2,\cdots,E_M\}$,测量结果为 Y,Bob 进

行任何此类测量所得信息上限为

$$H(X:Y) \leqslant S(\boldsymbol{\rho}) - \sum_x P_x S(\boldsymbol{\rho}_x) \tag{3.41}$$

式(3.41)右边称 Holevo 限,有时记为 χ。

因此,Holevo 限给出可获取信息的一个上限。

证明:设 Q 是 Alice 给 Bob 的量子系统,为了证明,引入两个辅助系统。取 P 为制备系统,它具有正交基$|\boldsymbol{X}\rangle$,其元素对应于量子系统 Q 可制备态的标号 $1,2,\cdots,n$;另一个辅助系统为 R,为 Bob 测量系统,其正交基为$|\boldsymbol{Y}\rangle$,初始处在基态$|0\rangle$。对复合系统 PQR,初态取为 $\boldsymbol{\rho}^{PQR}=\sum\limits_x P_x|\boldsymbol{x}\rangle\langle\boldsymbol{x}|\otimes\boldsymbol{\rho}_x\otimes|0\rangle\langle 0|$,这个状态表示 Alice 以概率 P_x 选择 X 的一个值制备一个状态 $\boldsymbol{\rho}_x$,并发给 Bob。Bob 将使用他的测量设备进行测量,测量设备初态为$|0\rangle$,测量仅影响 Q 和 R,在测量量子运算下,其作用是在系统 Q 上进行具有元$\{E_y\}$的正定算符值测量,结果保存在系统 R 中,有

$$F(\boldsymbol{\sigma}\otimes|0\rangle\langle 0|) \equiv \sum_y \sqrt{E_y}\boldsymbol{\sigma}\sqrt{E_y}\otimes|\boldsymbol{y}\rangle\langle\boldsymbol{y}| \tag{3.42}$$

其中,$\boldsymbol{\sigma}$ 是系统 Q 的任意状态,$|0\rangle$为测量设备初态,$|\boldsymbol{y}\rangle$为末态,测量后状态为 $P'Q'R'$,由于 R 开始与 PQ 不相关,则初始的互信息为

$$S(P:Q)=S(P:QR) \tag{3.43}$$

由于测量不会增加互信息,有

$$S(P:QR) \geqslant S(P':Q'R') \tag{3.44}$$

由于丢弃系统不会增加互信息,有

$$S(P':Q'R') \geqslant S(P':R') \tag{3.45}$$

联合式(3.43)、式(3.44)、式(3.45),即得到

$$S(P':R') \leqslant S(P:R) \tag{3.46}$$

式(3.46)是 Holevo 限的另一种表示形式,表示测量不能增加互信息。利用表示式(3.46)可以推出表示式(3.41)。

首先看式(3.46)的右边,对 PQ 系统,密度矩阵为 $\boldsymbol{\rho}^{PQ}=\sum\limits_x P_x|\boldsymbol{x}\rangle\langle\boldsymbol{x}|\otimes\boldsymbol{\rho}_x$,$\boldsymbol{\rho}_x$ 对应 Q 系统,由 $S(P)=H(P_x)$,$S(Q)=S(\boldsymbol{\rho})$,利用联合熵公式有

$$S(PQ)=S(\boldsymbol{\rho})+\sum_x P_x S(\boldsymbol{\rho}_x) \tag{3.47}$$

这正好是关系式(3.41)的右边,再计算式(3.46)的左边,测量后系统 $P'Q'R'$的密度矩阵为

$$\boldsymbol{\rho}^{P'Q'R'}=\sum_{xy} P_x|\boldsymbol{x}\rangle\langle\boldsymbol{x}|\otimes\sqrt{E_y}\boldsymbol{\rho}_x\sqrt{E_y}\otimes|\boldsymbol{y}\rangle\langle\boldsymbol{y}| \tag{3.48}$$

对 Q'求偏迹得

$$\boldsymbol{\rho}^{P'R'}=\sum_{xy} P(xy)|\boldsymbol{x}\rangle\langle\boldsymbol{x}|\otimes|\boldsymbol{y}\rangle\langle\boldsymbol{y}| \tag{3.49}$$

其中,$P(xy)=P_x\boldsymbol{\rho}(y|x)=P_x\mathrm{tr}(\boldsymbol{\rho}_x E_y)=P_x\mathrm{tr}(\sqrt{E_y}\boldsymbol{\rho}_x\sqrt{E_y})$ 为联合分布。则有

$$S(P'R')=-\sum_{xy} P(xy)\log_2 P(xy)=H(XY) \tag{3.50}$$

从而有

$$S(P':R')=H(X:Y) \tag{3.51}$$

式(3.51)的右边为等式(3.41)的左边,再结合式(3.47),则有

$$H(X:Y) \leqslant S(\boldsymbol{\rho}) - \sum_x P_x S(\boldsymbol{\rho}_x)$$

2. Holevo 限的应用

利用混合量子态熵的上限定理

$$S(\boldsymbol{\rho}) \leqslant \sum_i P_i S(\boldsymbol{\rho}_i) + H(\boldsymbol{\rho}_i)$$

并联合 Holevo 上限定理得

$$H(X:Y) \leqslant S(\boldsymbol{\rho}) - \sum_i P_i S(\boldsymbol{\rho}_i) \leqslant H(X) \tag{3.52}$$

当 $\boldsymbol{\rho}_i$ 对应正交支集时取等号。

$H(X:Y) \leqslant H(X)$ 表示基于测量结果 Y，Bob 不可能以完全的可靠性确定 X，即若 Alice 制备态非正交，Bob 不可能完全确定 Alice 制备的是哪个态。下面给出一个简单实例来说明。

假定 Alice 制备两个量子态，为量子比特 $|0\rangle$ 和 $|\boldsymbol{\alpha}\rangle = \cos\theta|0\rangle + \sin\theta|1\rangle$，当 $\theta = \frac{\pi}{2}$ 时两态正交，当 $\theta \neq \frac{\pi}{2}$ 时两态不正交，在基 $|0\rangle$ 和 $|1\rangle$ 中定义态 $|\boldsymbol{\psi}\rangle = \frac{1}{\sqrt{2}}(|0\rangle + |\boldsymbol{\alpha}\rangle)$，则其相应的密度矩阵为

$$\boldsymbol{\rho} = \frac{1}{2}(|0\rangle\langle 0| + |\boldsymbol{\alpha}\rangle\langle\boldsymbol{\alpha}|) = \frac{1}{2}\begin{pmatrix} 1 & 0 \\ 0 & 0 \end{pmatrix} + \frac{1}{2}\begin{pmatrix} \cos^2\theta & \sin\theta\cos\theta \\ \sin\theta\cos\theta & \sin^2\theta \end{pmatrix}$$

其特征值可以计算，由 $\begin{vmatrix} \lambda - \frac{1}{2}(1+\cos^2\theta) & \frac{1}{2}\sin\theta\cos\theta \\ \frac{1}{2}\sin\theta\cos\theta & \lambda - \frac{1}{2}\sin^2\theta \end{vmatrix} = 0$ 得

$$\lambda^2 - \lambda + \frac{1}{4}\sin^2\theta = 0, \quad \lambda = \frac{1}{2}(1 \pm \cos\theta)$$

相应 Holevo 限是二元熵，即

$$H((1+\cos\theta)/2) = -\frac{1}{2}(1+\cos\theta)\log_2\left[\frac{1}{2}(1+\cos\theta)\right] - \frac{1}{2}(1-\cos\theta)\log_2\left[\frac{1}{2}(1-\cos\theta)\right]$$

相应结果如图 3.3 所示，当 $\theta = \frac{\pi}{2}$ 时，Holevo 限达到最大，为

$$H\left(\frac{1}{2}\right) = -\frac{1}{2}\log_2\frac{1}{2} - \frac{1}{2}\log_2\frac{1}{2} = 1\ \text{bit}$$

只有在这种情况下，Bob 才可以从测量确定 Alice 制备的是什么态，即是 $|0\rangle$ 态还是 $|1\rangle$ 态。

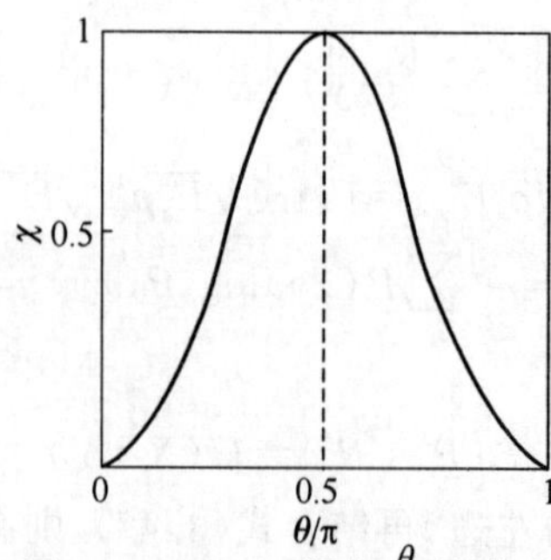

图 3.3　Holevo 限与 $\frac{\theta}{\pi}$ 的关系

3.3　量子无噪声信道编码定理

为了讲解量子无噪声信道编码定理，必须先回顾一下经典香农无噪声信道编码定理。

1. 香农无噪声信道编码定理

香农无噪声信道编码定理量化了由经典信源产生的信息在无损耗信道中其编码压缩的程度。经典信源有多种模型，一个简单有用的模型是随机变量序列 $x_1, x_2, \cdots, x_n$ 构成的源。随机变量的值表示该源的输出。设源持续发出随机变量 $x_1, x_2, \cdots, x_n$，若各随机变量彼此是独立的，并且有相同的概率分布（independent and identically distributed），则称为 IID 信息源。

考虑二值 IID 源产生比特 $x_1, x_2, \cdots, x_n$，每比特以概率 P 出现 0，而以概率 $1-P$ 产生 1。香农定理的关键是把随机变量 $X_1, X_2, \cdots, X_n$ 的值 $x_1, x_2, \cdots, x_n$ 的可能序列分为两类，经常出现的序列称为典型序列，而很少出现的序列称为非典型序列，利用 IID 源的独立性假设典型序列概率为

$$P(x_1, x_2, \cdots, x_n) = P(x_1)P(x_2)\cdots P(x_n) \approx P^{nP}(1-P)^{(1-P)n} \tag{3.53}$$

式(3.53)的第一个等式来自独立性假设，总概率为独立概率之积，第二个等式来自同概率分布，每个随机变量取 0 的概率为 P，而取 0 的随机变量个数为 nP，取 1 的概率为 $1-P$，其数目为 $(1-P)n$。两边取对数得

$$-\log_2 P(x_1, x_2, \cdots, x_n) \approx -nP\log_2 P - n(1-P)\log_2(1-P) = nH(X) \tag{3.54}$$

其中，n 是随机变量数，也是比特数。$H(X) = -P\log_2 P - (1-P)\log_2(1-P)$ 是二元熵，是每个随机变量的熵，称为信源的熵率（entropy rate），因此典型序列的概率为 $P(x_1, x_2, \cdots, x_n) \approx 2^{-nH(X)}$，由于典型序列的总概率不会超过 1，所以典型序列的个数最多为 $2^{nH(X)}$。

典型序列的概念可以推广到多值的 IID 源，下面给出更一般的典型序列的定义。

定义 3.11　对给定 $\varepsilon > 0$，若 IID 信源产生的 $x_1, x_2, \cdots, x_n$ 序列概率满足

$$2^{-n(H(X)+\varepsilon)} \leqslant P(x_1, x_2, \cdots, x_n) \leqslant 2^{-n(H(X)-\varepsilon)} \tag{3.55}$$

则称序列 $x_1, x_2, \cdots, x_n$ 为典型序列，有时也称 ε 典型，序列数目为 $T(n\varepsilon)$。

为了引出香农无噪声信道编码定理，先要证明典型序列定理，这个定理的含义是：在随机变量数 n 充分大时，信源输出的大多数序列是典型序列。

定理 3.6（典型序列定理）：

① 固定 $\varepsilon > 0$，对任意的 $\delta > 0$ 和充分大的 n，一个序列为 ε 典型的概率至少是 $1-\delta$，即

$$1 \geqslant \sum_{T(n\varepsilon)} P(x_1, x_2, \cdots, x_n) \geqslant 1-\delta \tag{3.56}$$

② 对任意固定的 $\varepsilon > 0$ 和 $\delta > 0$，对充分大的 n，ε 典型序列的数目 $T(n\varepsilon)$ 满足

$$(1-\delta)2^{n(H(X)-\varepsilon)} \leqslant T(n\varepsilon) \leqslant 2^{n(H(X)+\varepsilon)} \tag{3.57}$$

证明：利用概率论中大数定理[3]，有

$$\lim_{n\to\infty} P\left(\left|\frac{1}{n}\sum_{i=1}^{n}\xi_i - \mu\right| < \varepsilon\right) = 1 \tag{3.58}$$

其中 ξ_i 是独立随机变量，μ 是 ξ_i 的有限平均值，$\mu = E(\xi_i)$，ε 为任意大于零的小数，若令 $\xi_i = -\log_2 P(x_i)$，考虑 X_i 是独立的且有相同概率分布，则

$$\sum_{i=1}^{n}[-\log_2 P(x_i)] = \sum_{j=1}^{m} -P_{ij}\log_2 P_{ij} = H(X_i) = H(X) \tag{3.59}$$

其中 P_{ij} 是随机变量 X_i 取值 x_{ij} 的概率。X_i 有 m 种可能的取值,当 $m=2$ 时,$H(X_i)$为二元熵,则大数定理可以写为

$$\lim_{n\to\infty} P\left(\left|-\frac{1}{n}\log_2 P(x_1,x_2,\cdots,x_n)-H(X)\right|<\varepsilon\right)=1 \tag{3.60}$$

当 n 充分大时可以写为

$$P\left(\left|-\frac{1}{n}\log_2 P(x_1,x_2,\cdots,x_n)-H(X)\right|<\varepsilon\right)\geqslant 1-\delta \tag{3.61}$$

当 n 足够大时,δ 可以为任意小数。

现讨论 ε 典型序列,设序列 $x_1,x_2,\cdots,x_n$ 的概率为 $P(x_1,x_2,\cdots,x_n)$,$T(n\varepsilon)$为典型序列个数,从式(3.61)知全部典型出现的概率在 $1-\delta$ 与 1 之间,则有

$$1\geqslant \sum_{T(n\varepsilon)} P(x_1,x_2,\cdots,x_n)\geqslant 1-\delta$$

这就证明了式(3.56),再利用 ε 典型序列定义式(3.55),有

$$2^{-n(H(X)+\varepsilon)}\leqslant P(x_1,x_2,\cdots,x_n)\leqslant 2^{-n(H(X)-\varepsilon)}$$

$$T(n\varepsilon)2^{-n(H(X)+\varepsilon)}\leqslant \sum_{T(n\varepsilon)} P(x_1,x_2,\cdots,x_n)\leqslant T(n\varepsilon)2^{-n(H(X)-\varepsilon)}$$

结合式(3.56),有

$$T(n\varepsilon)2^{-n(H(X)-\varepsilon)}\geqslant 1-\delta,\quad T(n\varepsilon)\geqslant 1-\delta 2^{n(H(X)-\varepsilon)}$$

联立求解得到

$$(1-\delta)2^{n(H(X)-\varepsilon)}\leqslant T(n\varepsilon)\leqslant 2^{n(H(X)+\varepsilon)}$$

定理得证。

香农无噪声信道编码定理是典型序列定理的一个应用。

定理 3.7(香农无噪声信道编码定理) 设$\{X_i\}$是一个熵率为 $H(X)$的 IID 信源,R 为编码压缩率,若 $R>H(X)$,则存在一种可靠的编码压缩方案,使编码压缩为新序列只需 nR 比特表示,反之,若 $R<H(X)$,则不存在压缩率为 R 的可靠的编码压缩方案。

所谓可靠的编码压缩方案是指通过解码可将压缩后新序列以接近 1 的概率还原为原来的序列。

证明:若 $R>H(X)$,选取 $\varepsilon>0$ 使 $H(X)+\varepsilon=R$,从典型序列定理可知,当 n 充分大时,属于典型序列的概率 $\sum_{T(n\varepsilon)} P(x_1,x_2,\cdots,x_n)\geqslant 1-\delta$,$\delta>0$,并且典型序列的总数 $T(n\varepsilon)\leqslant 2^{n(H(X)+\varepsilon)}=2^{nR}$,因此只需用 nR 比特就足以代表一切可能的典型序列,即使忽略非典型序列,编码压缩也是可靠的。因为当 n 充分大时,ε 和 δ 可任意小,若 $R<H(X)$,令 $R=H(X)-2\varepsilon$,用 nR 表示的序列总数为 2^{nR} 个,从典型序列定理有 $T(n\varepsilon)\geqslant(1-\delta)2^{n(H(X)-\varepsilon)}$,则 $\frac{2^{nR}}{T(n\varepsilon)}\leqslant\frac{2^{-n\varepsilon}}{1-\delta}$,当 n 很大时,$\frac{2^{nR}}{T(n\varepsilon)}$很小,就是说 2^{nR} 远小于典型序列总数,因而无法呈现可靠的编码压缩。

这一定理也表明随机序列的熵率 $H(X)$是最小的编码压缩率。

2. 量子舒马赫无噪声信道编码定理

在量子信息论中将量子状态视为信息,这是量子信息论在概念上的突破,本节将定义量

子信源，并研究这个信源产生的信息——量子状态在多大程度上可以被编码压缩。

量子信源有多种定义方式，并且不完全等价，这里我们将纠缠态作为编码压缩和解压缩的对象。具体的一个(独立与同概率分布)IID 量子信息源可由一个 Hilbert 空间 H 和该空间上的一个密度矩阵 $\boldsymbol{\rho}$ 来描述，表示为 $\{H,\boldsymbol{\rho}\}$，对信源做压缩率为 R 的编码压缩操作，由两个量子运算 $\boldsymbol{C}^n$ 和 $\boldsymbol{D}^n$ 组合。$\boldsymbol{C}^n$ 为压缩运算，它把 n 维 Hilbert 空间 $H^{n\otimes}$ 中状态映射到 2^{nR} 维压缩空间状态，相应于 nR 量子比特。$\boldsymbol{D}^n$ 运算是一个解压操作，它将压缩后空间状态返回原来空间状态。因此编码压缩与解压运算合成为 $\boldsymbol{D}^n \cdot \boldsymbol{C}^n$，可靠性的准则是对充分大的 n，纠缠忠实度(fidelity) $F(\boldsymbol{\rho}^{\otimes n}\boldsymbol{D}^n \cdot \boldsymbol{C}^n)$ 应趋于 1。$F(\boldsymbol{\rho}^{\otimes n}\boldsymbol{D}^n \cdot e^n) = \sum_{jk}(\mathrm{tr}(D_k C_j \boldsymbol{\rho}^{\otimes n})) \to 1$，量子数据编码压缩的基本思路如图 3.4 所示。压缩运算 $\boldsymbol{C}^n$ 将 $n\log_2 d$ 量子比特量子源 $\boldsymbol{\rho}$ 压缩为 $nS(\boldsymbol{\rho})$ 量子比特，然后通过解压运算 $\boldsymbol{D}^n$ 而恢复到 $n\log_2 d$ 量子比特。

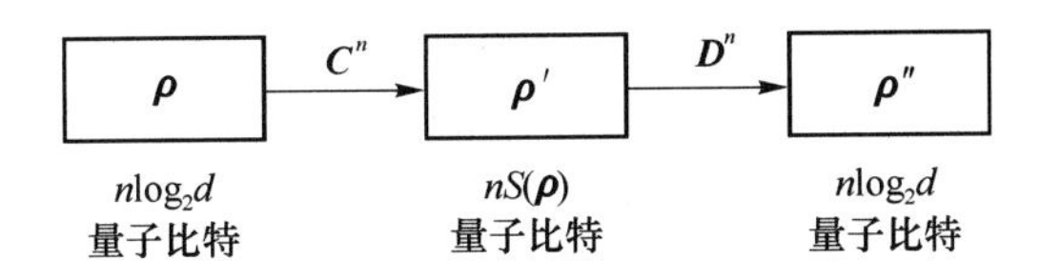

图 3.4　量子数据编码压缩

要将经典的无噪声信道编码定理改造为量子的无噪声信道编码定理，首先需要将经典典型序列定理进行修改，变成量子典型子空间定理。

设与量子信源相关的密度算符 $\boldsymbol{\rho}$ 具有标准正交分解：$\boldsymbol{\rho} = \sum_i P_i \mid \boldsymbol{x}_i\rangle\langle\boldsymbol{x}_i \mid$。其中 $|\boldsymbol{x}_i\rangle$ 为标准正交基，P_i 是 $\boldsymbol{\rho}$ 的特征值，它具有概率分布相似性质，是非负的且和为 1。相应信源的熵为

$$S(\boldsymbol{\rho}) = -\mathrm{tr}\boldsymbol{\rho}\log_2\boldsymbol{\rho} = -\sum_i P_i \log_2 P_i = H(X) \tag{3.62}$$

经典 ε 典型序列 $x_1, x_2, \cdots, x_n$ 的 ε 典型状态设为 $|\boldsymbol{x}_1\rangle, |\boldsymbol{x}_2\rangle, \cdots, |\boldsymbol{x}_n\rangle$，由 ε 典型状态 $|\boldsymbol{x}_1\rangle, |\boldsymbol{x}_2\rangle, \cdots, |\boldsymbol{x}_n\rangle$ 张成的子空间称为 ε 典型子空间。ε 典型子空间的维数记为 $|T(n\varepsilon)|$，其上的投影算符为 $\boldsymbol{P}(n\varepsilon)$，则 $\boldsymbol{P}(n\varepsilon) = \sum_{x_i \in 典型} \mid \boldsymbol{x}_1\rangle\langle\boldsymbol{x}_1 \mid \otimes \mid \boldsymbol{x}_2\rangle\langle\boldsymbol{x}_2 \mid \otimes \cdots \otimes \mid \boldsymbol{x}_n\rangle\langle\boldsymbol{x}_n \mid$ 是多个投影算符的直积。下面给出量子典型子空间定理。

定理 3.8(量子典型子空间定理)：

① 固定 $\varepsilon > 0$，对任意 $\delta > 0$ 和充分大的 n，有

$$\mathrm{tr}(\boldsymbol{P}(n\varepsilon)\boldsymbol{\rho}^{\otimes n}) \geqslant 1 - \delta \tag{3.63}$$

② 对任意固定的 $\varepsilon > 0$ 和 $\delta > 0$ 及充分大的 n，子空间的维数 $T(n\varepsilon)$ 满足

$$(1-\delta)2^{n(s(\boldsymbol{\rho})-\varepsilon)} \leqslant |T(n\varepsilon)| \leqslant 2^{n(s(\boldsymbol{\rho})+\varepsilon)} \tag{3.64}$$

证明：由经典典型序列定理类比得到

$$\mathrm{tr}(\boldsymbol{P}(n\varepsilon)\boldsymbol{\rho}^{\otimes n}) = \sum_{x_i \in 典型} P(x_1)P(x_2)\cdots P(x_n) \xlongequal{\text{IID 源}} \sum_{T(n\varepsilon)} P(x_1, x_2, \cdots, x_n)$$

则式(3.63)可以直接从典型序列定理中〔即式(3.56)中〕得到，典型序列的数目(即子空间的维数)以及式(3.62)、式(3.64)可直接由典型序列定理中的式(3.57)得到。

有了典型子空间定理就不难得到量子无噪声信道编码定理，这个定理也称为舒马赫无噪声信道编码定理。

定理 3.9(舒马赫无噪声信道编码定理) 令$\{H,\boldsymbol{\rho}\}$是 IID 量子信源,若$R>S(\boldsymbol{\rho})$,则对该源$(H,\boldsymbol{\rho})$存在压缩率为R的可靠编码压缩方案,若$R<S(\boldsymbol{\rho})$,则压缩率为R的任何压缩方案都是不可靠的。

下面介绍证明的思路:通过计算纠缠的忠实度来证明。

证明:当$R>S(\boldsymbol{\rho})$时,纠缠忠实度为

$$\begin{aligned}F(\boldsymbol{\rho}^{\otimes n}\boldsymbol{D}^n\boldsymbol{C}^n) &= \sum_{jk}(\operatorname{tr}(D_kC_j\boldsymbol{\rho}^{\otimes n}))^2\\ &= [\operatorname{tr}(\boldsymbol{\rho}^{\otimes n}\boldsymbol{P}(n\varepsilon))]^2+\sum_i|\operatorname{tr}\boldsymbol{\rho}^{\otimes n}A_i|^2\\ &\geqslant |\operatorname{tr}(\boldsymbol{\rho}^{\otimes n}\boldsymbol{P}(n\varepsilon))|^2 \quad (A_i=|0\rangle\langle \boldsymbol{i}|)\end{aligned}$$

利用量子典型子空间定理的结论①,则有

$$|\operatorname{tr}(\boldsymbol{\rho}^{\otimes n}\boldsymbol{P}(n\varepsilon))|^2\geqslant|1-\delta|^2\geqslant 1-2\delta\xrightarrow{n\to\infty}1$$

纠缠忠实度趋于 1,表示编码压缩方案是可行的,可以找到一个编码压缩与解码方案$\boldsymbol{D}^n\cdot\boldsymbol{C}^n$。

而当$R<S(\boldsymbol{\rho})$时,纠缠保真度为

$$F(\boldsymbol{\rho}^{\otimes n}\boldsymbol{D}^n\boldsymbol{C}^n)=\delta\sum_{jk}\operatorname{tr}(D_kC_j\boldsymbol{\rho}^{\otimes n}C_j^+D_k^+)$$

由$\boldsymbol{C}^n\cdot\boldsymbol{D}^n$是保迹的,所以有

$$F(\boldsymbol{\rho}^{\otimes n}\boldsymbol{D}^n\boldsymbol{C}^n)=\delta\sum_{jk}\operatorname{tr}\boldsymbol{\rho}^{\otimes n}=\delta\xrightarrow{n\to\infty}0$$

其纠缠保真度为 0,表明实行压缩方案是不可靠的。

定理 3.9 表明信源的熵$S(\boldsymbol{\rho})$是信道编码可靠性压缩的最小比率。

3.4 带噪声量子信道上的信息

上节我们介绍了无噪声量子信道编码定理,本节讨论有噪声的情况。为了讨论带噪声量子信道上的信息,我们先回顾一下带噪声经典信道上的信息。下面介绍香农带噪声信道编码定理。

1. 带噪声经典信道上的信息

噪声是通信信道无法回避的问题,纠错码可以用来对抗噪声的影响,对一个特定的带噪声的信道,信息论的一个基本问题是要确定通过信道N可靠通信的最大传送率,即信道的容量,香农带噪声信道编码定理是对这一问题最明确的回答。

无论是量子还是经典的带噪声信道编码,其许多重要思想都可以通过研究二元对称信道来了解。所谓二元对称信道是针对一个单比特信息的带噪声信道而言的,设想人们要通过带噪声经典信道从 Alice 发送一个比特给 Bob,信道中由于噪声作用使传送比特信息以概率$P>0$发生翻转(如从 0 到 1),使比特无差错传输的概率为$1-P$,这个信道为二元对称信道,如图 3.5 所示。

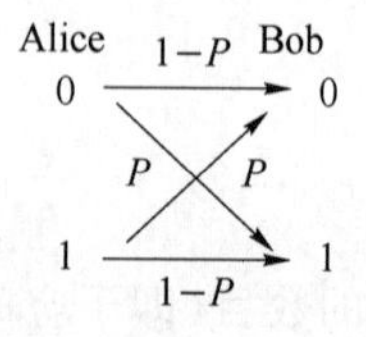

图 3.5 二元对称信道

每次使用二元对称信道可以可靠传送多少信息?在使用纠错码的情况下,通过论证其信息可以可靠传输最大比率为$1-H(P)$,其中$H(P)$是香农熵,有关

论证见本章参考文献[1]。

香农带噪声信道编码定理是将二元对称信道的容量结果推广到离散无记忆信道。信道无记忆是指每次使用信道时它的作用都相同，并且不同的使用之间是独立的。离散无记忆信道具有有限的输入字母表 A 和有限的输出字母表 B，对二元对称信道，输入字母表和输出字母表为 $A=B=\{0,1\}$，信道的作用将由条件概率 $P(y|x)$ 来描述，它表示在给定输入是 x 的条件下，从信道输出不同 y 的概率，其中 $x\in A$，$y\in B$，条件概率满足两个条件：①$P(y|x)\geqslant 0$，即 $P(y|x)$ 是非负的；②对于所有 x，$\sum_y P(y\mid x)=1$。经典信息在带噪声信道中的传送如图 3.6 所示。N 表示带噪声经典信道，Alice 从 2^{nR} 个可能的消息中产生一个消息 M 并用映射(map)$\boldsymbol{C}^n$ 进行编码，$\{1,2,\cdots,2^{nR}\}\rightarrow A^n$，该映射为 Alice 的每条消息分配一个输入串，输入串通过噪声信道 N 以 n 次使用传给 Bob，Bob 对信道的输出用映射 $\boldsymbol{D}^n$ 进行解码，即 $B^n\rightarrow\{1,2,\cdots,2^{nR}\}$，然后输出映射的信号，每个可能输出分配一个消息 $D(Y)$。

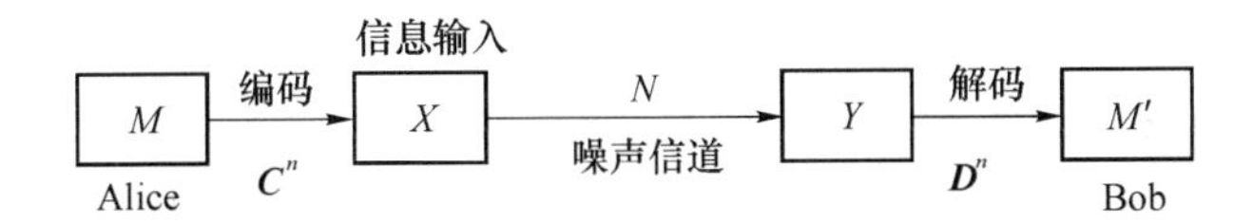

图 3.6　经典信息在带噪声信道中的传送

定义 3.12　对于给定的编码、解码对 $\boldsymbol{C}^n\boldsymbol{D}^n$，差错概率定义为输出消息 $\boldsymbol{D}^n(Y)$ 不等于消息 M 的最大概率，即

$$P(\boldsymbol{C}^n\boldsymbol{D}^n)\equiv\max_M P(\boldsymbol{D}^n(Y))\neq M|x=\boldsymbol{C}^n(M) \tag{3.65}$$

定义 3.13　如果编码、解码对 $\boldsymbol{C}^n\boldsymbol{D}^n$ 存在，并且满足当 $n\rightarrow\infty$ 时 $P(\boldsymbol{C}^n\boldsymbol{D}^n)\rightarrow 0$，我们称相应比率 R 是可达到的，一个给定的带噪声信道 N 的容量为 $C(N)$，定义为信道可达到的比率的上确界(supremum)。

要通过计算 $P(\boldsymbol{C}^n\boldsymbol{D}^n)$ 而给出信道容量 $C(N)$，显然是很困难的，而香农通过引入互信息来回答这个问题，这就是香农带噪声信道编码定理。

定理 3.10(香农带噪声信道编码定理)　对一个带噪声信道 N，其容量由 $C(N)=\max\limits_{P(x)}H(X:Y)$ 给出。其中，最大是相对 X 取值的所有输入分布 $P(X)$ 而言的，Y 是信道输出端得到的相应随机变量。

将该定理用于二元对称信道。考虑以概率 P 翻转比特，并且输入概率 $P(0)=Q$，$P(1)=1-Q$，则有互信息

$$H(X:Y)=H(Y)-H(Y\mid X)=H(Y)-\sum_x P(X)H(Y\mid X=x) \tag{3.66}$$

对每个 x 有 $H(Y|X=x)=H(P)$，并且 $\sum_x P(x)=1$，则有

$$H(X:Y)=H(Y)-H(P) \tag{3.67}$$

对多个可能的 Y，当 $Q=1/2$ 时达最大，故 $H(Y)=1$，则从香农带噪声信道编码定理得到二元对称信道容量为 $C(N)=1-H(P)$，这就是我们前面提到的可计算结果一致。

2. 带噪声量子信道上的经典信息

首先我们讨论利用量子信道传送经典信息。其次我们才讨论利用量子信道传送量子信息。

假设 Alice 和 Bob 使用带噪声量子信道进行通信,即 Alice 有某个消息 M 期望传给 Bob,她不用经典随机数方法编码,而是用量子状态进行编码,并经过带噪声量子信道传送。人们期望得到计算在带噪声量子信道上传送经典信息容量的方法。

设量子信道为 ε,Alice 将消息利用量子态直积方式进行编码,$\boldsymbol{\rho}_1 \otimes \boldsymbol{\rho}_2 \otimes \cdots$,其中密度矩阵 $\boldsymbol{\rho}_1, \boldsymbol{\rho}_2, \cdots$ 都是信道 ε 的输入,人们将带有这个限制的容量称为直积状态容量,记为 $C^{(1)}(\varepsilon)$,表示输入态中不使用纠缠态。有人认为加入纠缠态不增加容量,但无证明。直积状态容量的上限由 HSW(Holevo-Schumacher-Westmoreland)定理给出。

定理 3.11(HSW 定理) 设 $\boldsymbol{\varepsilon}$ 是一个保迹的量子运算,定义 Holevo 量为

$$\chi(\boldsymbol{\varepsilon}) = \max_{\{P_j \boldsymbol{\rho}_j\}} \left[S\left(\boldsymbol{\varepsilon}\left(\sum_j P_j \boldsymbol{\rho}_j\right)\right) - \sum_j P_j S(\boldsymbol{\varepsilon}(\boldsymbol{\rho}_j)) \right] \tag{3.68}$$

其中最大值在所有输入态 $\boldsymbol{\rho}_j$ 的全部系综 $\{P_j \boldsymbol{\rho}_j\}$ 中取值,则 $\chi(\boldsymbol{\varepsilon})$ 是信道 ε 的直积状态容量,即

$$\chi(\boldsymbol{\varepsilon}) = C^{(1)}(\boldsymbol{\varepsilon}) \tag{3.69}$$

$C^{(1)}(\boldsymbol{\varepsilon})$ 是量子信道所能传送的最大经典信息容量。所取系综包括 d^2 个元,其中 d 是信道输入的维数。定理 3.11 表示若 Alice 想从集合 $\{1,2,\cdots,2^{nR}\}$ 中选取一个消息 M 发给 Bob,她将消息利用 $\boldsymbol{\rho}_{M1} \otimes \boldsymbol{\rho}_{M2} \otimes \cdots \otimes \boldsymbol{\rho}_{Mn}$ 进行编码,其中比率 R 存在一个上限,由 $\chi(\boldsymbol{\varepsilon})$ 确定。

定理 3.11 的证明应包括两方面:①证明对任何小于 Holevo 量 $\chi(\boldsymbol{\varepsilon})$ 的比率 R,总可以使用直积状态进行编码,从而使信息能通过信道 ε 传输,这个证明相当麻烦,在此省略;②证明当比率 R 大于 Holevo 限 $\chi(\boldsymbol{\varepsilon})$ 时,Alice 不可能通过信道 ε 以此比率向 Bob 发送信息。下面证明第 2 点。

证明的策略是:设 Alice 均匀随机从集合 $\{1,2,\cdots,2^{nR}\}$ 中选取消息 M,若其比率 R 大于定义的 $\chi(\boldsymbol{\varepsilon})$,其平均出错概率必大于 0,故最大出错概率也大于 0,这是不行的。

设 Alice 把消息 M 编码为 $\boldsymbol{\rho}_M = \boldsymbol{\rho}_1^M \otimes \boldsymbol{\rho}_2^M \otimes \cdots \otimes \boldsymbol{\rho}_n^M$,而相应输出用 $\boldsymbol{\sigma}$ 代替 $\boldsymbol{\rho}$。Bob 用正定算符值测量进行解码,并假定对每个 M 包含一个元 $\boldsymbol{E}_M$ 使 $\sum\limits_M \boldsymbol{E}_M = \boldsymbol{I}$,平均差错概率为

$$P_{\mathrm{av}} = \frac{\boldsymbol{\varepsilon}_M(1 - \mathrm{tr}(\boldsymbol{\sigma}_M \boldsymbol{E}_M))}{2^{nR}} \tag{3.70}$$

对于经典信息,比率 $R < \log_2 d$,其中 d 是信道输入的维数。由于利用 Holevo 界可以论证 n 量子比特不能用于传送多于 n 比特的经典信息,因此 $\{\boldsymbol{E}_M\}$ 中最多包含 $d^n + 1$ 个元,下面利用经典信息论中的费诺(Fano)不等式来证明这个定理。

在测到随机变数 Y 的条件下,在多大程度上可以推断另一个随机变数 X 的取值?费诺不等式给出了一个有用的界。

设 $\bar{x} \equiv f(Y)$ 是 Y 的某个函数,是 X 的最好猜测,令 $P_{\mathrm{e}} \equiv P(X \neq \bar{x})$ 为这猜测不正确的概率,费诺不等式断言

$$H(P_{\mathrm{e}}) + P_{\mathrm{e}} \log_2(|x| - 1) \geqslant H(X|Y) \tag{3.71}$$

其中 $H(P_{\mathrm{e}})$ 为二元熵,$|x|$ 是 x 可能取值的个数,$H(X|Y)$ 为条件熵。

费诺不等式给出条件熵的上限。

取 $P_{\mathrm{e}} = P_{\mathrm{av}}$,$|x| = d^n + 1$,$x = M$,则费诺不等式可写为

$$H(P_{\mathrm{av}}) + P_{\mathrm{av}} \log_2 d^n \geqslant H(M|Y) \tag{3.72}$$

Y 是 Bob 解码的测量结果，利用 $H(M|Y)=H(M)-H(M:Y)$ 有

$$\begin{aligned} nP_{\mathrm{av}}\log_2 d &\geqslant H(M)-H(M:Y)-H(P_{\mathrm{av}}) \\ &= nR-H(M:Y)-H(P_{\mathrm{av}}) \end{aligned} \tag{3.73}$$

利用 Halevo 界和熵次可加性得

$$\begin{aligned} H(M:Y) &\leqslant S(\boldsymbol{\sigma})-\sum_M \frac{S(\boldsymbol{\sigma}_1^M\otimes\boldsymbol{\sigma}_2^M\otimes\cdots\otimes\boldsymbol{\sigma}_n^M)}{2^{nR}} \\ &\leqslant \sum_{j=1}^n\left[S(\overline{\boldsymbol{\sigma}}_j)-\sum_M\frac{S(\boldsymbol{\sigma}_j^M)}{2^{nR}}\right] \end{aligned} \tag{3.74}$$

其中 $\overline{\boldsymbol{\sigma}}_j=\sum_M\frac{\boldsymbol{\sigma}_j^M}{2^{nR}}$，不等式右边和式中的每一项都不大于 HSM 定理中的 $\chi(\boldsymbol{\varepsilon})$，则有 $H(M:Y)\leqslant n\chi(\boldsymbol{\varepsilon})$，代入式(3.73)得到

$$nP_{\mathrm{av}}\log_2 d\geqslant n(R-\chi(\boldsymbol{\varepsilon}))-H(P_{\mathrm{av}}) \tag{3.75}$$

在 n 很大的情况下，右边第二项远小于第一项，可以忽略，得 $P_{\mathrm{av}}\geqslant\frac{R-\chi(\boldsymbol{\varepsilon})}{\log_2 d}$，则 $R>\chi(\boldsymbol{\varepsilon})$，$P_{\mathrm{av}}$ 大于 0，即平均差错概率大于 0，这是不行的，则要求 $R\leqslant\chi(\boldsymbol{\varepsilon})$，即 HSW 定理给出的带噪声量子信道上传送经典信息容量的上限为 $\chi(\boldsymbol{\varepsilon})$。

3. 带噪声量子信道上的量子信息

带噪声量子信道能够可靠传输多少量子信息？目前对这一问题还缺少明确的结果，这里只能介绍在这一问题研究中已取得的某些有关信息论的结果，它们是熵交换与量子费诺不等式、量子数据处理不等式和量子单一界，下面分别介绍。

(1) 熵交换与量子费诺不等式

我们将量子信源视为处于混合态 $\boldsymbol{\rho}$ 的系统与别的量子系统纠缠的量子系统，量子信息通过量子运算 ε 传输的可靠性测量是纠缠保真度 $F(\boldsymbol{\rho\varepsilon})$，用 Q 表示 $\boldsymbol{\rho}$ 所在系统，R 表示初始纯化 Q 的参考系统。这样，纠缠保真度就是在系统 Q 上的 $\boldsymbol{\varepsilon}$ 作用下保持 Q 和 R 之间纠缠程度的一种测度。

量子运算作用到量子系统 Q 的状态 $\boldsymbol{\rho}$ 上会引起多少噪声？一个测度方法是扩展到系统 RQ，它开始处在纯态，在量子运算 $\boldsymbol{\varepsilon}$ 的作用下变成混合态，定义运算 $\boldsymbol{\varepsilon}$ 在输入 $\boldsymbol{\rho}$ 态上的熵交换为 $S(\boldsymbol{\rho\varepsilon})\equiv S(R'Q')$，$R'Q'$ 是运算的系统。熵交换 $S(\boldsymbol{\rho\varepsilon})$ 的大小有一个上限，它由量子费诺不等式给出。

定理 3.12(量子费诺不等式) 令 $\boldsymbol{\rho}$ 为一个量子状态，$\boldsymbol{\varepsilon}$ 为一个保迹的量子运算，相应熵交换为

$$S(\boldsymbol{\rho\varepsilon})\leqslant H_2(F(\boldsymbol{\rho\varepsilon}))+(1-F(\boldsymbol{\rho\varepsilon}))\log_2(d^2-1)$$

这个表达式称为量子费诺不等式，其中 $F(\boldsymbol{\rho\varepsilon})$ 是纠缠保真度，$H_2(\circ)$ 是二元香农熵，d 是 Q 的维数。

从量子费诺不等式可以看出，如果一个过程的熵交换大，则这个过程纠缠保真度就小，显示 R 和 Q 之间的纠缠没得到很好的保持。对比经典费诺不等式，熵交换类似于经典信息论中条件熵 $H(X|Y)$ 的作用。

证明：取 $|\boldsymbol{i}\rangle$ 为系统 RQ 的标准正交基，引入量 $p_i=\langle\boldsymbol{i}|\boldsymbol{\rho}^{R'Q'}|\boldsymbol{i}\rangle$，它是 $\boldsymbol{\rho}^{R'Q'}$ 的特征值，由于

测量过程引起熵增加,则有

$$S(R'Q')\leqslant H(P_1,P_2,\cdots,P_{d^2}) \tag{3.76}$$

H 是测的熵,这表明测的熵大于测前熵。$H(P_i)$是集合$\{P_i\}$的香农熵,进行简单的代数运算后得到

$$H(P_1,P_2,\cdots,P_{d^2})=H_2(P_1)+(1-P_1)H\left(\frac{P_2}{1-P_1},\cdots,\frac{P_{d^2}}{1-P_1}\right) \tag{3.77}$$

由于 $H\left(\frac{P_2}{1-P_1},\cdots,\frac{P_{d^2}}{1-P_1}\right)\leqslant\log_2(d^2-1)$,$d$ 为 Q 的维数,定义 $P_1=F(\boldsymbol{\rho\varepsilon})$得

$$S(\boldsymbol{\rho\varepsilon})\leqslant H_2(F(\boldsymbol{\rho\varepsilon}))+(1-F(\boldsymbol{\rho\varepsilon}))\log_2(d^2-1)$$

此即量子费诺不等式。

(2) 量子数据处理不等式

回忆经典数据处理不等式,对一个马尔可夫链过程 X-Y-Z 有

$$H(X)\geqslant H(X:Y)\geqslant H(X:Z) \tag{3.78}$$

只有从 Y 恢复随机变量 X 的概率为1时,式(3.78)才取等号。因此经典数据处理不等式为纠缠的可能性提供了信息论方面的充要条件。

定义 3.14 对量子系统,考虑由量子运算 $\boldsymbol{\varepsilon}_1$ 和 $\boldsymbol{\varepsilon}_2$ 描述的两阶段的量子过程 $\boldsymbol{\rho}\xrightarrow{\boldsymbol{\varepsilon}_1}\boldsymbol{\rho}'\xrightarrow{\boldsymbol{\varepsilon}_2}\boldsymbol{\rho}''$,我们定义量子相干信息为

$$I(\boldsymbol{\rho\varepsilon})\equiv S[\boldsymbol{\varepsilon}(\boldsymbol{\rho})]-S(\boldsymbol{\rho\varepsilon}) \tag{3.79}$$

在量子信息论中,相干信息起着经典信息论中互信息 $H(X:Y)$的作用,我们利用它给出量子数据处理不等式。

定理 3.13(量子数据处理不等式) 令 $\boldsymbol{\rho}$ 是一量子状态,$\boldsymbol{\varepsilon}_1$ 和 $\boldsymbol{\varepsilon}_2$ 是保迹的量子运算,则有

$$S(\boldsymbol{\rho})\geqslant I(\boldsymbol{\rho\varepsilon}_1)\geqslant I(\boldsymbol{\rho\varepsilon}_2\boldsymbol{\varepsilon}_1) \tag{3.80}$$

只有能够完全逆转运算 $\boldsymbol{\varepsilon}_1$ 时,第一个关系式才取等号,完全逆转将存在保迹逆运算 R 使得保真度 $F(\boldsymbol{\rho}R\boldsymbol{\varepsilon}_1)=1$,有关定理证明见本章参考文献[1]。

虽然相干信息类似于经典的互信息,但类似于经典互信息与经典信道容量关系的香农带噪声信道编码定理(即量子带噪声信道编码定理)至今还没建立,量子运算完全可逆要求 $\boldsymbol{\rho}$ 中每个状态都有:$(R\cdot\boldsymbol{\varepsilon}_1)(|\boldsymbol{\psi}\rangle\langle\boldsymbol{\psi}|)=|\boldsymbol{\psi}\rangle\langle\boldsymbol{\psi}|$。

(3) 量子单一界

对于有噪声信道,可以通过量子纠错码来减少噪声,提高信息容量,量子单一界(quantum singleton bound)给出量子纠错码纠错能力的估界。

考虑 nkd 编码,使用 n 量子比特对 k 量子比特进行编码,并纠正 $d-1$ 量子比特上的错误。经典单一界给出的结果是 $n-k\geqslant d-1$,量子单一界为 $n-k\geqslant 2(d-1)$,这表明量子纠错比经典纠错难。

下面论证这一结果,考虑系统 Q 有 2^k 维子空间,其标准正交基为$|\boldsymbol{x}\rangle$,为编码引入具有同样正交基$|\boldsymbol{x}\rangle$的 2^k 维参考系统 R,RQ 纠缠态为

$$|RQ\rangle=\frac{1}{\sqrt{2^k}}\sum_x|\boldsymbol{x}\rangle\langle\boldsymbol{x}|$$

将 Q 的 n 量子比特分为不相交的 3 块，Q_1 与 Q_2 分别有 $d-1$ 量子比特，剩余的 $n-2(d-1)$ 量子比特组成 Q_3，由于编码间距为 d，所以任一组被定位的 $d-1$ 量子比特差错可以纠正，由此可以校正 Q_1 与 Q_2 上的差错，由于 R 与 Q_1 或 R 与 Q_2 是无关的，故让 R, Q_1, Q_2, Q_3 形成纯态，利用熵次可加性有

$$S(R)+S(Q_2)\xlongequal{\text{无关}}S(RQ_2)\xlongequal{\text{纯态}}S(Q_1Q_3)\overset{\text{有关}}{\leqslant}S(Q_1)+S(Q_3) \tag{3.81}$$

$$S(R)+S(Q_1)\xlongequal{\text{无关}}S(RQ_1)\xlongequal{\text{纯态}}S(Q_2Q_3)\overset{\text{有关}}{\leqslant}S(Q_2)+S(Q_3) \tag{3.82}$$

将上两式相加得

$$2S(R)+S(Q_1)+S(Q_2)\leqslant S(Q_1)+S(Q_2)+2S(Q_3)$$

消去两边 $S(Q_1)$ 与 $S(Q_2)$，取 $S(R)=k$，得 $k\leqslant S(Q_3)$，而 Q_3 的大小为 $n-2(d-1)$ 量子比特，则有 $S(Q_3)\leqslant n-2(d-1)$，所以 $k\leqslant n-2(d-1)$，进而得到 $2(d-1)\leqslant n-k$，即证明了量子的单一界。

总结本章所讲的内容，比较经典信息论与量子信息论可以给出表 3.1。

表 3.1　经典信息论与量子信息论的比较

比较项目	经典信息论	量子信息论
信息量	香农熵： $H(X)=-\sum_x P(x)\log_2 P(x)$	冯·诺依曼熵： $S(\boldsymbol{\rho})=-\mathrm{tr}(\boldsymbol{\rho}\log_2\boldsymbol{\rho})$
可区分与可获取信息	字母总是可区分： $N=\lvert x\rvert$	Holevo 界： $H(X:Y)\leqslant S(\boldsymbol{\rho})-\sum_x P_x S(\boldsymbol{\rho}_x), \boldsymbol{\rho}=\sum_x P_x\boldsymbol{\rho}_x$
无噪声信道编码	香农定理： $n_{\text{bit}}=H(X)$	舒马赫定理： $n_{\text{qubit}}=S(\sum_x P_x\boldsymbol{\rho}_x)$
带噪声信道对经典信息的容量	香农带噪声信道编码定理： $C(N)=\max_{P(x)} H(X:Y)$	HSW 定理： $C^{(1)}(\boldsymbol{\varepsilon})=\max_{P_x\boldsymbol{\rho}_x}[S(\boldsymbol{\rho}')-\sum_x P(x)S(\boldsymbol{\rho}'_x)]$ $\boldsymbol{\rho}'_x=\varepsilon(\boldsymbol{\rho}_x)\boldsymbol{\rho}'=\sum_x P_x\boldsymbol{\rho}'_x$
信息论关系	费诺不等式： $H(P_x)+P_x\log_2(\lvert x\rvert-1)\geqslant H(X\mid Y)$	量子费诺不等式： $H(F(\boldsymbol{\rho}\varepsilon))+(1-F(\boldsymbol{\rho}\varepsilon))\log_2(d^2-1)\geqslant S(\boldsymbol{\rho}\varepsilon)$
	互信息： $H(X:Y)=H(Y)-H(Y\mid X)$	相干信息： $I(\boldsymbol{\rho}\varepsilon)=S(\boldsymbol{\varepsilon}(\boldsymbol{\rho}))-S(\boldsymbol{\rho}\varepsilon)$
	数据处理不等式： 马尔可夫序列 X-Y-Z $H(X)\geqslant H(X:Y)\geqslant H(X:Z)$	量子数据处理不等式： $\boldsymbol{\rho}\to\boldsymbol{\varepsilon}_1(\boldsymbol{\rho})\to(\boldsymbol{\varepsilon}_2\boldsymbol{\varepsilon}_1)(\boldsymbol{\rho})$ $S(\boldsymbol{\rho})\geqslant I(\boldsymbol{\rho\varepsilon})\geqslant I(\boldsymbol{\rho}\boldsymbol{\varepsilon}_1\boldsymbol{\varepsilon}_2)$

习　　题

3.1　求与投掷一枚均匀硬币相关联的熵和与投掷一枚均匀骰子相关的熵。

3.2　试证明二元熵函数是凹函数，即当 $0\leqslant P, x_1, x_2\leqslant 1$ 时，有

$$H_2[Px_1+(1-P)x_2]\geqslant PH_2(x_1)+(1-P)H_2(x_2)$$

3.3 试计算冯·诺依曼熵 $S(\boldsymbol{\rho})$,其中 $\boldsymbol{\rho}$ 分别为

$$\boldsymbol{\rho}_1=\begin{pmatrix}1 & 0\\ 0 & 0\end{pmatrix},\quad \boldsymbol{\rho}_2=\frac{1}{2}\begin{pmatrix}1 & 1\\ 1 & 1\end{pmatrix},\quad \boldsymbol{\rho}_3=\frac{1}{3}\begin{pmatrix}2 & 1\\ 1 & 1\end{pmatrix}$$

3.4 设 $\boldsymbol{\rho}=P|0\rangle\langle 0|+(1-P)(|0\rangle+|1\rangle)(\langle 0|+\langle 1|)/2$,计算熵 $S(\boldsymbol{\rho})$,并比较 $S(\boldsymbol{\rho})$ 和 $H(P,1-P)$ 的值。

3.5 设 $\boldsymbol{\rho}=P|11\rangle\langle 11|+(1-P)|\boldsymbol{\psi}^-\rangle\langle\boldsymbol{\psi}^-|$,其中 $|\boldsymbol{\psi}^-\rangle=\frac{1}{\sqrt{2}}(|01\rangle-|10\rangle)$,计算熵 $S(\boldsymbol{\rho})$。

3.6 试证明相对熵是非负的,即 $H(P(x)\parallel Q(x))\geqslant 0$,当 $P(x)=Q(x)$ 时取等号。

3.7 试证明两个系统直积态的熵等于两系统熵之和,即 $S(\boldsymbol{\rho}\otimes\boldsymbol{\sigma})=S(\boldsymbol{\rho})+S(\boldsymbol{\sigma})$。

3.8 证明量子相对熵是非负的,即 $S(\boldsymbol{\rho}\parallel\boldsymbol{\sigma})\geqslant 0$,当 $\boldsymbol{\rho}=\boldsymbol{\sigma}$ 时取等号。

3.9 设 Alice 发给 Bob 两个量子态的均匀混合:$|\boldsymbol{x}_1\rangle=|0\rangle$,$|\boldsymbol{x}_2\rangle=\frac{1}{\sqrt{3}}(|0\rangle+\sqrt{2}|1\rangle)$。试给出 Bob 测量和 Alice 传送的状态互信息上限,即 Holevo 限。

3.10 设量子信源发出两个量子态的均匀混合 $|\boldsymbol{\psi}_1\rangle=|00\rangle$,$|\boldsymbol{\psi}_2\rangle=\frac{1}{\sqrt{2}}(|10\rangle-|01\rangle)$,试计算对这信息进行可靠压缩至少需要多少量子比特。

本章参考文献

[1] Nielsen M A, Chuang I L. Quantum Computation and Quantum Information[M]. Cambridge: Cambridge University Press, 2000.

[2] Bennett C H, Shor P W. Quantum Information Theory[J]. IEEE Transactions Information Theory, 1998, 44(6): 2724-2742.

[3] 王连祥,方德植,张鸣镛. 数学手册[M]. 北京:高等教育出版社,1979.

[4] Steeb W H, Harby Y. Problems and Solution in Quantum Computing and Quantum Information[M]. [S. l.]: South Africa World Press, 2004.

第4章　基于光子的量子通信[1-2]

第 3 章所介绍的量子信息论集中在与经典信息论中差别不大的资源上，从论述中可以看到仅将经典信息中的概率分布利用密度矩阵代替，从物理层来说，它仅考虑了量子力学中的测不准关系。量子信息更独特的优势是量子力学在本质上为新型资源，这是经典信息论中不存在的，这就是量子纠缠。下面我们将讨论量子纠缠及它在量子通信中的应用。

在量子通信研究中，人们将其分两部分，一部分是基于光子及其纠缠态的量子通信，这是目前进行得最成功的一部分，另一部分是基于连续变量的量子通信。本章讨论基于光子的量子通信，下一章介绍基于连续变量的量子通信，本章分以下 4 节。

① 量子纠缠态的性质、产生和测量。

② 双光子纠缠态在量子通信中的应用。

③ 基于单光子的量子密码术。

④ 量子秘密共享。

4.1　量子纠缠态的性质、产生与测量

量子纠缠作为量子力学反直观的特性之一，最早出现在爱因斯坦与玻尔有关量子力学完备性的争论中，随着量子信息的发展，它成为信息传输和处理的新类型。它的基本性质成为各种量子通信方案的基础之一。本节从量子通信角度阐述量子纠缠态的性质与测量。

1. 量子纠缠态的基本性质

量子纠缠与量子力学中的状态叠加原理密切相关。考虑经典二值系统，例如一枚硬币，它有两个状态，即正面和反面，它的量子力学对应物是两态量子系统，如二能级原子模型中的基态$|\boldsymbol{b}\rangle$和激发态$|\boldsymbol{a}\rangle$。光子的两个偏振态为水平偏振$|\boldsymbol{H}\rangle$和垂直偏振$|\boldsymbol{V}\rangle$，这两个正交基一般表示为$|0\rangle$和$|1\rangle$，而量子系统一般用叠加态表示为$|\boldsymbol{\psi}\rangle=\frac{1}{\sqrt{2}}(|0\rangle+|1\rangle)$。

两枚硬币可以处在 4 个不同的状态：正/正，正/反，反/正，反/反。若以量子正交基表示，则为

$$|0\rangle_1|0\rangle_2,\quad |0\rangle_1|1\rangle_2,\quad |1\rangle_1|0\rangle_2,\quad |1\rangle_1|1\rangle_2$$

但作为一个量子系统，由状态叠加原理，它不再局限于这 4 个“经典”基态上，而是任意叠加态，例如贝尔态

$$|\boldsymbol{\phi}^+\rangle=\frac{1}{\sqrt{2}}(|0\rangle_1|0\rangle_2+|1\rangle_1|1\rangle_2)$$

这是两个粒子系统的最大纠缠态之一。

关于纠缠态的研究,近年来已有很大发展。人们不仅制出两粒子纠缠态,也制出三粒子甚至多到七粒子纠缠态[3]。

不仅有最大纠缠态,也有部分纠缠态,不仅有分离变量纠缠,还有连续变量纠缠。这里仅限于讨论两个粒子之间的纠缠态。

在第3章中已介绍过,对于两个两态系统,4个正交纠缠态就是4个贝尔态,分别为

$$|\boldsymbol{\psi}^{+}\rangle=\frac{1}{\sqrt{2}}(|0\rangle_1|1\rangle_2+|1\rangle_1|0\rangle_2)$$

$$|\boldsymbol{\psi}^{-}\rangle=\frac{1}{\sqrt{2}}(|0\rangle_1|1\rangle_2-|1\rangle_1|0\rangle_2)$$

$$|\boldsymbol{\phi}^{+}\rangle=\frac{1}{\sqrt{2}}(|0\rangle_1|0\rangle_2+|1\rangle_1|1\rangle_2)$$

$$|\boldsymbol{\phi}^{-}\rangle=\frac{1}{\sqrt{2}}(|0\rangle_1|0\rangle_2-|1\rangle_1|1\rangle_2)$$

这4个态最大违反了贝尔不等式,具有最大的纠缠。贝尔不等式是在定域实在论的框架内推出来的,纠缠态明显非经典特性表现为两粒子不再是独立的,必须看成一个组合系统。观测纠缠态中的一个粒子,不管两粒子空间相距多远,都会改变对另一个粒子测量的预言。例如,对于$|\boldsymbol{\psi}^{-}\rangle$态,两个粒子处在正交态上,如果是两个偏振光子,当测到一个光子在水平偏振态时,则另一个光子一定处在垂直偏振态。如果测到一个光子为右圆偏振态,则另一个光子一定处在左圆偏振态。

相互关联纠缠态的两个粒子不能简单地分解为两粒子两态的直积。4个贝尔态的另一个重要性质是两粒子之一进行操作可以较容易转变一个贝尔态到另外3个中的一个,例如将两粒子的$|1\rangle\rightarrow|0\rangle$,即由$|\boldsymbol{\psi}^{+}\rangle\rightarrow|\boldsymbol{\phi}^{+}\rangle$。

以下3点性质在后面基本量子通信方案的讨论中是重要的。

· 测量纠缠态或不纠缠态有不同的统计结果。

· 虽然单个粒子的观测可以完全是随机的,但纠缠对中两粒子观测之间是完全关联的。

· 仅操作纠缠对中两粒子中的一个,贝尔态之间可以转变。

2. 光子纠缠对的产生

现在我们知道可以用多种方法产生量子纠缠态,例如,利用腔量子电动力学(QED)产生两原子纠缠,利用离子井实验产生离子纠缠,利用核磁共振产生多个原子核纠缠。这些纠缠只能用于量子计算,而不能用于量子通信,因为量子通信要求纠缠粒子传输。这样,光子(可见或红外光子)就成为较好的选择,本节仅介绍光子纠缠对的产生。

最早产生光子纠缠对是利用正负电子湮灭产生两个光子,这两个光子处于纠缠态:

$$e^{+}+e^{-}\rightarrow 2\gamma$$

正负电子质量为0.511 MeV/c^2,产生一对光子$h\nu=0.511$ MeV,$\nu=1.23\times10^{20}$ Hz,按电磁频谱(表4.1)应为γ光子。

表4.1 电磁频谱

电磁波	无线电	微 波	红 外	可 见	紫 外	X射线	γ射线
频率/Hz	$10^4\sim10^8$	$10^8\sim10^{11}$	$>10^{11}$	$3.7\times10^{14}\sim7.5\times10^{14}$	$<10^{16}$	$10^{16}\sim10^{19}$	$>10^{19}$

在表 4.1 中，无线电与微波产生于电磁振荡，红外、可见、紫外和 X 射线产生于原子中电子跃迁，γ 射线由核内能级跃迁产生。

两 γ 光子产生偏振关联的实验是在 1950 年实现的，另一种产生关联光子对的方法是利用原子的级联辐射，例如钙(Ca)，在 1982 年通过观测它研究者发现级联辐射两光子是偏振纠缠的，而且这两光子在可见光内。但两光子发射方向具有随机性，这来源于原子动量的随机性，将给实验相关测量带来困难，故两光子难以用于量子通信。

目前，在量子通信中应用的关联光子对，主要利用非线性晶体中的参量下转换过程产生。中心非对称晶体带有极大的二阶非线性极化率 $\chi^{(2)}$，当一个强光束进入晶体时可以产生一对光子，分别为信息光与闲频光，它对应倍频的反过程，由于过程中要求能量、动量与角动量守恒，所以将使出射的一对光子产生纠缠。

当泵浦(pump)光入射到晶体产生下转换时，下转换有两种类型：Ⅰ型下转换和Ⅱ型下转换。Ⅰ型下转换：当泵浦光为非寻常偏振光时，出射的两束光都是寻常光，分布在以入射光为中心的圆锥体中，见图 4.1(a)，两光不纠缠。Ⅱ型下转换：泵浦光为反常光，下转换的两光束为信号光和闲频光，两光束偏振方向相互正交，分布在泵浦光两边的锥体中，见图 4.1(b)，形成纠缠光源。其状态表示为

$$|\boldsymbol{\psi}\rangle=\frac{1}{\sqrt{2}}(|\boldsymbol{H}\rangle_1|\boldsymbol{V}\rangle_2+\mathrm{e}^{\mathrm{i}\alpha}|\boldsymbol{V}\rangle_1|\boldsymbol{H}\rangle_2) \tag{4.1}$$

式(4.1)中的相对相位 α 可以通过适当设计来改变，在具体的实验中，利用 2 个附加双折射元件，我们能产生 4 个贝尔态，假定初始通过晶体产生的为 $|\boldsymbol{\psi}^+\rangle$ 态，我们改变相移 π，$\mathrm{e}^{\mathrm{i}\pi}=-1$，就得到 $|\boldsymbol{\psi}^-\rangle$ 态，另外，如果在一路中加一个半波片，使其水平偏振变为垂直偏振，就可以得到 $|\boldsymbol{\phi}^{\pm}\rangle$ 态。

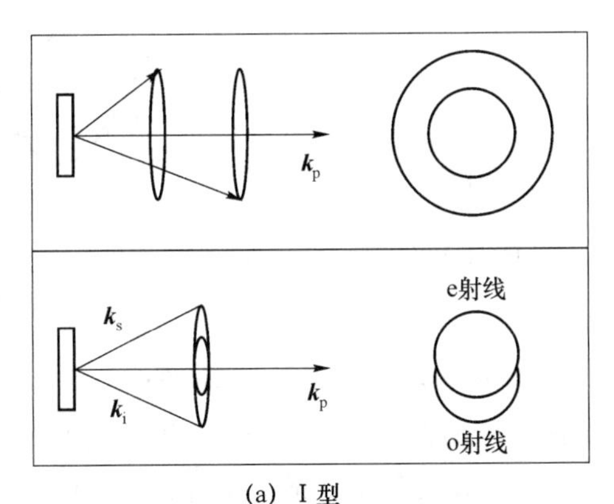

(a) Ⅰ型

晶体光轴
反常光
k_e
纠缠光发射方向
k_{pump}
k_o
寻常光

(b) Ⅱ型

图 4.1　Ⅰ型、Ⅱ型参量下转换示意图

图4.2(a)所示为Kwiat等人[4]1995年利用硼酸钡(Beta Barium Borate,BBO)晶体产生纠缠光子对的实验装置。泵浦源为Ar^+激光器,波长为351.1 nm,功率为150 mW,该激光器为单模激光器,利用色散棱镜去掉荧光,然后打在3 mm长的硼酸钡晶体上,产生光子对。产生光子对时要求能量和动量守恒,即$\boldsymbol{k}_p=\boldsymbol{k}_i+\boldsymbol{k}_s$,满足这关系时称相位匹配,通常只有在特殊角度入射时才容易满足要求。BBO晶体采用标准切割,光轴与泵浦束夹角为49.2°,光束垂直入射即光轴与表面法线成49.2°,经计算,这个方向效率高,两束光中心分开6°,晶体双折射使正常与反常光子有不同速度,因而使两束光出现横向与纵向走离效应,横向走离为0.3 nm,小于相干泵浦束宽度(2 mm),可以不考虑,而纵向走离效应必须考虑,3.0 mm长的晶体产生390 fs的延迟,与探测光子相干时间差不多,则在每道上加上硼酸钡晶体(1.5 mm)来补偿,每路上$\frac{\lambda}{2}$波片用来改变水平与垂直偏振,用以使$|\boldsymbol{\psi}\rangle$态变为$|\boldsymbol{\phi}\rangle$态,两探测器用雪崩二极管工作在Geiger模式,即工作电压高于击穿电压,以产生雪崩。若对1.55 μm波,应用InGaAs/InP雪崩二极管(APD),在探测器前有2个偏振器,一般固定一个,如取$\theta_2=45°$,而θ_1可以改变,以符合计算结果,如图4.2(b)所示,取$\theta_1=45°$时,计算达到800 s^{-1}, 这时$\theta_1-\theta_2=0$,对应状态$|\boldsymbol{\psi}^+\rangle$,而当$\theta_1=135°$为极大时,对应$|\boldsymbol{\psi}^-\rangle$态。

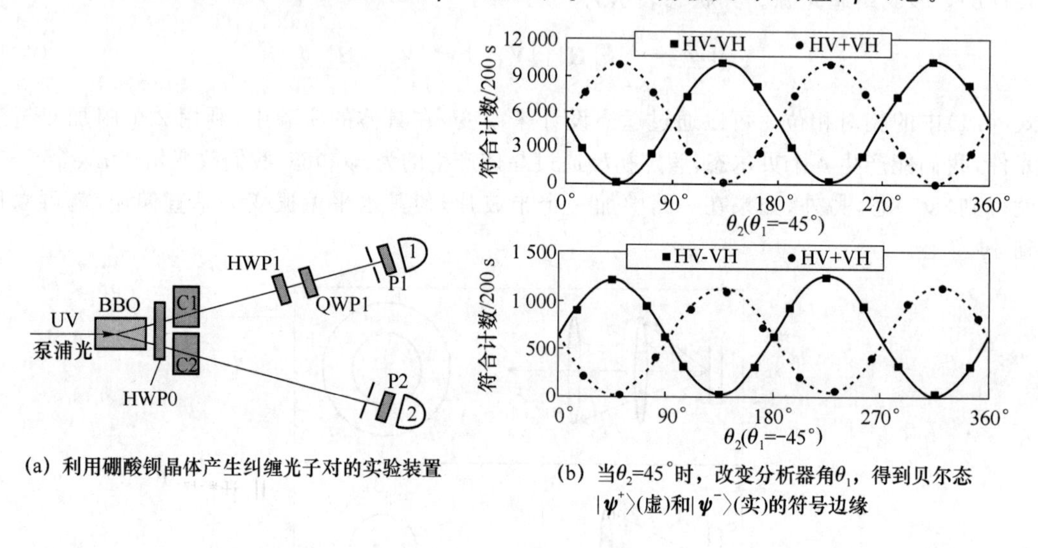

(a) 利用硼酸钡晶体产生纠缠光子对的实验装置

(b) 当θ_2=45°时,改变分析器角θ_1,得到贝尔态$|\boldsymbol{\psi}^+\rangle$(虚)和$|\boldsymbol{\psi}^-\rangle$(实)的符号边缘

图4.2 纠缠光子对的产生

利用硼酸钡晶体产生双光子对耦合入纤效率低,近几年人们提出直接利用光纤中的非线性通过四波混频产生双光子对,有人利用色散位移光纤,但更多的人利用光子晶体光纤,这是由于光子晶体光纤有许多特殊性质,如它有宽带单模特性,可以制成大的非线性光纤,另外其零色散点可以设计改变,由于四波混频相位匹配条件容易在零色散点附近产生,因此用光子晶体光纤可以在不同波长产生光子对。

3. 利用光子晶体光纤产生纠缠光子对

下面介绍两个利用光子晶体光纤产生纠缠光子对的实验。

(1) Rarity等人的实验[5](UK)

实验装置如图4.3所示,光源为Nd:YLF激光器,波长为1 065 nm,频率为80 kHz,脉冲宽度为6~30 ns,锁模脉冲。A衰减器使光强小于1 mW,G为光栅,M_1与M_2为95%

的反射镜，透过 5%的光进行光谱测量。光子计数利用符合探测，探测到的光子对被记录在时间间隔分析系统(TIA)中。信号光和闲频光的波长分别为 839 nm 和 1 392 nm，分差大，有利于分谱。光子晶体光纤纤芯的直径为2 μm，有较大非线性系数，有利四波混频产生。当入射功率为 100 mW 时，符合计数率为 $3.2\times10^5\,\mathrm{s}^{-1}$。

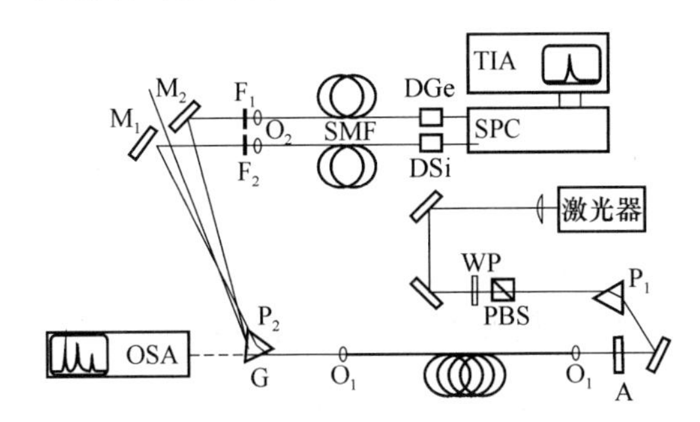

SPC—光子计数器；TIA—时间间隔分析系统；DSi—基于 Si 的光子探测器；G—光栅。

图 4.3　Rarity 等人的实验装置图

(2) Fan 等人的实验[6]

Fan 等人利用微结构光纤的简并四波混频产生关联光子对，泵浦波长为 735.7 nm，产生信号波长为 688.5 nm，闲频光波长为 789.8 nm，光子晶体长度为 1.8 m，光子对计数率达到 37.6 kHz，符合与偶然符合比额为 $e/A=10:1$，获得带宽为 $\Delta\lambda=0.7$ nm。

光纤中四波混频动量守恒条件为 $\omega_s+\omega_i=2\omega_p$，而相位匹配条件为 $(2k_p-k_s-k_i)-2\gamma p/(R\tau)=0$，$\gamma$ 为非线性系数，$\gamma=110\ \mathrm{W}^{-1}\cdot\mathrm{km}^{-1}$，平均功率 $P=12$ mW，激光重复率 $R=80$ MHz，泵浦脉冲宽度 $\tau=8$ ps。

实验装置如图 4.4 所示，PC 为偏振器，FC 为光纤耦合器，SMF 为单模光纤，$\frac{\lambda}{2}$为半波片，IF 为干涉滤波器，M_1，M_2 为反射镜，MF 为微结构光纤。从 MF 输出的归一化了的平均泵浦功率为 12 mW。

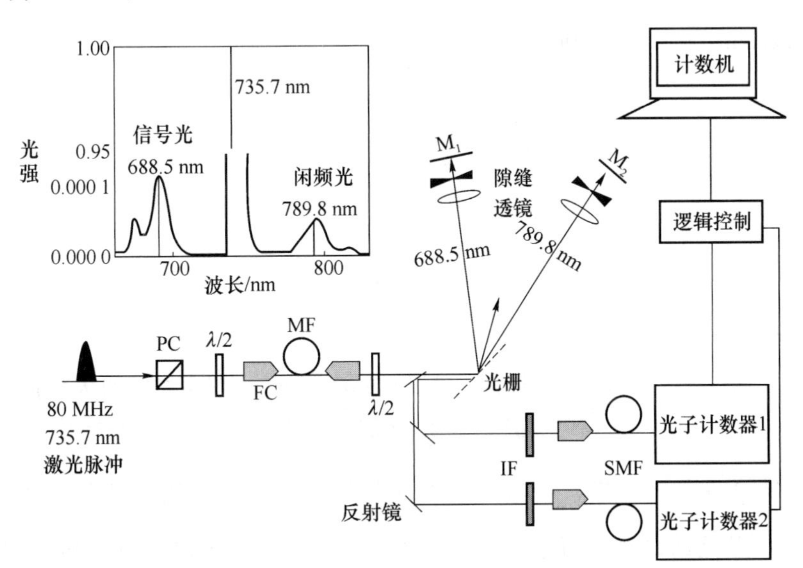

图 4.4　利用微结构光纤的简并四波混频产生关联光子对的实验装置图

这个实验产生较大光子对计数率和较大符合与偶然符合差有几个原因:①适当安排波长使FWM相对拉曼(Raman),散射是最佳的;②所用光纤非线性大,$\gamma=110\ (\mathrm{W}\cdot\mathrm{km})^{-1}$,有效直径为1.2 μm,比较小;③利用光栅提高了单模性质。

4. 光子纠缠对的控制与测量

偏振纠缠光子4个贝尔态之间幺正变换可以利用半波片与1/4波片来实现。如果开始处在$|\boldsymbol{\psi}^-\rangle$状态。设两光轴沿垂直方向,则通过1/4波片转到水平方向,状态变为$|\boldsymbol{\psi}^+\rangle$。再转动半波片45°给出$|\boldsymbol{\phi}^-\rangle$态,最后转动一个波片90°,另一个45°就给出$|\boldsymbol{\phi}^+\rangle$态。

考虑光子是玻色子,要求整个波函数是对称的,而4个贝尔态仅考虑它们的自旋,即内部自由度。其中$|\boldsymbol{\psi}^-\rangle$是反对称的,$|\boldsymbol{\psi}^+\rangle$,$|\boldsymbol{\phi}^\pm\rangle$是对称的,对应三重态。考虑两光子空间状态为$|\boldsymbol{a}\rangle$和$|\boldsymbol{b}\rangle$,相应于$|\boldsymbol{\psi}^-\rangle$态,空间波函数也应反射对称,这样总波函数应为

$$|\boldsymbol{\psi}^-\rangle=\frac{1}{2}(|\boldsymbol{H}\rangle_1|\boldsymbol{V}\rangle_2-|\boldsymbol{V}\rangle_1|\boldsymbol{H}\rangle_2)(|\boldsymbol{a}\rangle_1|\boldsymbol{b}\rangle_2-|\boldsymbol{b}\rangle_1|\boldsymbol{a}\rangle_2)$$

$|\boldsymbol{a}\rangle$和$|\boldsymbol{b}\rangle$通过分束器(BS)后将分两束(c和d)出射,再引偏振分束器PBS和PBS′分别对应D_H,D_V'或者D_V,D_H',通过符合测量可以得到。

若$|\boldsymbol{\psi}^+\rangle$态自旋对称,空间也对称,$|\boldsymbol{a}\rangle$,$|\boldsymbol{b}\rangle$通过分束器的两光子将从C或D束出射,则两光子的复合测量将在同一偏振分束器的两端(其测量如图4.5所示),必须对同一PBS的两态进行相干测量。至于$|\boldsymbol{\phi}^+\rangle$与$|\boldsymbol{\phi}^-\rangle$,由于对称两光子在同一PBS而且在同一$D_H$或$D_V$,则较难区分。

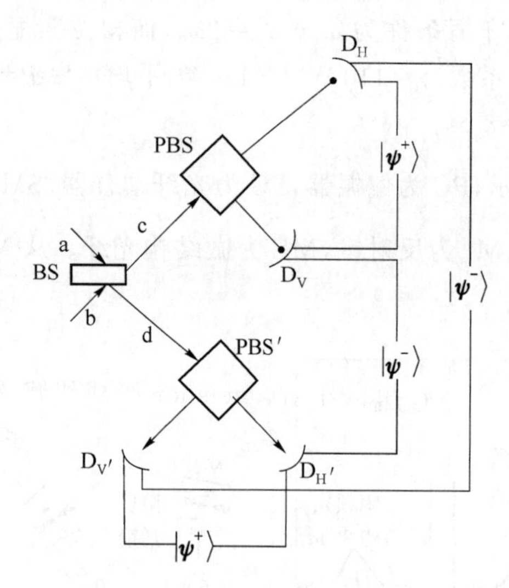

图4.5 纠缠态的测量

5. 纠缠的定量描述[7]

若Alice与Bob各控制系统的一部分,其状态为$\boldsymbol{\rho}^A$与$\boldsymbol{\rho}^B$,则整个系统的状态$\boldsymbol{\rho}^{AB}$可以表示为

$$\boldsymbol{\rho}^{AB}=\sum_i P_i\boldsymbol{\rho}_i^A\otimes\boldsymbol{\rho}_i^B \tag{4.2}$$

P_i为概率,满足$\sum_i P_i=1$,若$P_i=1$,则这个态称为直积态,否则就是纠缠态,纠缠态不能由直积态表示,$\boldsymbol{\rho}^{AB}$就是纠缠态。两个子态纠缠的程度对于纯态可以用熵来描述,对于混合态目前还缺乏明确的表达式。

若 $\boldsymbol{\rho}^{AB}$ 为纯态，$\boldsymbol{\rho}^{AB}=|\boldsymbol{\psi}^{AB}\rangle\langle\boldsymbol{\psi}^{AB}|$，则 A，B 两态的纠缠度 $E(\psi^{AB})$ 可以利用纠缠熵表示，为

$$E(\psi^{AB})=S(\mathrm{tr}_B\boldsymbol{\rho}^{AB})=S(\mathrm{tr}_A\boldsymbol{\rho}^{AB}) \tag{4.3}$$

$$\boldsymbol{\rho}_A=\mathrm{tr}_B|\boldsymbol{\psi}^{AB}\rangle\langle\boldsymbol{\psi}^{AB}|$$

则量子纠缠度

$$E(\psi^{AB})=S(\boldsymbol{\rho}_A)=-\mathrm{tr}(\boldsymbol{\rho}_A\log_2\boldsymbol{\rho}_A) \tag{4.4}$$

它是复合系统，不考虑 B 或 A 以后的冯·诺依曼熵，例如贝尔态

$$\psi^{AB}=\frac{1}{\sqrt{2}}(|01\rangle-|10\rangle)$$

$$\boldsymbol{\rho}^{AB}=\frac{1}{2}(|01\rangle-|10\rangle)(\langle 01|-\langle 10|)$$

$$\begin{aligned}\boldsymbol{\rho}_A&=\mathrm{tr}_B(\boldsymbol{\rho}^{AB})\\&=\frac{1}{2}(|0\rangle\langle 0|\langle 1||1\rangle-|0\rangle\langle 1|\langle 1||0\rangle-|1\rangle\langle 0|\langle 0||1\rangle+|1\rangle\langle 1|\langle 0||0\rangle)\\&=\frac{1}{2}(|0\rangle\langle 0|+|1\rangle\langle 1|)\\&=\frac{1}{2}\begin{pmatrix}1&0\\0&1\end{pmatrix}\end{aligned}$$

$$E(\psi^{AB})=S(\boldsymbol{\rho}_A)=-\mathrm{tr}\boldsymbol{\rho}_A\log_2\boldsymbol{\rho}_A=-\mathrm{tr}\,\frac{1}{2}\begin{pmatrix}1&0\\0&1\end{pmatrix}\begin{pmatrix}\log_2\frac{1}{2}&0\\0&\log_2\frac{1}{2}\end{pmatrix}=-\mathrm{tr}\begin{pmatrix}-\frac{1}{2}&0\\0&-\frac{1}{2}\end{pmatrix}=1$$

其纠缠度为 1，即具有最大纠缠度。可以证明其他 3 个贝尔态也具有最大纠缠度。

这里定义的纠缠度有一个主要性质是可加性，即如果 Alice 和 Bob 分享两个独立系统，它们的纠缠度分别为 E_1，E_2，则组合系统的纠缠度为 E_1+E_2。

对于混合态，目前没有统一纠缠度的定义，可见出现了两种纠缠量。其一是形成纠缠（entanglement of formation），将混合态纠缠看成纯态纠缠的逐步形成，其纠缠度为

$$E_{\mathrm{F}}(\boldsymbol{\rho})=\min\Big\{\sum_i P_iE(\psi_i)\Big\},\quad \boldsymbol{\rho}=\sum_i P_i|\boldsymbol{\psi}_i\rangle\langle\boldsymbol{\psi}_i| \tag{4.5}$$

取为纯态平均纠缠的极小值，又可称为单射（one shot）形成纠缠，它具有可加性，即

$$E_{\mathrm{F}}(\boldsymbol{\rho}_1+\boldsymbol{\rho}_2)=E_{\mathrm{F}}(\boldsymbol{\rho}_1)+E_{\mathrm{F}}(\boldsymbol{\rho}_2) \tag{4.6}$$

其二为分馏纠缠（distillable entanglement），它是从混合态逐步引出的纯纠缠态，其纠缠度由相对纠缠熵（relative entropy of entanglement）给出，为

$$E_{\mathrm{RE}}(\boldsymbol{\rho})=\min\{\mathrm{tr}(\boldsymbol{\rho}\log_2\boldsymbol{\rho}-\boldsymbol{\rho}\log_2\boldsymbol{\rho}')\} \tag{4.7}$$

其中 $\boldsymbol{\rho}$ 为纠缠态，$\boldsymbol{\rho}'$ 为不纠缠态，其最小值是对所有不纠缠态取最小值，也就是对应 $\boldsymbol{\rho}'$ 取最大值。

为了了解多少纯的纠缠态（EPR 对）能从部分纠缠混合态中分馏出来，我们引入双比特的混合态，称为韦纳（Weiner）态，它是某个贝尔态（如 $|\boldsymbol{\psi}^+\rangle$）保真度 F 和其他 3 个态保真度 (1-F)/3 部分的混合，即

$$w_{\mathrm{F}}=F|\boldsymbol{\phi}^+\rangle\langle\boldsymbol{\phi}^+|+\frac{1}{3}(1-F)(|\boldsymbol{\psi}^-\rangle\langle\boldsymbol{\psi}^-|+|\boldsymbol{\psi}^+\rangle\langle\boldsymbol{\psi}^+|+\langle\boldsymbol{\phi}^-||\boldsymbol{\phi}^-\rangle) \tag{4.8}$$

相对纠缠熵是可分馏纠缠的上限，对于韦纳态，其纠缠相对熵为

$$E_{\mathrm{RE}}(w_{\mathrm{F}})=1-H_2(F) \tag{4.9}$$

其中，$H_2(F)$ 为二元熵下的保真度，它就是韦纳态的分馏纠缠度。一般情况下分馏纠缠度大

于形成纠缠度。

4.2 双光子纠缠态在量子通信中的应用

量子纠缠是量子系统不同于经典系统的重要特性之一,它在量子通信中起着重要的作用,近年来,人们将纠缠态用于量子通信的多个方面,如量子密码术、远程传态,并利用纠缠态使一个量子比特传送多于一个比特的信息。本节先介绍量子通信的各种方案,然后介绍利用光子纠缠态进行量子通信的实验。

1. 量子通信方案

(1) 量子密码术

量子密码术包括量子密钥分配、量子安全直接通信、量子机密共享和量子论证等,这里主要介绍量子密钥分配。

在量子密钥分配中,将EPR源产生的光子纠缠对分别发给Alice和Bob,如图4.6所示。如果纠缠对是$|\boldsymbol{\psi}^-\rangle$态,即

$$|\boldsymbol{\psi}^-\rangle=\frac{1}{\sqrt{2}}(|0\rangle_1|1\rangle_2-|1\rangle_1|0\rangle_2) \tag{4.10}$$

则Alice测到$|0\rangle$态,Bob必测到$|1\rangle$态。如果没有窃听者,它们一定是反关联的,Alice和Bob可以通过经典信道交换测到的信息,知道中间是否有窃听者窃听。

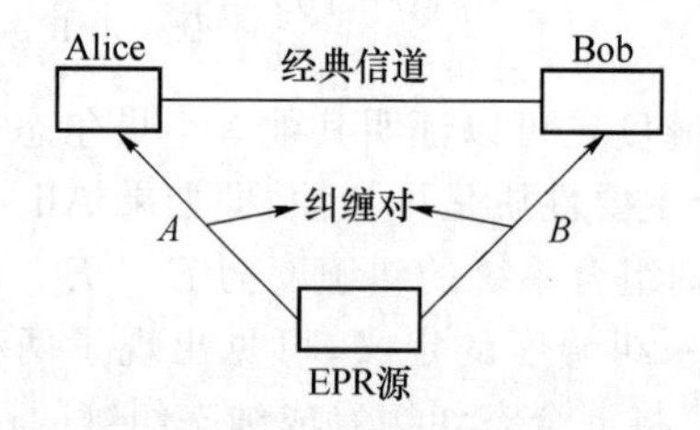

图4.6 光子纠缠对的分配

利用纠缠对进行量子通信密钥分配的第一协议是1991年由英国牛津大学Ekert提出来的,称为EK91协议[8]。这个协议利用纠缠相对测量的易脆性,任何攻击者都会减少纠缠,由于纠缠对测量服从统计关联,违反贝尔不等式,窃听者存在则纠缠下降,不等式违反减少,不等式违反是量子密钥安全性的测度,EK91协议中应用CHSH不等式,这在4.1节中介绍过。1970年魏格纳(Wigner)给出贝尔不等式的另一种形式,下面介绍魏格纳不等式。

Alice测量光子A选择两个轴α与β,Bob测量光子B选择两个轴β与γ,探测偏振平行于分析轴,相应于$+1$,而垂直于分析轴,相应于-1,魏格纳给出,当两边测量都是$+1$时,概率为P_{++},它满足以下不等式,称魏格纳不等式:

$$P_{++}(\alpha_A\beta_B)+P_{++}(\beta_A\gamma_B)-P_{++}(\alpha_A\gamma_B)\geqslant 0$$

量子力学预言,对$|\boldsymbol{\psi}^-\rangle$态进行测量,当分析器安置$\theta_A$(Alice)和$\theta_B$(Bob)时所得概率为

$$\rho_{++}^{\text{qn}}(\theta_A\theta_B)=\frac{1}{2}\sin^2(\theta_A-\theta_B)$$

当分析器安置为$\alpha=-30°$,$\beta=0°$,$\gamma=30°$时,将导致魏格纳不等式最大违反

$$\rho_{++}^{qn}(-30°,0°)+\rho_{++}^{qn}(0°,30°)-\rho_{++}^{qn}(-30°,30°)=\frac{1}{8}+\frac{1}{8}-\frac{3}{8}=-\frac{1}{8}<0$$

如果测量的概率违反魏格纳不等式，则量子道的安全性被确定。如果测量结果不违反不等式，则表明中间有窃听者，上述方案比起 CHSH 不等式更容易实现。

(2) 量子密集编码

当人们利用量子信道传送经典信息时，一般情况下，一个量子比特只能传送一个比特的经典信息。而班尼特(Bennett) 和威斯纳(Wiesner)在 1992 年[9]提出一种巧妙方法，使一个量子比特传送超过一个比特的经典信息，该方法称为量子密集编码，其方案如图 4.7 所示。

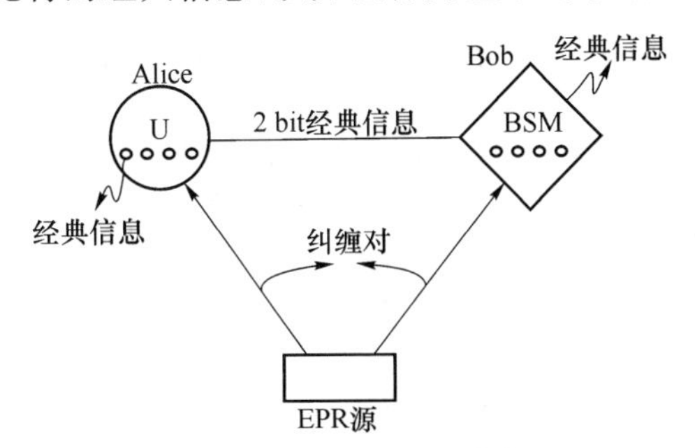

BSM—贝尔测量；U—幺正变换。

图 4.7　利用量子密集编码传送经典信息的方案

设 Alice 从纠缠源中得到纠缠对中的一个粒子，另一个粒子传给 Bob，两个粒子构成 4 个贝尔态之一，取为$|\boldsymbol{\psi}^-\rangle$态。

现在 Alice 可以利用贝尔基的特殊性质，调制这两个纠缠粒子中的一个，而转变到 4 个贝尔态中其他任意一个。由此，她可以通过改变相移、翻转状态或翻转和相移同时进行，完成 4 个态之间的转换，转变他们共同对的两粒子态到另一状态。然后 Alice 送去变换的两态粒子给 Bob 进行两粒子组合测量，从而给出信息。Bob 作一个贝尔测量能识别 Alice 送来的 4 个可能信息。这样传送一个两态系统，有可能编码两个经典信息。操作和传送一个两态系统纠缠而得到多于一个经典比特的信息，称为量子密集编码。

前面介绍使用量子通信可以保密或有效传送经典信息，人们也可以用纠缠态传送量子信息，量子远程传态就是一种特殊的量子信息传输。

(3) 量子远程传态[10]

利用量子纠缠的非定域性，可以实现量子态的远程传送。1993 年班尼特等人首先提出有关方案，1997 年玻密斯特尔(Bouwmeester)等人利用光的偏振态纠缠实现了 10.7 km 远程传态，其实验原理可以由图 4.8 来说明。

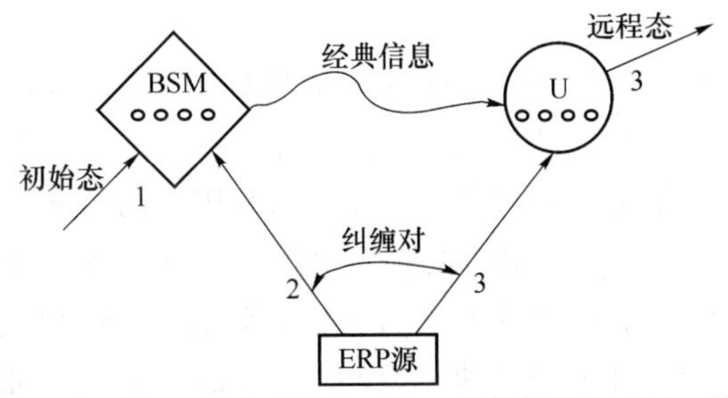

BSM—贝尔测量；U—幺正变换；Alice—做贝尔测量；Bob—做幺正变换。

图 4.8　量子远程传态示意图

Alice 希望利用 2 与 3 粒子纠缠对,将 1 粒子的状态传给 Bob。设 1 粒子的初始态为

$$|\boldsymbol{X}\rangle_1 = a\,|\boldsymbol{H}\rangle_1 + b\,|\boldsymbol{V}\rangle_1$$

$|\boldsymbol{H}\rangle$和$|\boldsymbol{V}\rangle$分别表示偏振水平与垂直水平,纠缠粒子处于状态

$$|\boldsymbol{\psi}\rangle_{23} = \frac{1}{\sqrt{2}}(|\boldsymbol{H}\rangle_2|\boldsymbol{V}\rangle_3 - |\boldsymbol{V}\rangle_2|\boldsymbol{H}\rangle_3) \tag{4.11}$$

则 3 个粒子的状态为

$$\begin{aligned}|\boldsymbol{\psi}\rangle_{123} &= |\boldsymbol{X}\rangle_1 \otimes |\boldsymbol{\psi}\rangle_{23} \\ &= \frac{1}{\sqrt{2}}(a|\boldsymbol{H}\rangle_1|\boldsymbol{H}\rangle_2|\boldsymbol{V}\rangle_3 - a|\boldsymbol{H}\rangle_1|\boldsymbol{V}\rangle_2|\boldsymbol{H}\rangle_3 - b|\boldsymbol{V}\rangle_1|\boldsymbol{H}\rangle_2|\boldsymbol{V}\rangle_3 - b|\boldsymbol{V}\rangle_1|\boldsymbol{V}\rangle_2|\boldsymbol{H}\rangle_3)\end{aligned}$$

其中 2,3 粒子是纠缠的,1,2 和 1,3 粒子是不纠缠的,Alice 对 1,2 粒子进行测量,即要求将$|\boldsymbol{\psi}\rangle_{123}$按 1,2 粒子形成的贝尔基进行展开,相应本征态是

$$|\boldsymbol{\psi}^+\rangle_{12} = \frac{1}{\sqrt{2}}(|\boldsymbol{H}\rangle_1|\boldsymbol{V}\rangle_2 + |\boldsymbol{V}\rangle_1|\boldsymbol{H}\rangle_2)$$

$$|\boldsymbol{\psi}^-\rangle_{12} = \frac{1}{\sqrt{2}}(|\boldsymbol{H}\rangle_1|\boldsymbol{V}\rangle_2 - |\boldsymbol{V}\rangle_1|\boldsymbol{H}\rangle_2)$$

$$|\boldsymbol{\phi}^+\rangle_{12} = \frac{1}{\sqrt{2}}(|\boldsymbol{H}\rangle_1|\boldsymbol{H}\rangle_2 + |\boldsymbol{V}\rangle_1|\boldsymbol{V}\rangle_2)$$

$$|\boldsymbol{\phi}^-\rangle_{12} = \frac{1}{\sqrt{2}}(|\boldsymbol{H}\rangle_1|\boldsymbol{H}\rangle_2 - |\boldsymbol{V}\rangle_1|\boldsymbol{V}\rangle_2)$$

则将$|\boldsymbol{\psi}\rangle_{123}$按上面一组贝尔基展开,有

$$\begin{aligned}|\boldsymbol{\psi}\rangle_{123} = \frac{1}{2}[&-|\boldsymbol{\psi}^-\rangle_{12}(a\,|\boldsymbol{H}\rangle_3 + b\,|\boldsymbol{V}\rangle_3) - |\boldsymbol{\psi}^+\rangle_{12}(a\,|\boldsymbol{H}\rangle_3 - b\,|\boldsymbol{V}\rangle_3) + \\ &|\boldsymbol{\varphi}^-\rangle_{12}(a\,|\boldsymbol{V}\rangle_3 + b\,|\boldsymbol{H}\rangle_3) + |\boldsymbol{\varphi}^+\rangle_{12}(a\,|\boldsymbol{V}\rangle_3 - b\,|\boldsymbol{H}\rangle_3)]\end{aligned} \tag{4.12}$$

式(4.12)表示如果 Alice 对 1,2 粒子进行测量,若结果 1,2 粒子处在$|\boldsymbol{\psi}^-\rangle$态,则到达 Bob 的 3 粒子就具有初始 1 粒子的状态;若 Alice 测到为$|\boldsymbol{\psi}^+\rangle_{12}$,她将结果通过经典信道告诉 Bob,将 3 粒子 $|\boldsymbol{V}\rangle_3$ 转动 180°从负变为正,即得到初始 1 粒子状态。若测到是$|\boldsymbol{\phi}^-\rangle_{12}$态,则 Bob 将 3 粒子做一个幺正变换,将$|\boldsymbol{V}\rangle$与$|\boldsymbol{H}\rangle$交换一下;若测到是$|\boldsymbol{\phi}^+\rangle_{12}$,则上述两变换同时进行。这样不管测到哪种结果,Bob 都可以利用 Alice 传来的经典信息对 3 粒子进行幺正变换,而使 3 粒子带有 1 粒子的状态,即远程传态。

2. 量子通信实验

下面介绍利用光子纠缠对进行的各种量子通信的实验。

(1) 量子密钥分配实验

基于光子纠缠对的量子密钥分配(QKD)实验装置如图 4.9(a)所示[1],光子纠缠对是利用 II 型参量下转换在硼酸钡(BBO)晶体中产生的,泵浦光为 Ar 离子激光器,相应波长为 351 nm,功率为 350 mW,产生信号光波长为 702 nm,利用硅的雪崩二极管进行探测。

Alice 与 Bob 的间距为 400 m,利用渥拉斯顿(Wallaston)棱镜〔如图 4.9(b)所示〕作为偏振分束器,分开光束,平行偏振探测器为+1,密钥比特为 1,垂直偏振探测器为−1,密钥比特为 0,在分束器前用两个电光调制器快速反转(<15 ns),量子随机信号发生器用于控制调整器的输出。时间计数符合测量均利用计算机(PC)来完成。

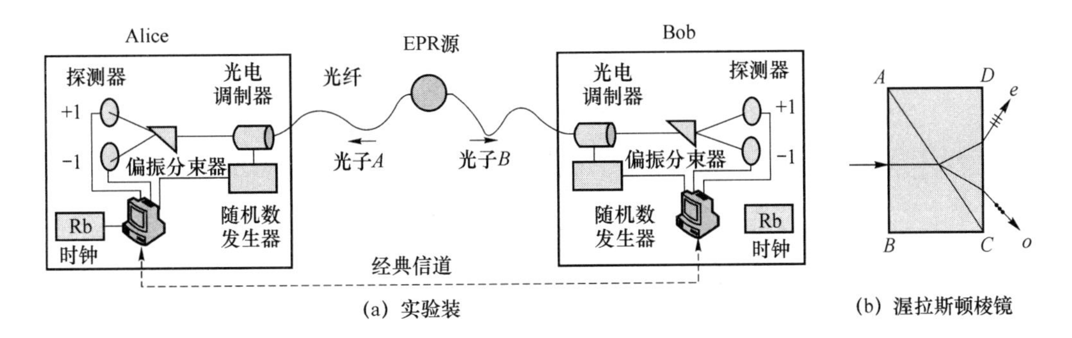

图 4.9　基于光子纠缠对的量子密钥分配实验装置

注: 渥斯拉顿棱镜是由两直角方解石镜组成的，两直角棱镜沿斜边组合起来，棱镜 ABC 光轴平行于直角边 AB，棱镜 ACD 光轴垂直于纸面，用于产生互相垂直两平面的偏振光。出射光 e 光偏振在纸平面内，而 o 光偏振垂直于纸平面。

为了利用魏格纳不等式实现基于光子纠缠对的量子密码通信，Alice 控制随机开关分析器为 $-30°$和 $0°$之间，而 Bob 在 $0°$与 $30°$之间运行，Alice 和 Bob 从符合计数中引出概率 $P_{++}(0°,30°)$，$P_{++}(-30°,0°)$和 $P_{++}(-30°,30°)$。实验装置给出的魏格纳不等式左边为 -0.112 ± 0.014，这与量子力学预言理论值$-\frac{1}{8}$一致，这是没有窃听者的结果，有窃听者这个值会变化，可能出现正数。

实验装置系统符合率达到 1 700 s^{-1}，光子收集效率为 5%，时间间隔分析利用两个铷振荡器(原子钟)来控制。

(2) 量子密集编码实验

双光子纠缠态由 BBO 晶体产生，Alice 编码后送光子给 Bob，Bob 通过贝尔分析器可以读出 Alice 发送的信息。路程延时器改变光程差以达到最佳干涉。

量子密集编码(Quantum Dense Coding，QDC)实验装置如图 4.10 所示，系统由 3 部分组成，EPR 纠缠源由紫外光源和硼酸钡晶体组成，一个光子给 Alice，另一个光子通过延时器给 Bob，Alice 通过控制其中一个光子以改变两粒子纠缠状态，使它在$|\psi^-\rangle$，$|\psi^+\rangle$以至$|\phi^\pm\rangle$变化，可将$|\psi^+\rangle$与$|\psi^-\rangle$看成一个量子比特，通过编码后光子传给 Bob，Bob 对两个光子进行相干符合测量，中间加时间延时器，为达到最大符合，要使两光子时间差小于相干长度，当光程差为零时，计数率最大，如图 4.11 所示。

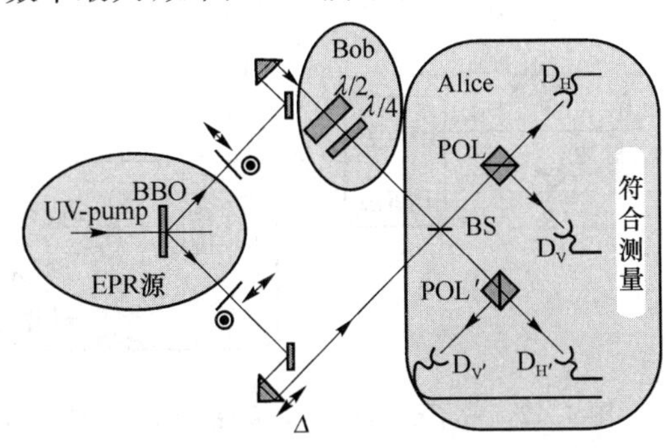

图 4.10　量子密集编码实验装置

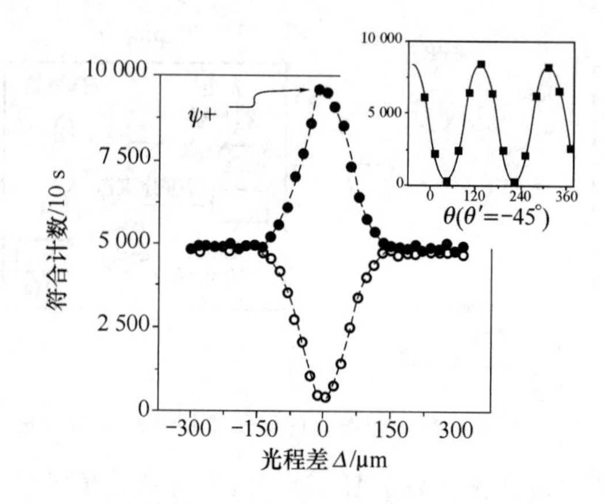

图 4.11 对$|\boldsymbol{\psi}^{+}\rangle$态符合率与两光子路程差的关系

如前面讨论的,若D_H与D_V符合测量给出$|\boldsymbol{\psi}^{+}\rangle$态,$D_V$与$D_{H'}$符合测量给出$|\boldsymbol{\psi}^{-}\rangle$态,而对于$|\boldsymbol{\phi}^{-}\rangle$态,由$D_H$与$D_{H'}$之间符合测量给出。因$|\boldsymbol{\phi}^{-}\rangle$为对称态,光子趋向一个臂,通过偏振分束后送到一个方向上,所以这两个光子通过BS2分束可以进行符合测量,这样一个光子传送3个状态,就是1.5 bit。一个量子态可以传送多于1个量子比特信息就称为量子密集编码,这样Alice编码和Bob的贝尔态测量通过一个光子传送多于一个比特的量子信息,即实现了量子密集编码。

(3)量子远程传态实验

图4.12给出一个传递光子偏振态的量子远程传态实验装置的示意图。该实验利用紫外脉冲光束(波长为$\lambda=394$ nm)打在硼酸钡晶体上,产生光子纠缠对,光子纠缠对2与3是由入射脉冲产生的,反射光产生光子纠缠对1与4。光子1为初始态,利用偏振器(POL和1/4波片控制)使它在不同的偏振态。Alice利用束分离器BS和探测器d_1,d_2对光子1和4进行贝尔测量,光子4为触发信号,给出光子1产生时间。Alice通过符合测量得到光子1,2处在贝尔态,通过经典信道将信号告诉Bob,Bob利用1/2波片与1/4波片对状态进行幺正变换,使3粒子具有1粒子的状态。

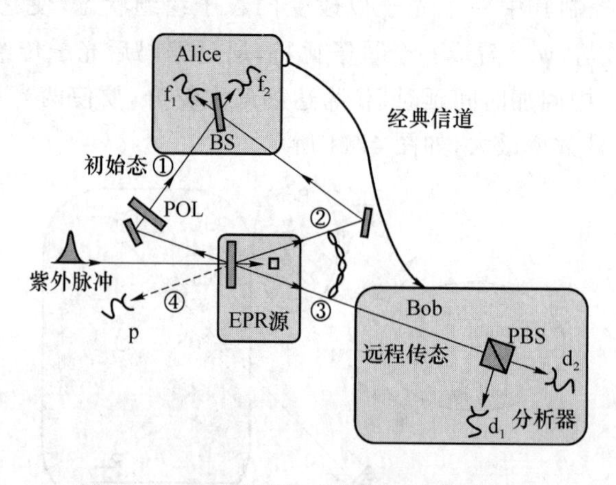

图 4.12 量子远程传态实验装置的示意图

若取 $|\psi\rangle_1 = a|0\rangle + b|1\rangle$，$|\psi\rangle_{23} = \frac{1}{\sqrt{2}}(|01\rangle - |10\rangle)$，所得结果如表 4.2 所示。

表 4.2　量子远程传态实验结果

Alice 测量贝尔态	Bob 幺正变换矩阵	意　义
$\|\psi\rangle_{12} = \frac{1}{\sqrt{2}}(\|01\rangle - \|10\rangle)$	$\begin{pmatrix} 1 & 0 \\ 0 & 1 \end{pmatrix}$	不变
$\|\psi\rangle_{12} = \frac{1}{\sqrt{2}}(\|01\rangle + \|10\rangle)$	$\begin{pmatrix} 1 & 0 \\ 0 & -1 \end{pmatrix}$	将 $\|1\rangle$ 转 180°
$\|\psi\rangle_{12} = \frac{1}{\sqrt{2}}(\|00\rangle - \|11\rangle)$	$\begin{pmatrix} 0 & 1 \\ 1 & 0 \end{pmatrix}$	将 $\|0\rangle$ 与 $\|1\rangle$ 交换
$\|\psi\rangle_{12} = \frac{1}{\sqrt{2}}(\|00\rangle + \|11\rangle)$	$\begin{pmatrix} 0 & 1 \\ -1 & 0 \end{pmatrix}$	将 $\|0\rangle$ 与 $\|1\rangle$ 交换再转 180°

实际量子通信比较复杂，由于光纤的损失会引起所谓的退相干，从而引起纠缠的退化与消失，所以在通信过程中要不断地进行纠缠的纯化、误码的校正，才有可能改善纠缠的性质，另外还要利用所谓的蒸馏过程来改善纠缠的性质，真正的量子通信还是比较复杂的，有待深入研究。

4.3　基于单光子的量子密码术[6]

在量子通信的实验研究中，目前做得比较多也比较成功的都是利用单光子进行的，不管是 2000 年 Geneva 大学进行的 67 km 量子密钥分配（quantum key distribution），还是 2003 年 Kosaka[11] 报道的 100 km 量子密码系统，以及中国科学技术大学进行的北京到天津量子密钥分配实验，都是利用单光子进行的。量子密码术除了量子密钥分配外，还有量子安全直接通信（Quantum Secure Direct Communication，QSDC）、量子机密共享（quantum secret sharing）等，但由于量子比特率小，所以其他几项还没有实际应用价值，目前被视为比较有实际应用前景的就是量子密钥分配。本节将首先介绍基于单光子量子密钥分配的 BB84 协议、量子误码率、量子编码，其次介绍有关的实验。

1. BB84 协议

现有量子密钥分配协议数十种，比较有名的有 BB84 协议、B92 协议、EK91 协议等，按状态有二态协议、四态协议、六态协议、八态协议等。

目前大家用得较多也是最早的协议是 1984 年由 IBM 公司的班尼特和加拿大蒙特利尔大学 G. Brassard 提出来的一种四态协议，称为 BB84 协议。这里，我们用光子偏振态语言表述 BB84 协议，其实任何两态量子系统都可以用来建协议。

BB84 协议利用 4 个量子态构成两组基，例如光子的水平偏振 $|\boldsymbol{H}\rangle$ 和垂直偏振 $|\boldsymbol{V}\rangle$：

$$45°\text{方向偏振}：|\boldsymbol{R}\rangle = \frac{1}{\sqrt{2}}(|\boldsymbol{H}\rangle + |\boldsymbol{V}\rangle)$$

$$-45°方向偏振：|\boldsymbol{L}\rangle=\frac{1}{\sqrt{2}}(|\boldsymbol{H}\rangle-|\boldsymbol{V}\rangle)$$

在编码中将$|\boldsymbol{H}\rangle$和$|\boldsymbol{R}\rangle$取为0，而$|\boldsymbol{V}\rangle$和$|\boldsymbol{L}\rangle$取为1，它们构成两个正交基。

在BB84协议中，Alice随机选择四态光子中的一个发送给Bob，N个光子形成一组，而Bob又随机在两组测量基中选取一个对光子进行测量，对应测N次。如果将水平垂直基表示为⊕，而将45°与−45°基表示为⊗，取$N=8$，结果如表4.3所示。

表4.3　BB84协议

Alice	⊗	⊕	⊕	⊗	⊗	⊕	⊕	⊗
	↖	↑	→	↗	↖	→	↑	↗
编码	1	1	0	0	1	0	1	0
Bob	⊗	⊗	⊕	⊕	⊗	⊗	⊕	⊕
	↖	↗	→	↑	↖	↗	↑	→
测码	1	0	0	1	1	0	1	0
原码	1		0		1	0	1	0
筛选码	1		0		1		1	

由于Bob选择的测量基有50％的概率，与Alice一样，另外在不同基时测出码也有一半是相同的，因此在$N\rightarrow\infty$时，Alice送给Bob的结果中有75％的概率，Bob测到的码与Alice的相同，称为原码(raw key)，它是没有经过筛选纠错和密性增强处理的二进制随机数字串。

Alice与Bob通过经典信息通道交换信息以后，确定他们采用相同基的码为筛选码(sifted key)，一般只有Alice发送码的50％，这是没有损失和窃听者的情况，如果中间有窃听者就会发生变化。例如，窃听者采用截取重发策略，假定Eve利用一对基(与Alice采用的基一样)，这样他测量Alice发送的信息只有50％是正确的，他把信息发送给Bob，Bob又只有一半是正确的，这样当Alice与Bob比对时给出25％的误码率，这时得到的原码只有62.5％相同(习题4.6)，则可以测到Eve存在。

当Eve存在时，Alice与Bob间就终止密文的发送以保证通信的安全。值得提出的是，Alice与Bob都不能事先知道协议的结果，因为Alice发射和Bob接收基都是随机选择的。

BB84协议的安全性是建立在不可克隆定理基础上的，如果Eve是一个克隆机，则它是无法识别的。因此利用单光子进行的量子通信，其安全性是一个开放性的问题。

2. 量子误码率

量子误码率(Quantum Bit Error Rate，QBER)被定义为错误比特率与接收量子比特率之比，通常用百分数来表示：

$$\text{QBER}=\frac{N_{\text{er}}}{N_{\text{si}}+N_{\text{er}}}=\frac{R_{\text{er}}}{R_{\text{si}}+R_{\text{er}}}\approx\frac{R_{\text{er}}}{R_{\text{si}}}\tag{4.13}$$

其中，N_{er}为错误计数，R_{er}为每秒错误计数(即错误比特率)，R_{si}为筛选比特率，一般为原始码率的一半，而原始码率基本上等于脉冲率f_{rep}、每个脉冲光子数μ、光子达到分析器概率t_{link}和被探测概率η的乘积，有

$$R_{si}=\frac{1}{2}R_{raw}=\frac{1}{2}qf_{rep}\mu t_{link}\eta \tag{4.14}$$

因子 $q\leqslant 1$，q 是为不同编码而引入的校正因子，取 1 或 1/2，错误比特率 R_{er} 可能来自 3 个不同因素，即

$$R_{er}=o_{opt}+R_{det}+R_{acc}+R_{stray} \tag{4.15}$$

其中，R_{opt} 是由于相位编码中非理想干涉，偏振编码中偏振反差而带来的错误计数。其概率为

$$R_{opt}=R_{si}P_{opt}=\frac{1}{2}qf_{rep}\mu t_{link}\eta P_{opt} \tag{4.16}$$

R_{det} 来自探测器的暗记数，其值为

$$R_{det}=\frac{1}{2}\times\frac{1}{2}f_{rep}P_{dark}n \tag{4.17}$$

其中 f_{rep} 为重复频率，P_{dark} 是每探测器每时间窗暗记数的概率，n 为探测器数目，两个 1/2 是由于 Alice 和 Bob 有 50%的概率选不相容基，而 50%的概率在正确探测器中出现。R_{acc} 是来自非纠缠的光子对，它是出现光子对源的情况。R_{stray} 来自瑞利散射引起的反向光子，特别是对 Plug 和 Play 系统，另外还有杂散光。因此可将式(4.13)改写为

$$\text{QBER}=\text{QBER}_{opt}+\text{QBER}_{det}+\text{QBER}_{acc}+\text{QBER}_{stray} \tag{4.18}$$

其中，QBER_{opt} 与传送距离无关，它可以看成装置中光性质的测量，依赖于偏振及相干边缘反差，如在偏振编码系统中偏振反差为 100 ∶ 1，则 QBER_{opt} 为 1%，在相位编码中与干涉可见度有关，即

$$\text{QBER}_{opt}=\frac{1}{2}(1-V)$$

若可见度 $V=98\%$，则 $\text{QBER}_{opt}=1\%$；若 $V=90\%$，则 $\text{QBER}_{opt}=5\%$。

QBER_{det} 与距离有关，因暗记数是常数，而传送比特由于吸收而随距离指数减少，所以探测器的暗记数最终限制了单光子传送的距离。图 4.13 表示的是 Gisin 在文章中[2]给出的通过误码校正和密性增强以后，有用比特率 R_{net} 与传送距离(光纤长)的关系。激光脉冲率为 10 MHz，$\mu=0.1$，对 800 nm，1 300 nm，1 550 nm 波长的传送距离，损失分别为 2 dB/km，0.35 dB/km，0.2 dB/km；探测器效率分别为 50%，20%与 10%；硅 APD、锗 APD 与 InGaAs APD 的暗记数概率分别为 10^{-7}，10^{-5}，10^{-5}，QBER_{opt} 被忽略。

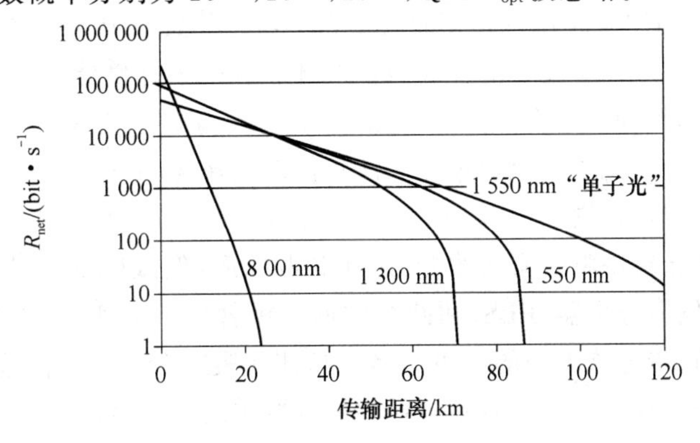

图 4.13　R_{net} 与传送距离的关系

计算公式为

$$R_{net}=R_{si}[I(\alpha\beta)-I_{max}(\alpha\varepsilon)] \tag{4.19}$$

其中 $I(\alpha\beta)$ 为 Alice 与 Bob 的香农互信息：

$$I(\alpha\beta)=1-H_2(D)=1+D\log_2 D+(1-D)\log_2(1-D) \tag{4.20}$$

D 为误码率，$I_{max}(\alpha\varepsilon)$ 是 Eve 与 Alice 互信息的最大值，为

$$I_{max}(\alpha\varepsilon)=1-H_2(\varepsilon) \tag{4.21}$$

其中，ε 为 Eve 正确猜测的概率，H_2 为二元熵，从图 4.13 中可以看出利用单光子保密通信传送距离一般在 100 km 左右，再提高是比较困难的。

3. 量子编码

目前在单光子密码通信中主要采用两种编码方式，即偏振编码与相位编码，下面分别介绍。

(1) 偏振编码

利用光子的偏振态编码量子比特，应是人们最容易想到的方案，1992 年班尼特等人进行了第一个量子密码通信实验，就是利用偏振编码来完成的。

根据 BB84 协议，利用光子偏振态编码的典型量子通信系统如图 4.14 所示。

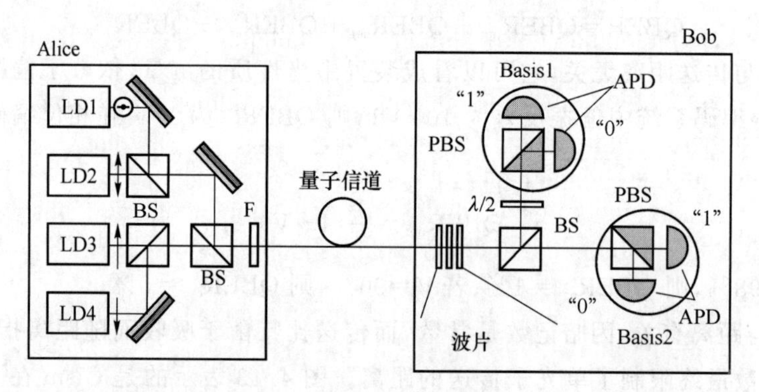

图 4.14 利用偏振编码的量子密码通信典型实验系统

Alice 的装置包括 4 个激光二极管，它们发射短脉冲(1 ns)，偏振分别为 0°(水平)，90°(垂直)，45°与 −45°，利用滤波器将光脉冲衰减到平均光子数小于 0.1，然后通过量子信道发给 Bob。脉冲从光纤引出，通过一组波片(起 PC 作用，用于补偿脉冲通过光纤时对偏振态的变化)，然后脉冲达到 50/50 束分离器，透射光子进入偏振分离器和垂直与水平分析的两个光子记数器系统，反射光子向上通过 1/2 波片使偏振转 45°(−45°→0°)，然后利用第二组偏振分离器和光子记数器进行分析，偏振分束器执行 45°基。例如，我们观测偏振为 45°的光子，光子偏振态在光纤中将会有所改变，达到 Bob 以后，偏振控制器必须迫使它返回 45°，光子监测器由一个偏振分束器(PBS)和两个雪崩二极管(APD)组成，偏振分束器将互相垂直的两个偏振光分别传送给不同的 APD，各自检测代表"0"或"1"的信号。

必须指出，光纤本身是一种具有双折射和色散性质的介质，对偏振态在长距离和长时间内都是不稳定的。1995 年谬勒(Muller)等人在 λ=1 300 nm 的情况下，在瑞士日内瓦完成

了 23 km 量子密钥分配实验，利用日内瓦湖底光缆将量子信号发送到对面尼罗，但稳定时间只有几分钟。人们提出利用保偏光纤或主动式跟踪补偿来改善稳定性，但比较困难，目前来看光纤通信偏振编码不是最佳选择，转为相位编码特别是往返自动补偿相位编码可能较好，而在大气中由于双折射和色散效应小，所以适宜采用偏振编码。2002 年 Kartsiefer 等人报道了 23.4 km 大气中偏振编码的单光子密码通信。

(2) 相位编码

以光子相位进行量子比特编码的概念，首先在 1992 年由班尼特提出，在他两态 B92 协议的文章中，描述了相应状态分析如何利用干涉仪来完成。相位编码的第一个实验是 1993 年由汤森德(Townsend)完成的。

图 4.15 为一个利用马赫-曾德尔(Mach-Zehnder)干涉仪进行相位编码的装置示意图。只要两臂光程差小于相干长度，出口光就会发生相干，考虑反射光有 $\frac{\pi}{2}$ 相移(半波损失)，则"0"与"1"探测有 $\frac{\pi}{2}$ 相位差，输出口"0"强度为

$$I_0=\overline{I}\cos^2\left(\frac{\phi_A-\phi_B-k\Delta l}{2}\right)$$

其中 k 为波数，$k\Delta l$ 为由光程差带来的相位差，$\frac{1}{2}(\phi_A-\phi_B-k\Delta l)=n\pi+\frac{\pi}{2}$ 为总相位差，n 为整数，"0"探测器没有光子，则光子在"1"探测器上，当相位差为 $2n\pi$ 时得 $I_0=\overline{I}$，"0"探测器测到光子，可以通过调整 ϕ_A 与 ϕ_B 来控制。

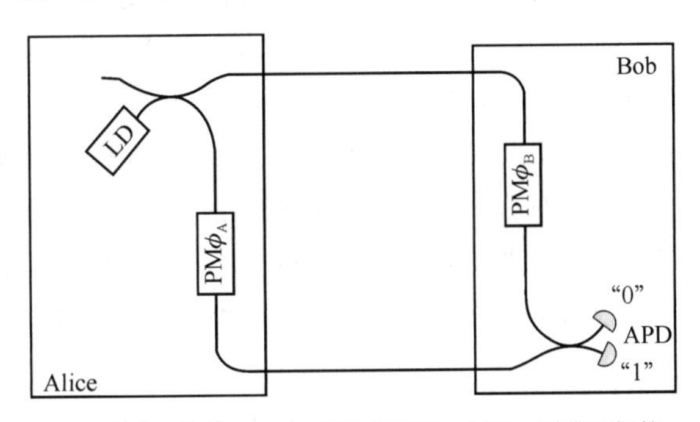

LD—激光二极管；PM—相位调制器；APD—雪崩二极管。

图 4.15　利用马赫-曾德尔干涉仪进行相位编码的装置

对于单光子源，光子计数探测器和干涉仪组成量子密码通信系统，Alice 的装置包括一个耦合器、相位调制器和光源，而 Bob 的装置包括另一个调制器、耦合器和探测器。

下面利用相位编码实现 BB84 协议，如表 4.4 所示，ϕ_A 与 ϕ_B 分别表示 Alice 与 Bob 的相位，Alice 利用 4 个相移器(分别对应 0，$\frac{\pi}{2}$，$\frac{3\pi}{2}$ 和 π)来编码。取 0，$\frac{\pi}{2}$ 为比特 0，π，$\frac{3\pi}{2}$ 为比特 1，而完成测量基选择相移 0 或 $\frac{\pi}{2}$，分别对应比特的 0 或 1。

表 4.4 利用相位编码实现 BB84 协议

比 特	ϕ_A	ϕ_B	$\phi_A-\phi_B$	比特值
0	0	0	0	0
0	0	$\frac{\pi}{2}$	$-\frac{\pi}{2}$	?
1	π	0	π	1
1	π	$\frac{\pi}{2}$	$\frac{\pi}{2}$	?
0	$\frac{\pi}{2}$	0	$\frac{\pi}{2}$	?
0	$\frac{\pi}{2}$	$\frac{\pi}{2}$	0	0
1	$\frac{3\pi}{2}$	0	$\frac{3\pi}{2}$	?
1	$\frac{3\pi}{2}$	$\frac{\pi}{2}$	π	1

当 Alice 与 Bob 的相位差为 0 和 π 时,其基是相容的,其测量有确定值,这时 Alice 与 Bob 的比特位一致,当相位差为$\frac{\pi}{2}$与$\frac{3\pi}{2}$时,其基不相容,这时光子随机选择出口,Bob 没法确定,比特位用"?"表示。

在这个方案的执行过程中,要求两臂光程差稳定,若改变超过半波长就会引起误码。如果 Alice 与 Bob 分开 1 km,显然,由于环境变化很难保持两臂的改变小于 1 μm,为了防止这一问题的发生,1992 年班尼特就建议利用两个非平衡 M-Z 干涉仪方案,如图 4.16 所示。一个 PM(相位调制器)在 Alice 装置中,另一个 PM 则属于 Bob,对于调制计数与时间的关系,Bob 得到 3 个峰。第一个峰对应 Alice 与 Bob 在干涉中选择短程光子,第三个峰对应长程光子,而中间峰对应 Alice 选长程、Bob 选短程或反之。这两束光可以发生干涉,这个装置的优点是使两臂中光子分别都通过同样的变化以减小环境的影响。有关频率编码与时间编码的内容省略。

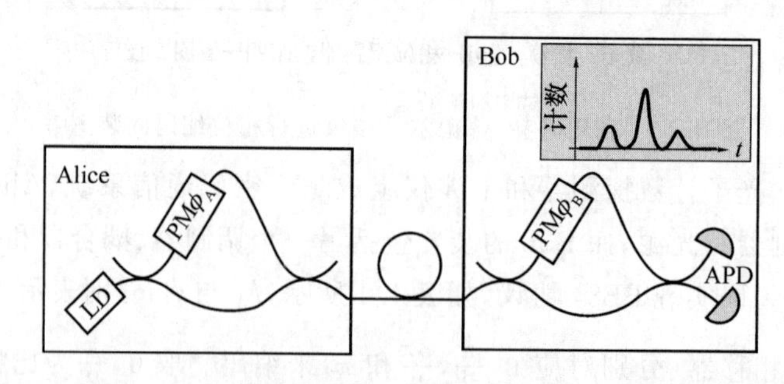

图 4.16 用于量子密码术的双 M-Z 干涉仪与 PM 相位调制器

4. 单光子密钥分配实验

从上面的讨论可以看出,不管是偏振编码还是相位编码,都要求人们补偿光的路程涨落,以保持系统的稳定。下面介绍两个实验系统,一个是日内瓦大学吉辛(Gision)等[12]人实现的即插即用系统,另一个是日本 NEC 的一个系统。

(1) 即插即用系统

吉辛等人的实验系统利用光程的往返,没有加另外光学调整,就补偿了光程涨落。他们将系统取名为即插即用系统,其结构如图 4.17 所示。

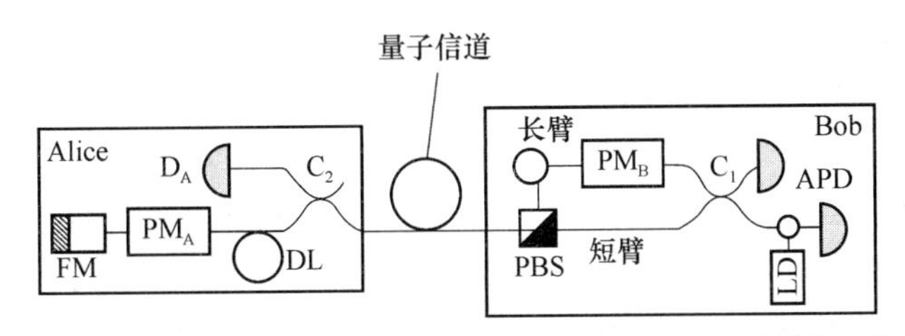

LD—激光二极管;APD—雪崩二极管;C_i—耦合器;PM—相位调制器;PBS—偏振分束器;DL—延时器;FM—法拉第镜;D_A—经典探测器。

图 4.17　自调制的即插即用系统

其中辐射光源 LD 在 Bob 端,通过环形器 C 进入光路,然后通过两条路到法拉第镜(FM),法拉第镜由一个法拉第圆筒与一个反射镜组成,线偏振光在筒内沿磁轴入射,磁场恒定,线偏振光在磁场的作用下产生法拉第效应,偏振方向在与磁轴垂直的平面上旋转,遇到反射镜时反射,反射光沿磁轴反向射出,其偏振方向受磁场作用继续旋转,当离开法拉第圆筒时,出射光偏振方向相对入射光旋转$\frac{\pi}{2}$。

FM 安在 Alice 端,信号光可以先从短臂过去,然后从长臂返回 Bob,或者通过长臂传到 Alice,经 FM 反射后再通过短臂返回 Bob,这将利用一个 M-Z 干涉仪起两个 M-Z 干涉仪的作用,而且两路通过同样长的路程,由环境带来对光路的影响会自动补偿。

开始通过短臂的光为 P_1,通过长臂的光为 P_2,调整 PBS 使 P_1 光完全透过,通过调整 PM_B 使 P_2 在 PBS 全反射并都进入量子信道而传给 Alice,两路时间差取 200 ns,通过量子信道的光进入 Alice 的一部分到 D_A,提供一个时间信息,这个探测对防止特洛伊(Trojan)木马攻击是重要的。经过 C_2 的光通过一个衰减器到光延时器,在法拉第镜反射前通过相位调制器进行编码,脉冲离开 Alice 之前再次通过衰减器,使脉冲减弱到每个脉冲平均光子数小于 1。法拉第镜产生 $\pi/2$ 相位差,这样使返回的 P_1 在 PBS 处完全反射并通过长臂到达 C_1,而 P_2 将在 PBS 处透过并走短臂。Bob 通过调整 PMD 以改变其检测的基,两束光到 C_1 相干后,进入单光子探测器 D_1 与 D_2 进行测量,这是由于软件发展系统可以自动化。利用这个系统日内瓦大学吉辛等人在 2002 年实现了 67 km 的量子密钥分配。

对这个系统有两点值得注意。一是在开始从 Bob 发出的脉冲弱,但光子数多,比返回脉冲中光子数至少大 1 000 倍以上,同样由于光纤中杂质引起的 Rayleigh 背散射是一个较大的噪声,Alice 中的光延时器对解决这个问题起重要作用,让束脉冲在其中延迟一段时间再返回,使背散射在接收窗口之外。二是容易受 Eve 的特洛伊木马攻击,这个攻击方法是 Eve 也发一个信息到 Alice 和 Bob 工作区,然后通过有关信息测量而得到 Alice 和 Bob 的互信息,对此 Alice 与 Bob 必须用一些防范措施,如加滤波器阻止 Eve 间谍信息的传送。

(2) NEC实验系统[12]

下面介绍2003年日本NEC给出的一个传送100 km的量子密钥分配系统,其利用平衡门模光子探测器,其装置如图4.18所示。装置中主要的改进在单光子探测器上,采用平衡门模光子探测器,利用基于InGaAs/InP的雪崩二极管(APD),可以工作在1.55 μm,工作在Geiger模式(即使反向偏压高于管子击穿电压),这样一旦有信号就产生雪崩,以得到一个较大的输出,Geiger模式启动一般有较大暗电流,由于脉冲偏压同步于探测时间窗,故又称为门模式(gated mode)。系统利用2个APD平衡输出方法是为了减小暗电流,在2个APD后的正方形表示180°的桥接(hybrid junction),使2个APD输出信号相减,APD_1提供负信号,APD_2提供正信号。两鉴别器也适用于正负脉冲,以确定APD探测一个光子,用这个方法并在−106.5℃条件下,暗电流概率可达到2×10^{-7},比一般单光子探测器低一个量级(10^{-5})。Alice与Bob中间的光纤长100 km,脉冲平均光子数为0.1,脉冲重复率为500 kHz,为减少后脉冲影响,取激光器脉宽为0.5 ns,APD选道脉宽为0.75 ns,相位调制器接通脉宽为20 ns。

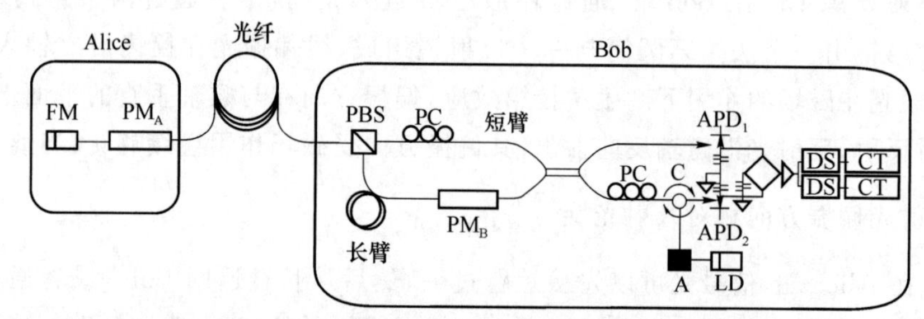

FM—法拉第镜; PM—相位调制; PBS—偏振分束器; PC—偏振控制器;
A—衰减器; DS—鉴别器; CT—计数器; APD—雪崩二极管; C—环行器。

图4.18 单光子量子密码系统示意图

光子计数率和密钥产生率与传输距离的关系如图4.19所示,利用光纤损失为0.25 dB/km,图中显示光子计数率随距离增加以指数形式减少,其中插图显示出相干的边缘,相干边缘的可见度为

$$V=\frac{I_{\max}-I_{\min}}{I_{\max}+I_{\min}}$$

在传100 km后,APD_1和APD_2分别为83%与80%,可见度与QKD系统保真度(fidelity)的关系为$F=(V+1)/2$,因此F大于90%,量子误码率定义为1−F,小于10%,图4.19中最低线对应探测器暗计数2×10^{-7}每脉冲,约每秒0.1计数,由杂散射引起的错误计数为每脉冲1.2×10^{-6},每秒0.6计数,杂散主要来自Rayleigh背散射,减少背散射可以多传的距离达140 km,再用损失小的光纤,如损失为0.17 dB/km的光纤,QKD传送距离可能达到200 km。

从以上讨论可以看出,增加QKD距离可以从减少光纤损失,减少背散射和光子计数器的暗电流来达到。

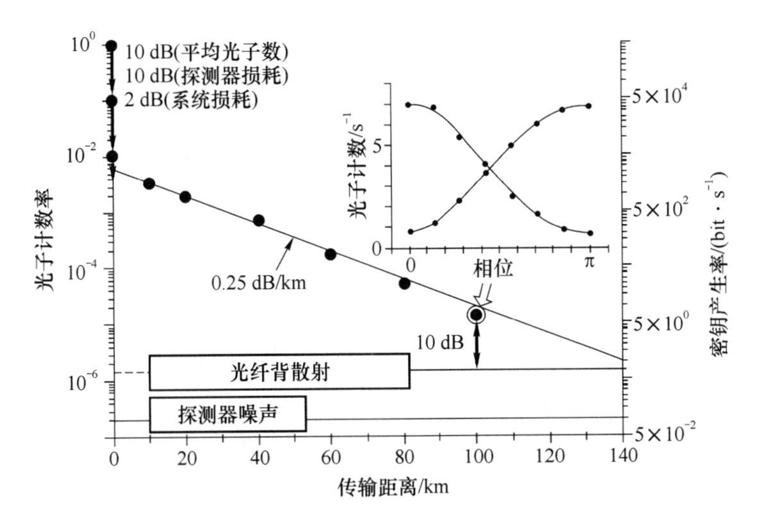

图 4.19　光子计数率和密钥产生率与传输距离的关系

(插图给出传 100 km 时暗计数与 Alice 调制相位的关系)

4.4　量子秘密共享

秘密共享是密码学一个重要的分支,它主要完成的任务就是将一条秘密的信息进行分割,并把分割后得到的子信息分发给多个合法用户。任何单个用户都无法恢复这条信息,这些用户解开这条秘密信息的唯一方式是共享他们所接收到的子信息。秘密共享作为一种特殊的密码协议,被广泛地用于群体间保密通信、密钥管理协议、电子拍卖协议等。然而,经典秘密共享方案的安全性也是基于一定的数学算法的复杂度的,随着人类算力的提高,甚至是量子计算机的威胁,经典秘密共享协议终究是会被破解的。1999 年,Hillery 等人将量子理论与经典秘密共享相结合,提出了量子秘密共享协议[13]。

1. 基于三体纠缠态的量子秘密共享协议

1999 年,基于三体纠缠(GHZ)态,Hillery 等人提出了首个量子秘密共享(Quantum Secret Sharing, QSS)协议[13],如图 4.20 所示。协议中存在一个老板 Alice 和两个代理 Bob 与 Charlie。协议开始时,Alice 首先制备一个 GHZ 态:

$$|\boldsymbol{\psi}\rangle_{\mathrm{ABC}}=\frac{1}{\sqrt{2}}(|000\rangle_{\mathrm{ABC}}+|111\rangle_{\mathrm{ABC}}) \tag{4.22}$$

其中,A 光子自行保存,B 和 C 光子通过量子信道分别传给 Bob 和 Charlie。$|0\rangle$和$|1\rangle$分别为 $\boldsymbol{\sigma}_Z$ 基下的本征态,如单光子的水平和垂直偏振态。在完成光子分发后,它们需要随机选择 $\boldsymbol{\sigma}_X$ 或 $\boldsymbol{\sigma}_Y$ 基对光子进行测量。我们定义 $\boldsymbol{\sigma}_X$ 基的两个本征态为$|\pm\rangle$,$\boldsymbol{\sigma}_Y$ 基的两个本征态为$|\pm \mathrm{i}\rangle$。根据

$$|0\rangle=\frac{1}{\sqrt{2}}(|+\rangle+|-\rangle),\quad |1\rangle=\frac{1}{\sqrt{2}}(|+\rangle-|-\rangle)$$

$$|0\rangle=\frac{1}{\sqrt{2}}(|+\mathrm{i}\rangle+|-\mathrm{i}\rangle),\quad |1\rangle=-\frac{\mathrm{i}}{\sqrt{2}}(|+\mathrm{i}\rangle-|-\mathrm{i}\rangle)$$

当它们均使用 $\boldsymbol{\sigma}_X$ 基进行测量时,可以将 GHZ 态重写为

$$|\boldsymbol{\psi}\rangle=\frac{1}{\sqrt{2}}(|+++\rangle_{\mathrm{ABC}}+|-+-\rangle_{\mathrm{ABC}}+|+--\rangle_{\mathrm{ABC}}+|--+\rangle_{\mathrm{ABC}}) \tag{4.23}$$

或者当 Alice 使用 $\boldsymbol{\sigma}_X$ 基,Bob 和 Charlie 使用 $\boldsymbol{\sigma}_Y$ 基进行测量时,GHZ 态也可重写,为

$$|\boldsymbol{\psi}\rangle=\frac{1}{\sqrt{2}}(|+\rangle_{\mathrm{A}}\ |+\mathrm{i}-\mathrm{i}\rangle_{\mathrm{BC}}+|+\rangle_{\mathrm{A}}\ |-\mathrm{i}+\mathrm{i}\rangle_{\mathrm{BC}}+|-\rangle_{\mathrm{A}}\ |+\mathrm{i}+\mathrm{i}\rangle_{\mathrm{BC}}+|-\rangle_{\mathrm{A}}\ |-\mathrm{i}-\mathrm{i}\rangle_{\mathrm{BC}}) \tag{4.24}$$

对于三方中任何一人使用 $\boldsymbol{\sigma}_X$ 基进行测量,另外两个人使用 $\boldsymbol{\sigma}_Y$ 基的情况,都可以得到类似的结果。因此,根据式(4.23)和式(4.24),网络中三方用户完成测量并且公布测量基后,对于三方均使用 $\boldsymbol{\sigma}_X$ 基进行测量的情况,如果 Bob 和 Charlie 进行合作,发现他们的测量结果相同,则可以知道 Alice 的态一定为 $|+\rangle_{\mathrm{A}}$;当他们的测量结果不同时,Alice 的态一定为 $|-\rangle_{\mathrm{A}}$。同样,对于一方使用 $\boldsymbol{\sigma}_X$ 基,其余两人使用 $\boldsymbol{\sigma}_Y$ 基的情况,以 Alice 使用 $\boldsymbol{\sigma}_X$ 基为例进行说明,如果 Bob 和 Charlie 的测量结果相同,则说明 Alice 的测量结果为 $|-\rangle_{\mathrm{A}}$ 态,否则为 $|+\rangle_{\mathrm{A}}$ 态。根据此规则,网络中的三方用户就可以完成秘密的共享。

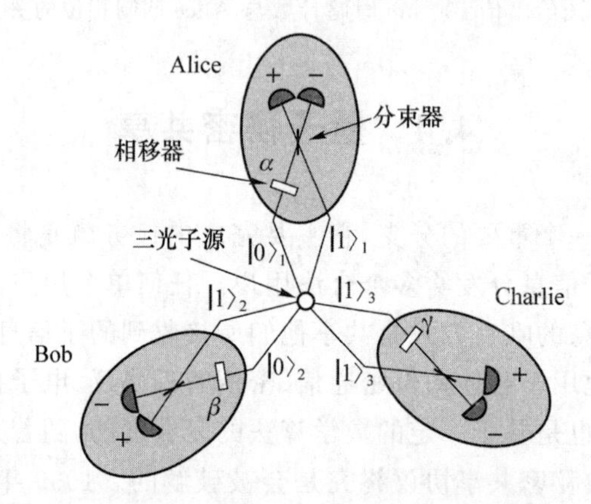

图 4.20 基于 GHZ 态的量子秘密共享原理图

2. 单比特量子秘密共享协议

由于量子纠缠态的制备效率非常低,并且在光纤网络中不易传输,这就限制了基于纠缠态的 QSS 协议的实用性,基于单比特的 QSS 协议的提出[14]很好地解决了上述问题。该协议的过程见图 4.21。假设网络中一共有 N 个用户($R_1,R_2,\cdots,R_{N-1},R_N$)参与量子秘密共享过程。首先,单量子比特源制备一个初态为 $(|0\rangle+|1\rangle)/\sqrt{2}$ 的量子信道,从 R_1 穿过 R_2 等用户,最终传到 R_N,在 R_N 进行探测。

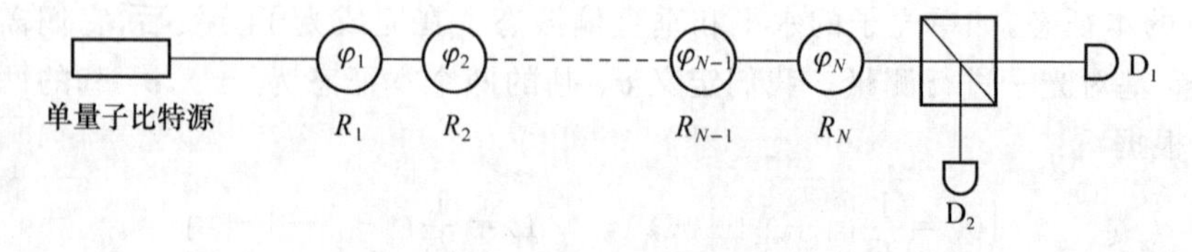

图 4.21 单比特量子秘密共享

当单量子比特通过每一个用户 $R_j(j=1,2,\cdots,N-1)$ 时，它们通过自己所拥有的相位调制器对光进行随机的相位调制，调制的相位 $\varphi_j \in (0,\pi/2,\pi,3\pi/2)$。这些用过的操作可以表示为

$$\hat{U}(\varphi_j)=\{|0\rangle \rightarrow |0\rangle, |1\rangle \rightarrow e^{i\varphi_j}|1\rangle\}$$

所以，当通过所有用户以后，初始的单量子比特的态为

$$|X_N\rangle=(|0\rangle+e^{i(\sum_j^N \varphi_j)}|1\rangle)/\sqrt{2}$$

最后一个用户 R_N 在 $(|0\rangle \pm |1\rangle)/\sqrt{2}$ 态上进行测量，其探测概率为

$$p_{\pm}=(\phi_1,\cdots,\phi_N)=\frac{1}{2}\left(1\pm\cos\sum_{j=1}^{N}\phi_j\right) \tag{4.25}$$

当 R_N 用户完成测量并记录测量结果以后，为了完成量子秘密共享过程，参与秘密共享的所有用户按照以下规则进行数据后处理：首先将 $R_1,R_2,\cdots,R_{N-1}$ 的调制相位 $\phi_j \in (0,\pi/2,\pi,3\pi/2)$ 划分为两个基，$\boldsymbol{X}$ 基对应的是 $\phi_j \in (0,\pi)$，$\boldsymbol{Y}$ 基对应的是 $\phi_j \in (\pi/2,3\pi/2)$。由于 R_N 要进行测量，所以 R_N 的调制相位只需选择 0（属于 $\boldsymbol{X}$ 基）或 $\pi/2$（属于 $\boldsymbol{Y}$ 基）即可。当 R_N 完成测量以后，各个用户将 $R_i(i=1,2,\cdots,N)$ 以相反的顺序在公共信道中公布自己选择的基，但是不公布他们准确的调制相位。由式(4.25)可知，所有的用户可以通过公布的基推算最后的测量结果的确定性。例如，若有偶数个用户选择了 $\boldsymbol{Y}$ 基，可以很容易推测出 $\cos\sum_{j=1}^{N}\phi_j=\pm 1$，那么 R_N 的测量结果必然是确定的；若有奇数个用户选择了 $\boldsymbol{Y}$ 基，则 $\cos\sum_{j=1}^{N}\phi_j=0$，那么 R_N 的两台探测器具有相等的概率探测到光子。如果结果是确定的，也就是 $p_-=1$ 或 $p_+=1$，则传输的数据为有效数据，所有用户保留这次通信的相位信息或探测结果作为他们量子秘密共享的密钥（最后一个负责探测的用户 R_N 保留探测结果并将其作为密钥）。如果结果是不确定的，就把这次的数据判定为无效并抛掉。通过这种方式，所有参与量子秘密共享的用户之间的密钥都关联了起来，在这些有效的数据中，任何 $N-1$ 方的用户推测出剩余用户的调制相位的唯一方式，就是共享自己所调制的相位或者探测结果。通过以上方式，就可以完成量子秘密共享过程。

单比特量子秘密共享协议被提出后，因为其易于实现等优势迅速引起了广泛的关注。虽然协议本身的工作就包含了一个包含多用户的原理性验证实验，但是获得的误比特率最高达到 $30.27\pm1.89\%$，并不能生成有效的密钥。2008 年，Bogdanski 等人利用改进的 plug&play 系统和自制的偏振无关相位控制器，在光纤中分别实现了 3，4 和 5 个参与者的量子秘密共享，最远通信距离达到 66.1 km，而误比特率仅有 7.1%[15]。但是由于光纤双折射的影响，现有的商用偏振敏感相位调制器在本方案中无法工作，所以实验中采用自制的基于偏振分束器的偏振不敏感相位调制器，如图 4.22 所示。其原理简单来说，就是利用第一个 PBS_1，通过双折射光纤后的光信号分成两束，然后分别使用两个相位控制器调制相同的相位，再使用另一个 PBS_2 将两束光合成一束，最终达到偏振不敏感调制相位的效果。但是，这个方案的缺点也很明显，首先既要求光脉冲的延时必须几乎相等，同时对电脉冲的时间控制精度要求也很高。其次虽然上下之路的器件几乎相同，但是实际实验的器件损耗一般不同，这会导致光通过上下之路以后损耗不同，最终也会影响到相位的调制效果。

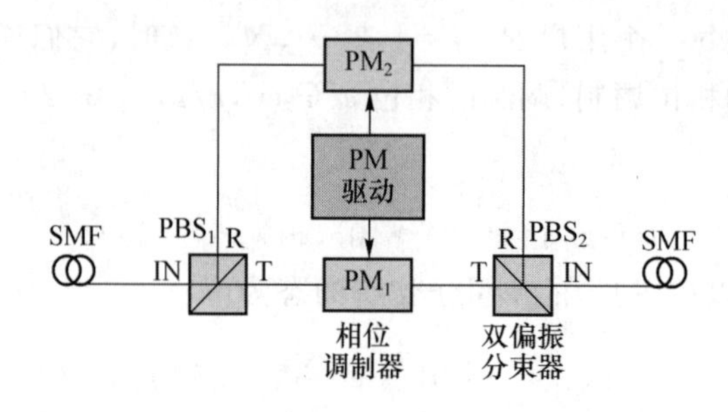

图 4.22　主动偏振不敏感相位控制器[15]

2009 年,Bogdanski 等人又采用 Sagnac 干涉环装置,实现了单比特的量子秘密共享协议[16]。对于三方用户,实验实现了 55～75 km 通信距离 误比特率仅为 2.3%～2.4%;对于四方用户,实验实现了 45～55 km 通信距离以及 3.0%～3.7%的误比特率。但是,由于环状干涉仪并不能自动补偿光纤的双折射,所以实验需要采用自制的复杂的被动补偿系统,这极大地增加了实验的复杂度以及实验的成本(该主动补偿装置需要额外的单光子探测器)。而且该方案仍然需要采用图 4.22 中所示的极其复杂的偏振不敏感相位控制器。

2013 年,北京邮电大学马海强小组提出了能够实现三方量子秘密共享的方案[17]。实验装置如图 4.23 所示,分为 Alice 站点和其他用户站点(Bob 和 Charlie)。

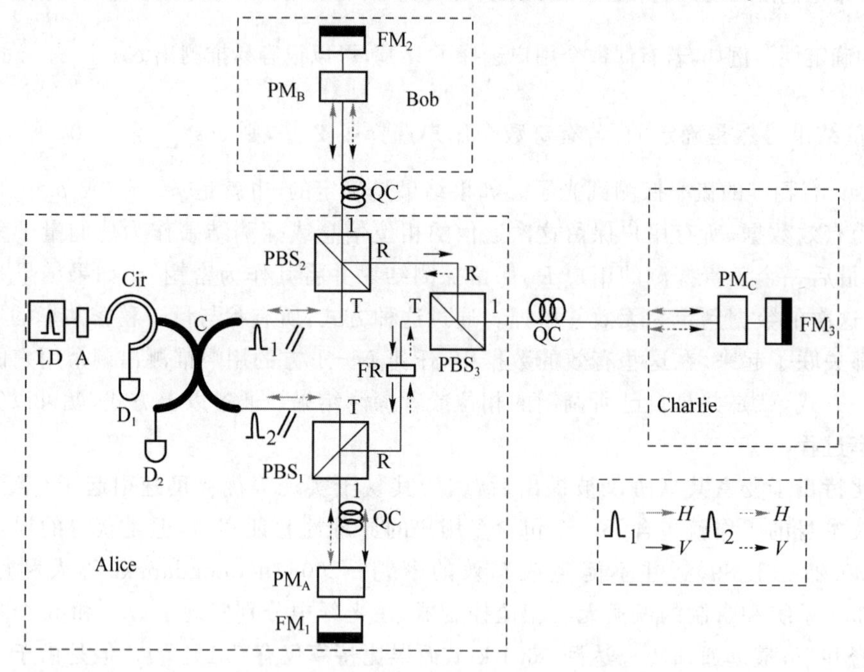

LD—激光器；A—衰减器；Cir—环形器；PM_A，PM_B，PM_C—相位控制器；FM_1，FM_2，FM_3—法拉第镜；

D1，D2—单光子探测器；C—50/50 耦合器；PBS_1，PBS_2，PBS_3—偏振分束器；

QC—量子信道；FR—法拉第旋转镜。

图 4.23　三方量子秘密共享实验装置

实验装置的具体光路如下。

首先 Alice 的脉冲激光器(LD)发出一个水平偏振的光子脉冲。经过一个环形器(Cir)和 50/50 耦合器(C)后,脉冲被分成上支路(沿顺时针方向)和下支路(沿逆时针方向)两个脉冲。上支路脉冲透过 PBS_2(T→1)到达 Bob,通过 Bob 的相位控制器(PM_B)后被法拉第旋转镜旋转 90°,偏振后反射回 PBS_2。由于偏振态已经旋转 90°,所以该脉冲被 PBS_2(1→R)反射进入 PBS_3 的 R,接着被 PBS_3 从 R 反射,通过 1 进入 Charlie。和 Bob 端的过程相似,这个脉冲最终透过 PBS_3,被法拉第旋转镜 FR 旋转 90°以后到达 PBS_1 的 R。最终被 PBS_1 反射,通过 PM_A 后被 FM_1 反射回到耦合器 C 的下支路。因为该干涉仪的对称性,所以下支路脉冲将沿着逆时针方向顺着上支路脉冲的逆向路径到达耦合器 C 的上支路。因为走过相同的路径,所以两个脉冲在耦合器 C 处发生干涉。需要指出的是,对于下支路的脉冲,当经过任何用户的相位控制器时,这些相位控制器均不对该脉冲做任何操作。最终,根据每个用户的相位操作,Alice 的单光子探测器 D_1 或者 D_2 会探测到一个光子。

对于四方量子秘密共享的实验装置,其器件以及光路与三方量子秘密共享基本相同,如图 4.24 所示。唯一不同的是,Alice 需要引入一个额外的偏振分束器 PBS_4 将来自 PBS_3 的偏振光反射进入第四个通信用户 David。而 David 的实验器件与 Bob 和 Charlie 的完全相同。当需要更多的用户加入秘密共享过程时,只需按照从三方扩展到四方的相同思路,增加一个 PBS 将光脉冲反射到新的用户处即可。因为实验装置中有使用到法拉第镜,而法拉第镜会对主轴偏振方向上的光有半波损失,所以使得该实验装置的探测结果与原单比特量子秘密共享协议有一些差别。该实验装置的探测概率变为

$$\begin{cases} p_{\pm\text{odd}} = (\phi_1,\phi_2,\cdots,\phi_N) = \dfrac{1}{2}\left(1 \pm \cos \sum\limits_{j}^{N} (\phi_j + \pi)\right) \\ p_{\pm\text{even}} = (\phi_1,\phi_2,\cdots,\phi_N) = \dfrac{1}{2}\left(1 \pm \cos \sum\limits_{j}^{N} \phi_j\right) \end{cases} \tag{4.26}$$

其中,$p_{\pm\text{odd}}$表示总用户数为奇数;$p_{\pm\text{even}}$表示总用户数为偶数。

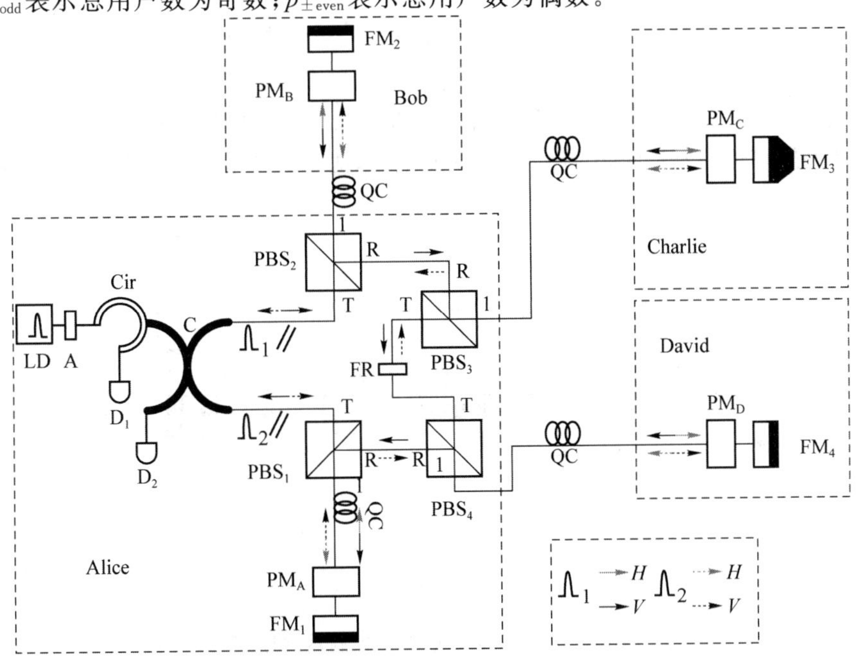

LD—激光器;A—衰减器;Cir—环形器;PM_A,PM_B,PM_C,PM_D—相位控制器;
FM_1,FM_2,FM_3,FM_4—法拉第镜;D_1,D_2—单光子探测器;C—50/50 耦合器;
PBS_1,PBS_2,PBS_3,PBS_4—偏振分束器;QC—量子信道。

图 4.24　四方量子秘密共享实验装置

该实验装置的优势在于利用法拉第镜使信号在信道中来回传输,可以自动补偿光纤中的双折射效应,其原理解释如下:

$$\vec{\boldsymbol{T}}=\begin{pmatrix}\cos\theta & -\sin\theta\\ \sin\theta & \cos\theta\end{pmatrix}\cdot\begin{pmatrix}\exp(-\mathrm{i}\theta_o) & 0\\ 0 & \exp(\mathrm{i}\theta_e)\end{pmatrix}\begin{pmatrix}\cos\theta & \sin\theta\\ -\sin\theta & \cos\theta\end{pmatrix}$$

$$\overleftarrow{\boldsymbol{T}}=\begin{pmatrix}\cos\theta & \sin\theta\\ -\sin\theta & \cos\theta\end{pmatrix}\cdot\begin{pmatrix}\exp(-\mathrm{i}\theta_o) & 0\\ 0 & \exp(\mathrm{i}\theta_e)\end{pmatrix}\begin{pmatrix}\cos\theta & -\sin\theta\\ \sin\theta & \cos\theta\end{pmatrix}$$

其中,θ 为参考坐标与双折射快慢轴的夹角;θ_o,θ_e 是双折射器件引起的相移;$\vec{\boldsymbol{T}}$,$\overleftarrow{\boldsymbol{T}}$ 是正向与反向的传输矩阵。

法拉第旋转镜的琼斯矩阵为

$$\boldsymbol{T}_{\mathrm{FM}}=\begin{pmatrix}\cos 45^\circ & \sin 45^\circ\\ -\sin 45^\circ & \cos 45^\circ\end{pmatrix}\cdot\begin{pmatrix}-1 & 0\\ 0 & 1\end{pmatrix}\begin{pmatrix}\cos 45^\circ & -\sin 45^\circ\\ \sin 45^\circ & \cos 45^\circ\end{pmatrix}$$

则对于一个带法拉第旋转镜的双折射器件的琼斯矩阵,有

$$\boldsymbol{T}=\vec{\boldsymbol{T}}\cdot\boldsymbol{T}_{\mathrm{FM}}\cdot\overleftarrow{\boldsymbol{T}}=\exp[\mathrm{i}(\theta_o+\theta_e)]\boldsymbol{T}_{\mathrm{FM}}\tag{4.27}$$

由式(4.27)可知,整体的传输矩阵与传输介质的双折射效应以及输入光的偏振态无关。所以由以上分析可知,在该实验装置中,由于采用带法拉第镜的相位控制器和单模光纤,所以任何用户之间的通信都可以自动补偿光纤中的双折射效应。

相比于先前的实验方案,本实验装置还有另一个优势,就是通过简单地调节相位控制器的调制电压时间,便可以很容易地实现偏振不敏感的相位控制器。其原理如图4.25所示,V_Ψ 和 H_Ψ 表示输入光 Ψ 的两个偏振基模,垂直偏振方向 V 是相位控制器的工作方向。当 Ψ 第一次通过相位控制器时,通过调制相应电压,V_Ψ 分量就增加了相移因子 $\exp(\mathrm{i}\Phi)$,被法拉第镜旋转反射后,Ψ 的两个基模偏振方向置换。再通过相位控制器后,通过相同的调制电压,H_Ψ 分量也增加一个相同的相移因子 $\exp(\mathrm{i}\Phi)$。最终出射的光 Ψ' 与 Ψ 相比,偏振方向旋转了90°并包含了相位控制器加载的全部信息。通过以上分析可知,在该方案中,只需在所需调制光每次通过相位控制器时,加上相应的调制电压,便可实现偏振不敏感的相位调制器。

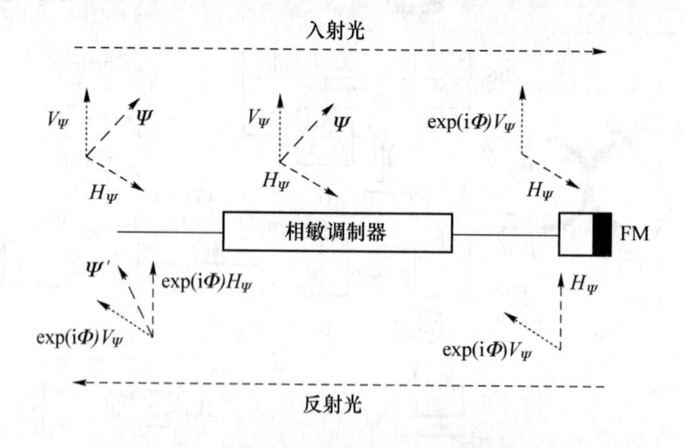

图4.25　偏振不敏感相位控制器的原理

在实验中,系统的重复频率为1 MHz,激光脉冲的中心波长为1 310 nm,单模光纤总长度为50 km。最终在连续运行3小时未作任何稳定性调节的情况下,获得了99.4±0.4%的平均干涉对比度。

习　　题

4.1　四维复 Hilbert 空间 $\mathbf{C}^4$ 中的 EPR 态

$$\frac{1}{\sqrt{2}}(|01\rangle-|10\rangle)=\frac{1}{\sqrt{2}}(|0\rangle\otimes|1\rangle-|1\rangle\otimes|0\rangle)$$

能写为直积态吗?

4.2　考虑复 Hilbert 空间 $\mathbf{C}^2\otimes\mathbf{C}^2$ 和幺正 2×2 矩阵

$$\boldsymbol{U}(\vartheta\varphi)=\begin{pmatrix}\cos\frac{\theta}{2} & \mathrm{e}^{-\mathrm{i}\phi}\sin\frac{\theta}{2}\\ -\mathrm{e}^{\mathrm{i}\phi}\sin\frac{\theta}{2} & \cos\frac{\theta}{2}\end{pmatrix}$$

试分析以下几个态是纠缠态吗?

① $(\boldsymbol{U}(\theta_1\varphi_1)\otimes\boldsymbol{U}(\theta_2\varphi_2))(1\quad 0\quad 0\quad 0)^{\mathrm{T}}$。

② $(\boldsymbol{U}(\theta_1\varphi_1)\otimes\boldsymbol{U}(\theta_2\varphi_2))(0\quad 0\quad 0\quad 1)^{\mathrm{T}}$。

③ $(\boldsymbol{U}(\theta_1\varphi_1)\otimes\boldsymbol{U}(\theta_2\varphi_2))\frac{1}{\sqrt{2}}(1\quad 0\quad 0\quad 1)^{\mathrm{T}}$。

4.3　试计算量子态 $|\boldsymbol{\Phi}^+\rangle=\frac{1}{\sqrt{2}}(|0\quad 0\rangle+|1\quad 1\rangle)$的纠缠熵。

4.4　考虑复 Hilbert 空间 $H_{\mathrm{A}}\otimes H_{\mathrm{B}}=\mathbf{C}^2\otimes\mathbf{C}^2$ 中状态 $|\boldsymbol{\Psi}\rangle=\frac{1}{\sqrt{2}}\begin{pmatrix}1\\0\\0\\-1\end{pmatrix}$,计算 $\boldsymbol{\rho}_{\mathrm{A}}=\mathrm{tr}_{H_{\mathrm{B}}}(|\boldsymbol{\psi}\rangle\langle\boldsymbol{\psi}|)$和熵 $S(\boldsymbol{\rho}_{\mathrm{A}})=-\mathrm{tr}\boldsymbol{\rho}_{\mathrm{A}}\log_2\boldsymbol{\rho}_{\mathrm{A}}$。

4.5　设$|\boldsymbol{\Psi}\rangle$是 Hilbert 空间 $\mathbf{C}^n$ 中的给定态,取 $\boldsymbol{X}$ 和 $\boldsymbol{Y}$ 为 $n\times n$ 的 Hermite 矩阵,定义其关联为

$$\langle\boldsymbol{\Psi}|\boldsymbol{XY}|\boldsymbol{\Psi}\rangle-\langle\boldsymbol{\Psi}|\boldsymbol{X}|\boldsymbol{\Psi}\rangle\langle\boldsymbol{\Psi}|\boldsymbol{Y}|\boldsymbol{\Psi}\rangle$$

取

$$n=4,\quad \boldsymbol{X}=\begin{pmatrix}0&0&0&1\\0&0&1&0\\0&1&0&0\\1&0&0&0\end{pmatrix},\quad \boldsymbol{Y}=\begin{pmatrix}1&0&0&0\\0&0&0&1\\0&0&1&0\\0&1&0&0\end{pmatrix}$$

$$|\boldsymbol{\Psi}\rangle=\frac{1}{2}(|0\rangle\otimes|0\rangle+|1\rangle\otimes|1\rangle)$$

试计算 $\boldsymbol{X},\boldsymbol{Y}$ 的关联。

4.6　在 Hilbert 空间 $\mathbf{C}^2$ 中的两组正交基:

$$\boldsymbol{B}_1:|\boldsymbol{\Psi}_0\rangle=|\boldsymbol{H}\rangle,\quad |\boldsymbol{\Psi}_1\rangle=|\boldsymbol{V}\rangle$$

$$\boldsymbol{B}_2:|\boldsymbol{\Phi}_0\rangle=\frac{1}{\sqrt{2}}(|\boldsymbol{H}\rangle+|\boldsymbol{V}\rangle),\quad |\boldsymbol{\Phi}_1\rangle=\frac{1}{\sqrt{2}}(|\boldsymbol{H}\rangle-|\boldsymbol{V}\rangle)$$

$|\boldsymbol{H}\rangle$和 $|\boldsymbol{V}\rangle$表示光子的水平与垂直偏振态,$|\boldsymbol{\Phi}_0\rangle$和$|\boldsymbol{\Phi}_1\rangle$分别对应 45°和−45°光子偏振态,它

们分别对应二分量基矢的$|0\rangle$和$|1\rangle$。Alice随机送4个态$|\boldsymbol{\Phi}_0\rangle$,$|\boldsymbol{\Phi}_1\rangle$,$|\boldsymbol{H}\rangle$和$|\boldsymbol{V}\rangle$中的一个光子给Bob,Bob也随机选用基$\boldsymbol{B}_1$或$\boldsymbol{B}_2$去测量光子的偏振。试问:

① Bob测到光子态与Alice提供态相同的概率是多少?即Bob与Alice对二分量基矢判断相同的概率。

② 若在Alice与Bob之间有一个窃听者Eve,她窃取光子信息后再送给Bob,Eve也用基$\boldsymbol{B}_1$和$\boldsymbol{B}_2$测量光子偏振,这时Alice与Bob对二分量基矢判断相同的概率是多少?

4.7 考虑以下量子态:

$$|\boldsymbol{\Psi}\rangle=a|0\rangle+b|1\rangle,\quad |a|^2+|b|^2=1,\quad |\boldsymbol{\Phi}\rangle=|\boldsymbol{\Psi}\rangle\otimes\frac{1}{\sqrt{2}}(|00\rangle+|11\rangle)$$

① 证明态$|\boldsymbol{\Phi}\rangle$可以写为

$$|\boldsymbol{\Phi}\rangle=\frac{1}{2\sqrt{2}}(|00\rangle+|11\rangle)\otimes(a|0\rangle+b|1\rangle)+\frac{1}{2\sqrt{2}}(|00\rangle-|11\rangle)\otimes(a|0\rangle-b|1\rangle)+$$
$$\frac{1}{2\sqrt{2}}(|01\rangle+|10\rangle)\otimes(a|1\rangle+b|0\rangle)+\frac{1}{2\sqrt{2}}(|01\rangle-|10\rangle)\otimes(a|1\rangle-b|0\rangle)$$

② 说明当Alice对$|\boldsymbol{\Psi}\rangle$和纠缠对的一个比特进行测量后,她通过经典信道将结果告诉Bob,钟对4种结果,Bob做怎样的变换能使纠缠对中另一比特成为原来的$|\boldsymbol{\Psi}\rangle$态?

本章参考文献

[1] Alber G, Beth T. Quantum Information[M]. Berlin: Springer, 2001.

[2] Gisin N, Ribordy G, Tittle W, et al. Quantum cryptography[J]. Rev. Mod. Phys., 2002(74):145-195.

[3] Pan J W, Chen Z B, Lu C Y, et al. Multiphoton entanglement and interferometry [J]. Rev. Mod. Phys., 2012(84):777-838.

[4] Kuiat P G, Mattle K, Weinfurter H, et al. New high intensity source of entangled photon pairs[J]. Phys. Rev. Lett., 1995(75): 4337-4340.

[5] Rarity J G, Fulconisietal J, Duligall J, et al. Photonic crystal fiber source of correlated photon pairs[J]. Opt. Express, 2005(13): 534-544.

[6] Fan J, Migdall A, Wang L J. Efficient generation of correlated photon pairs in a microstructure fiber[J]. Opt. Lett., 2005(30): 3368-3370.

[7] Bennett C H, Shor P W. Quantum information theory[J]. IEEE Trans. Information Theory, 1998(44) : 2724-2742.

[8] Ekert A. Quantum cryptography based on bell's theorem[J]. Phys. Rev. Lett., 1991(67): 661-663.

[9] Bennett C H, Wiesner S J. Communicatiom via one and two particle operators on einstein-podolsky-rosen states[J]. Phys. Rev. Lett., 1992(69):2881-2884.

[10] Bouwmeester D, Pan J W, Mattle K, et al. Experimental quantum teleportation [J]. Nature, 1997(390): 575-579.

[11] Stucki D, Gisin N, Guinnard O, et al. Quantum key distribution over 67 km with a plug and play system [J]. New Journal of Physics,2002, 4(1):41-41.

[12] Kosaka H,Tomita A,Nambu Y, et al. Single photon interference experiment over 100 km for quantum cryptography system using balanced gated-mode photon detector[J]. Electron Lett. ,2003(39):1199-1201.

[13] Hillery M, Bujek V, Berthiaume A. Quantum secret sharing[J]. Phys. Rev. A, 1999(59):1829-1834.

[14] Schmid C, Trojek P, Weinfurter H,et al. Experimental single qubit quantum secret sharing[J]. Phys. Rev. Lett. , 2005(95): 230505.

[15] Bogdanski J, Rafiei N, Bourennane M. Experimental quantum secret sharing using telecommunication fiber[J]. Phys. Rev. A, 2008 (78): 62307.

[16] Bogdanski J, Ahrens J, Bourennane M. Sagnac secret sharing over telecom fiber networks[J]. Opt. Express, 2009 (17) :1055-1063.

[17] Ma H Q, Wei K J, Yang J H. Experimental single qubit quantum secret sharing in a fiber network configuration[J]. Opt. Lett. , 2013 (38): 4494-4497.

第5章　基于连续变量的量子通信[1-2]

前一章讨论了基于光子的量子通信，包括光子纠缠态和单光子。本章讨论基于连续变量的量子通信，它将量子通信协议从分离变量扩展到连续变量，从有限维扩展到无限维。

基于连续变量的量子通信系统的特点是高效率和所谓的无条件性，在双光子纠缠态的产生中具有较大的随机性，对连续变量的随机性大大减少，纠缠来自相干光束的压缩，因此带来的缺点是纠缠态的不完备，它与压缩程度有关，压缩下降纠缠度减少。当然现在也存在连续变量在量子通信中不用纠缠态，如基于相干态的量子密钥分配不使用纠缠态。

本章内容分以下几节。

① 量子光学中的连续变量。本节讨论电磁场量子化与相空间的表示，介绍分束器、移相器的表示以及压缩态与压缩态算符。

② 连续变量纠缠。

③ 利用连续变量的量子通信。

④ 利用相干态的量子通信。

5.1　量子光学中的连续变量

基于连续变量的量子通信主要利用连续变量的纠缠态，这种纠缠是压缩纠缠，为此我们必须复习量子光学中的量子化电磁场，以及场的表示函数，然后本节介绍分束器、移相器的表示，最后讨论压缩态。

1. 量子化电磁场的描述[3]

在量子光学中通常利用仿谐振子量子化方法对电磁场进行量子化。量子化以后电磁场变为光子场，光子场由光子的产生与湮灭算符描述。考虑单模场，模式为 k，从量子光学中知道其哈密顿为

$$\hat{\boldsymbol{H}}_k=\hbar\,\omega_k\left(\hat{\boldsymbol{a}}_k^+\hat{\boldsymbol{a}}_k+\frac{1}{2}\right)\tag{5.1}$$

如果用谐振子表示，取其质量为1，坐标为 $\hat{\boldsymbol{x}}_k$，动量为 $\hat{\boldsymbol{p}}_k$，则哈密顿量为

$$\hat{\boldsymbol{H}}_k=\frac{1}{2}\left(\hat{\boldsymbol{p}}_k^2+\omega_k^2\hat{\boldsymbol{x}}_k^2\right)\tag{5.2}$$

其中

$$\hat{\boldsymbol{x}}_k=\sqrt{\frac{\hbar}{2\omega_k}}\left(\hat{\boldsymbol{a}}_k+\hat{\boldsymbol{a}}_k^+\right),\quad \hat{\boldsymbol{p}}_k=-\mathrm{i}\sqrt{\frac{\hbar\,\omega_k}{2}}\left(\hat{\boldsymbol{a}}_k-\hat{\boldsymbol{a}}_k^+\right)$$

取正交项振幅 $\hat{x}_{1k}$,$\hat{x}_{2k}$分别为

$$\hat{x}_{1k}=\frac{(\hat{a}_k+\hat{a}_k^+)}{2}=\sqrt{\frac{\omega_k}{2\hbar}}\hat{x}_k,\quad \hat{x}_{2k}=\frac{(\hat{a}_k-\hat{a}_k^+)}{2\mathrm{i}}=\sqrt{\frac{1}{2\hbar\omega_k}}\hat{p}_k \tag{5.3}$$

对光子数算符

$$\hat{n}_k=\hat{a}_k^+\hat{a}_k=\hat{x}_{1k}^2+\hat{x}_{2k}^2-\frac{1}{2} \tag{5.4}$$

单模正交相算符本征态(省去 k)为

$$\hat{x}_1|x_1\rangle=x_1|x_1\rangle,\quad \hat{x}_2|x_2\rangle=x_2|x_2\rangle$$

两态之间关系为傅里叶变换,即

$$|x_1\rangle=\frac{1}{\sqrt{\pi}}\int_{-\infty}^{\infty}\mathrm{e}^{-2\mathrm{i}x_1x_2}|x_2\rangle\mathrm{d}x_2,\quad |x_2\rangle=\frac{1}{\sqrt{\pi}}\int_{-\infty}^{\infty}\mathrm{e}^{2\mathrm{i}x_1x_2}|x_1\rangle\mathrm{d}x_1 \tag{5.5}$$

定义一个物理量方差为

$$\langle(\Delta\hat{A})^2\rangle=\langle\hat{A}^2\rangle-\langle\hat{A}\rangle^2 \tag{5.6}$$

利用海森堡测不准关系,即

$$\langle(\Delta\hat{A})^2\rangle\langle(\Delta\hat{B})^2\rangle\geqslant\frac{1}{4}|\langle(\hat{A}_1\hat{B})\rangle|^2$$

得

$$\langle(\Delta\hat{x})_{1k}^2\rangle\langle(\Delta\hat{x}_{2k})^2\rangle\geqslant\frac{1}{4}|\langle[\hat{x}_{1k},\hat{x}_{2k}]\rangle|^2=\frac{1}{16} \tag{5.7}$$

对于真空态或相干态具有最小不确定性,即式(5.7)取等号,对每个正交项振幅方差为$\frac{1}{4}$。

量子化以后电场强度算符为

$$\begin{aligned}\hat{E}_k(r,t)&=E_0[\hat{a}_k\mathrm{e}^{\mathrm{i}(k\cdot r-\omega_k t)}+\hat{a}_k^+\mathrm{e}^{-\mathrm{i}(k\cdot r-\omega_k t)}]\\&=2E_0[\hat{x}_{1k}\cos(\omega_k t-k\cdot r)+\hat{x}_{2k}\sin(\omega_k t-k\cdot r)]\end{aligned} \tag{5.8}$$

对压缩态进行测量一般利用相干测量,引入本地光 $\hat{a}_{\mathrm{L0}}$与信号光 $\hat{a}_k$ 进行相干态测量。为去掉本底利用平衡零差测量,如图 5.1 所示。

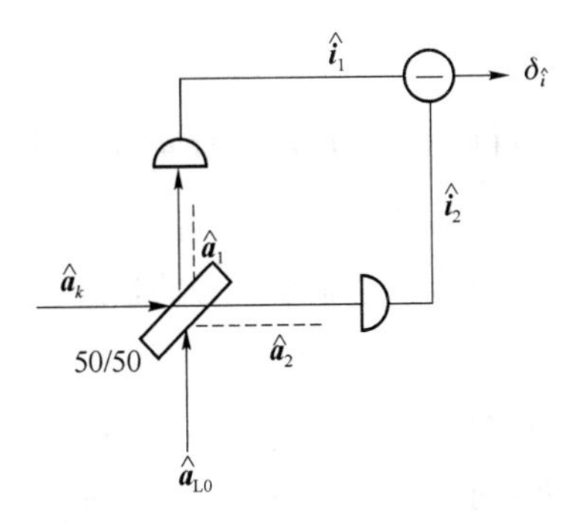

图 5.1　平衡零差测量

本地光为相干光且比较强,利用经典近似,即

$$\hat{a}_{\mathrm{L}}\rightarrow\alpha_{\mathrm{L}}=|\alpha_L|\exp(\mathrm{i}\theta) \tag{5.9}$$

其中 θ 为相位角,可调。则有

$$\hat{\boldsymbol{a}}_1=\frac{\boldsymbol{\alpha}_{\mathrm{L}}+\hat{\boldsymbol{a}}_k}{\sqrt{2}},\quad \hat{\boldsymbol{a}}_2=\frac{\boldsymbol{\alpha}_{\mathrm{L}}-\hat{\boldsymbol{a}}_k}{\sqrt{2}} \tag{5.10}$$

$$\hat{\boldsymbol{i}}_1=q(\hat{\boldsymbol{a}}_1^{+}\hat{\boldsymbol{a}}_1)=\frac{q(\boldsymbol{\alpha}_{\mathrm{L}}^{*}+\hat{\boldsymbol{a}}_k^{+})(\boldsymbol{\alpha}_{\mathrm{L}}+\hat{\boldsymbol{a}}_k)}{2} \tag{5.11}$$

$$\hat{\boldsymbol{i}}_2=q(\hat{\boldsymbol{a}}_2^{+}\hat{\boldsymbol{a}}_2)=\frac{q(\boldsymbol{\alpha}_{\mathrm{L}}^{*}-\hat{\boldsymbol{a}}_k^{+})(\boldsymbol{\alpha}_{\mathrm{L}}-\hat{\boldsymbol{a}}_k)}{\sqrt{2}} \tag{5.12}$$

$$\delta\hat{\boldsymbol{i}}=\hat{\boldsymbol{i}}_1-\hat{\boldsymbol{i}}_2=q(\boldsymbol{\alpha}_{\mathrm{L0}}^{*}\hat{\boldsymbol{a}}_k+\boldsymbol{\alpha}_{\mathrm{L0}}\hat{\boldsymbol{a}}_k^{+}) \tag{5.13}$$

相干性质通过调节θ而改变。

2. 魏格纳函数

在量子光学中我们知道,将描述状态的密度算符用相干态展开,可以得到不同准概率分布函数。这里介绍其中一种,为魏格纳函数。它最早是1932年为讨论热力学平衡的量子关联而引入的,现在用来讨论压缩态性质。

魏格纳函数与密度算符的关系表示为

$$W(x_1,x_2)=\frac{2}{\pi}\int \mathrm{d}y\mathrm{e}^{4\mathrm{i}x_2 y}\langle \boldsymbol{x}_1-\boldsymbol{y}|\hat{\boldsymbol{\rho}}|\boldsymbol{x}_1+\boldsymbol{y}\rangle \tag{5.14}$$

积分限为积分变量整个空间,可以取$(-\infty\rightarrow+\infty)$,$W(x_1,x_2)$满足归一化条件

$$\int W(x_1,x_2)\mathrm{d}x_1\mathrm{d}x_2=1 \tag{5.15}$$

对算符$\hat{\boldsymbol{A}}$,力学量在量子态$\hat{\boldsymbol{\rho}}$的平均值为

$$\langle\hat{\boldsymbol{A}}\rangle=\mathrm{tr}\hat{\boldsymbol{\rho}}\hat{\boldsymbol{A}}=\int W(x_1,x_2)'A(x_1,x_2)\mathrm{d}x_1\mathrm{d}x_2$$

其中,$\hat{\boldsymbol{A}}$是$\hat{\boldsymbol{x}}$,$\hat{\boldsymbol{p}}$或$\hat{\boldsymbol{x}}_1$,$\hat{\boldsymbol{x}}_2$的函数。

准概率分布函数除魏格纳表示外,还有P表示、Q表示。例如,$P(\alpha s)$用一个统一特征函数$\chi(\beta s)$表示为

$$P(\alpha s)=\frac{1}{\pi^2}\int\chi(\beta s)\exp(\mathrm{i}\beta\alpha^{*}+\mathrm{i}\beta^{*}\alpha)\mathrm{d}^2\beta \tag{5.16}$$

特征函数与$\boldsymbol{\rho}$的关系为

$$\chi(\beta s)=\mathrm{tr}[\boldsymbol{\rho}\exp(-\mathrm{i}\beta\hat{\boldsymbol{a}}^{+}-\mathrm{i}\beta^{2}\hat{\boldsymbol{a}})]\exp\left[\frac{s(\beta)^2}{2}\right] \tag{5.17}$$

P表示对应$s=1$,Q表示对应$s=-1$,魏格纳表示对应$s=0$,魏格纳表示函数是正定(positive definite),较适用于压缩态与纠缠态等非经典态的描述。

3. 分束器和移相器的表示

在量子通信中,除光源与探测器外,分束器(beam splitter)和移相器(phase shifter)是少不了的器件,这里讨论其数学表示。

由于分束器和移相器属于无源光器件,如果不考虑损耗,光子数是守恒的,因此可以用线性光学工具处理。

一个分束器考虑为四信道系统,其输出与输入关系和移相器可以用幺正变换表示为

$$(\hat{\boldsymbol{a}}_1'\hat{\boldsymbol{a}}_2')^{\mathrm{T}}=\boldsymbol{U}(2)(\hat{\boldsymbol{a}}_1\hat{\boldsymbol{a}}_2)^{\mathrm{T}} \tag{5.18}$$

T 表示转置，$\hat{\boldsymbol{a}}_1'$ 与 $\hat{\boldsymbol{a}}_2'$ 满足

$$[\hat{\boldsymbol{a}}_i' \quad \hat{\boldsymbol{a}}_j'] = \boldsymbol{\delta}_{ij} \tag{5.19}$$

为保持场关系不变，$\boldsymbol{U}(2)$ 必须是幺正的，故

$$\boldsymbol{U}^{-1}(2) = \boldsymbol{U}^{+}(2) \tag{5.20}$$

这幺正性也反映出对无损失分束器，总光子数守恒。$\boldsymbol{U}(2)$ 一般表示为

$$\boldsymbol{U}(2) = \begin{pmatrix} \mathrm{e}^{-\mathrm{i}(\phi+\delta)}\sin\theta & \mathrm{e}^{-\mathrm{i}\delta}\cos\theta \\ \mathrm{e}^{-\mathrm{i}(\phi+\delta')}\cos\theta & -\mathrm{e}^{-\mathrm{i}\delta'}\sin\theta \end{pmatrix} \tag{5.21}$$

若分束器与相位无关，则变换为线性变换，即

$$\begin{pmatrix} a_1' \\ a_2' \end{pmatrix} = \begin{pmatrix} \sin\theta & \cos\theta \\ \cos\theta & -\sin\theta \end{pmatrix} \begin{pmatrix} a_1 \\ a_2 \end{pmatrix} \tag{5.22}$$

一般的幺正变换可以表示为移相器和一个与相位无关的分束器的级联，即

$$\boldsymbol{U}(2) = \begin{pmatrix} \mathrm{e}^{-\mathrm{i}\delta} & 0 \\ 0 & \mathrm{e}^{-\mathrm{i}\delta'} \end{pmatrix} \begin{pmatrix} \sin\theta & \cos\theta \\ \cos\theta & -\sin\theta \end{pmatrix} \begin{pmatrix} \mathrm{e}^{-\mathrm{i}\phi} & 0 \\ 0 & 1 \end{pmatrix} \tag{5.23}$$

不仅上述 2×2 矩阵可以分为移相器与分束器。任何 $N \times N$ 矩阵，幺正变换

$$\hat{\boldsymbol{a}}'_i = \sum_j U_{ij} \hat{\boldsymbol{a}}_j$$

都可以表示为移相器和分束器的级联。

4. 压缩态的表示

许多量子通信协议的重要工具是纠缠，而在连续变量纠缠的产生中，基本元素是压缩光，为了压缩电磁场的量子涨落(fluctuation)，非线性光学效应是必需的。

一般情况下，压缩考虑为一个可观测量的量子涨落减少，其值低于标准量子极限(真空态的最小噪声)，而另一个共轭分量增加不确定量，单模压缩效应可以利用一个产生和湮灭算符平方的相互作用哈密顿量来计算，即

$$\hat{\boldsymbol{H}}_{\mathrm{int}} = \frac{\mathrm{i}\hbar\kappa}{2}(\hat{\boldsymbol{a}}^{+2}\mathrm{e}^{\mathrm{i}\theta} - \hat{\boldsymbol{a}}^2\mathrm{e}^{-\mathrm{i}\theta}) \tag{5.24}$$

这时，信号模用 $\hat{\boldsymbol{a}}$ 描述，泵浦模相干光进行经典处理，振幅 α_{p} 吸收入 κ 中，Q 是泵浦光相位，$\kappa \propto \chi^{(2)}|\boldsymbol{\alpha}_{\mathrm{p}}|$，$\chi^{(2)}$ 为二阶电极化率，全量子化哈密顿量为

$$\hat{\boldsymbol{H}}_{\mathrm{int}} \propto \hat{\boldsymbol{a}}^{+2}\hat{\boldsymbol{a}}_{\mathrm{p}} - \hat{\boldsymbol{a}}^2\hat{\boldsymbol{a}}_{\mathrm{p}}^{+}$$

利用经典近似 $\hat{\boldsymbol{a}}_{\mathrm{p}} \to \boldsymbol{\alpha}_{\mathrm{p}} = |\boldsymbol{\alpha}_{\mathrm{p}}|\mathrm{e}^{\mathrm{i}\theta}$，对湮灭算符 $\hat{\boldsymbol{a}}$ 的 Heisenberg 方程(取 $\theta=0$)有

$$\frac{\mathrm{d}}{\mathrm{d}t}\hat{\boldsymbol{a}}(t) = \frac{1}{\mathrm{i}\hbar}[\hat{\boldsymbol{a}}(t), \hat{\boldsymbol{H}}_{\mathrm{int}}] = \kappa\hat{\boldsymbol{a}}(t) \tag{5.25}$$

这个方程的解表示为

$$\hat{\boldsymbol{a}}(t) = \hat{\boldsymbol{a}}(0)\cosh(\kappa t) + \hat{\boldsymbol{a}}^{+}(0)\sinh(\kappa t)$$

则对应正交相算符的发展为

$$\hat{\boldsymbol{x}}_1(t) = \mathrm{e}^{-\kappa t}\hat{\boldsymbol{x}}_1(0), \quad \hat{\boldsymbol{x}}_2(t) = \mathrm{e}^{-\kappa t}\hat{\boldsymbol{x}}_2(0)$$

正交相振幅的不确定量为

$$\langle(\Delta\hat{\boldsymbol{x}}_1(t))^2\rangle = \mathrm{e}^{2\kappa t}\langle[\Delta\hat{\boldsymbol{x}}_1(0)]^2\rangle$$

$$\langle(\Delta\hat{\boldsymbol{x}}_2(t))^2\rangle=\mathrm{e}^{-2\kappa t}\langle[\Delta\hat{\boldsymbol{x}}_2(0)]^2\rangle \tag{5.26}$$

0 对应真空态。引入压缩态算符 $\hat{\boldsymbol{S}}(\xi)$,其中 $\xi=r\exp(\mathrm{i}\theta)$,$r=\kappa t$ 为压缩态参量,t 为有效作用时间,利用幺正发展算符,即

$$\hat{\boldsymbol{U}}(t-t_0)=\exp\left(-\frac{\mathrm{i}}{\hbar}\hat{\boldsymbol{H}}(t-t_0)\right) \tag{5.27}$$

则压缩算符为

$$\hat{\boldsymbol{S}}(\xi)=\hat{\boldsymbol{U}}(t_0)=\exp\left(\frac{k}{2}(\hat{\boldsymbol{a}}^{+2}\mathrm{e}^{\mathrm{i}\theta}-\hat{\boldsymbol{a}}^2\mathrm{e}^{-\mathrm{i}\theta})t\right)=\exp\left[\frac{\xi}{2}\hat{\boldsymbol{a}}^2-\frac{\xi}{2}\hat{\boldsymbol{a}}^{+2}\right] \tag{5.28}$$

显然压缩算符是厄米算符,即

$$\hat{\boldsymbol{S}}^+(\xi)=\hat{\boldsymbol{S}}^{-1}(\xi)=\hat{\boldsymbol{S}}(-\xi) \tag{5.29}$$

它作用在初始态 $\hat{\boldsymbol{a}}(0)$上,利用算符公式

$$\mathrm{e}^{\hat{A}}\hat{\boldsymbol{B}}\mathrm{e}^{-\hat{A}}=\hat{\boldsymbol{B}}+[\hat{\boldsymbol{A}}+\hat{\boldsymbol{B}}]+\frac{1}{2}[\hat{\boldsymbol{A}},[\hat{\boldsymbol{A}},\hat{\boldsymbol{B}}]]+\cdots+\frac{1}{n!}[\hat{\boldsymbol{A}},[\hat{\boldsymbol{A}},\cdots,[\hat{\boldsymbol{A}},\hat{\boldsymbol{B}}]]] \tag{5.30}$$

得到变换

$$\hat{\boldsymbol{S}}^+(\xi)a\hat{\boldsymbol{S}}(\xi)=\hat{\boldsymbol{a}}\cosh r+\hat{\boldsymbol{a}}^+\mathrm{e}^{\theta}\sinh r \tag{5.31}$$

$$\hat{\boldsymbol{S}}^+(\xi)a^+\hat{\boldsymbol{S}}(\xi)=\hat{\boldsymbol{a}}^+\cosh r+\hat{\boldsymbol{a}}\mathrm{e}^{-\theta}\sinh r \tag{5.32}$$

对于转动模式

$$\hat{\boldsymbol{x}}_1\left(\frac{\theta}{2}\right)+\mathrm{i}\hat{\boldsymbol{x}}_2\left(\frac{\theta}{2}\right)=(\hat{\boldsymbol{x}}_1+\hat{\boldsymbol{x}}_2)\mathrm{e}^{-\mathrm{i}\frac{\theta}{2}}=\hat{\boldsymbol{a}}\mathrm{e}^{-\mathrm{i}\frac{\theta}{2}} \tag{5.33}$$

压缩变换导致

$$\begin{aligned}\hat{\boldsymbol{S}}^+(\xi)\left[\hat{\boldsymbol{x}}_1\left(\frac{\theta}{2}\right)+\mathrm{i}\hat{\boldsymbol{x}}_2\left(\frac{\theta}{2}\right)\right]\hat{\boldsymbol{S}}(\xi)&=\hat{\boldsymbol{a}}\mathrm{e}^{-\mathrm{i}\frac{\theta}{2}}\cosh r+\hat{\boldsymbol{a}}^+\mathrm{e}^{\mathrm{i}\frac{\theta}{2}}\sinh r\\&=\mathrm{e}^{r}\hat{\boldsymbol{x}}_1\left(\frac{\theta}{2}\right)+\mathrm{i}\mathrm{e}^{-r}\hat{\boldsymbol{x}}_2\left(\frac{\theta}{2}\right)\end{aligned} \tag{5.34}$$

则压缩算符对任意变量作用,它将使其中一个正交分量减少,而使另一个正交分量增加。利用薛定谔绘景来描述压缩态,以$|0\rangle$表示真空态,有

$$|\boldsymbol{\alpha\xi}\rangle=\hat{\boldsymbol{S}}(\xi)\hat{\boldsymbol{D}}(\alpha)|0\rangle \tag{5.35}$$

其中,$\hat{\boldsymbol{D}}(\alpha)$为位移算符,并且有

$$\hat{\boldsymbol{D}}(\alpha)=\exp(\alpha\hat{\boldsymbol{a}}^+-\alpha^*\hat{\boldsymbol{a}})=\exp(2\mathrm{i}x_2\hat{\boldsymbol{x}}_1-2\mathrm{i}x_1\hat{\boldsymbol{x}}_2) \tag{5.36}$$

其中 $\alpha=x_1+\mathrm{i}x_2$,$\hat{\boldsymbol{a}}=\hat{\boldsymbol{x}}_1+\mathrm{i}\hat{\boldsymbol{x}}_2$,$x_1$ 方向压缩态的波函数为

$$\varphi(x_1)=\left(\frac{2}{\pi}\right)^{\frac{1}{4}}\mathrm{e}^{\frac{r}{2}}\exp[-2\mathrm{e}^{2r}(x_1-x_{1\alpha})^2+2\mathrm{i}x_{2\alpha}x_1-\mathrm{i}x_{1\alpha}x_{2\alpha}] \tag{5.37}$$

相应的魏格纳函数为

$$W(x_1,x_2)=\frac{2}{\pi}\exp[-2\mathrm{e}^{2r}(x_1-x_{1\alpha})^2-2\mathrm{e}^{-2r}(x_2-x_{2\alpha})^2] \tag{5.38}$$

正交相振幅方差为

$$\langle(\Delta\hat{\boldsymbol{x}}_1)^2\rangle=\frac{1}{4}\mathrm{e}^{-2r},\quad\langle(\Delta\hat{\boldsymbol{x}}_2)^2\rangle=\frac{1}{4}\mathrm{e}^{2r}$$

它表示 x_1 方向的压缩态。对无限压缩($r\to\infty$),x_1 的概率密度为

$$|\psi(x_1)|^2=\sqrt{\frac{2}{\pi}}\mathrm{e}^r\exp(-2\mathrm{e}^{2r}(x_1-x_{1\alpha})^2)\xrightarrow{r\to\infty}\delta(x_1-x_{1\alpha}) \tag{5.39}$$

无限压缩光子数也无限大,压缩态平均光子数为

$$\langle\hat{\boldsymbol{n}}\rangle=\langle\hat{\boldsymbol{x}}_1^2\rangle+\langle\hat{\boldsymbol{x}}_2^2\rangle-\frac{1}{2}=|\alpha|^2+\sinh^2 r \tag{5.40}$$

在量子通信中,应用连续变量最简单的为双模压缩态,双模压缩态可通过非简并的光学参量放大器产生。其相互作用哈密顿量为

$$\hat{\boldsymbol{H}}_{\text{int}}=\mathrm{i}\hbar\kappa(\hat{\boldsymbol{a}}_1^+\hat{\boldsymbol{a}}_2^+\mathrm{e}^{\mathrm{i}\theta}-\hat{\boldsymbol{a}}_1\hat{\boldsymbol{a}}_2\mathrm{e}^{-\mathrm{i}\theta}) \tag{5.41}$$

其中 $\hat{\boldsymbol{a}}_1,\hat{\boldsymbol{a}}_2$ 分别对应信号模和闲频模,仍假定 $\kappa\propto\chi^{(2)}|\boldsymbol{\alpha}_{\mathrm{p}}|$,定义幺正双模压缩算符

$$\begin{aligned}\hat{\boldsymbol{U}}(t)&=\exp[\kappa(\hat{\boldsymbol{a}}_1^+\hat{\boldsymbol{a}}_2^+\mathrm{e}^{\mathrm{i}\theta}-\hat{\boldsymbol{a}}_1\hat{\boldsymbol{a}}_2\mathrm{e}^{-\mathrm{i}\theta})t]\\&=\exp(\xi^*\hat{\boldsymbol{a}}_1\hat{\boldsymbol{a}}_2-\xi(\hat{\boldsymbol{a}}_1^+\hat{\boldsymbol{a}}_2^+))\\&=S(\xi)\end{aligned} \tag{5.42}$$

其中,$\xi=-\kappa t\mathrm{e}^{\mathrm{i}\theta}$。则其输出模结果在海森堡绘景中与单模相似,有

$$\hat{\boldsymbol{a}}_1(r)=\hat{\boldsymbol{a}}_1\cosh r+\hat{\boldsymbol{a}}_2^+\sinh r,\quad \hat{\boldsymbol{a}}_2(r)=\hat{\boldsymbol{a}}_2\cosh r+\hat{\boldsymbol{a}}_1^+\sinh r \tag{5.43}$$

这个输出模式是纠缠的,显示出正交相之间的量子相关。利用非简并的光学参量放大器产生双模压缩态,它等价于两个具有垂直压缩方向的单模压缩态与分束器组合,它们可以用来产生压缩纠缠态,有关内容将在下节进一步讨论。

5.2 连续变量纠缠

1935 年爱因斯坦等人最早引入的纠缠态就是连续变量的,涉及粒子的坐标与动量,但他们引入的纠缠态是非物理的。上节提到双模压缩态是比较实在的纠缠态。本节讨论一下双模压缩态的纠缠性质,然后讨论两体及多体的连续变量纠缠。

1. 双模压缩态

对于双模压缩真空态,1997 年 Leonhardt[4] 给出其坐标与动量波函数,分别为

$$\varphi(x_1,x_2)=\sqrt{\frac{2}{\pi}}\exp\left[-\frac{\mathrm{e}^{-2r}(x_1+x_2)^2}{2}+\frac{\mathrm{e}^{2r}(x_1-x_2)^2}{2}\right] \tag{5.44}$$

$$\psi(p_1,p_2)=\sqrt{\frac{2}{\pi}}\exp\left[-\frac{\mathrm{e}^{-2r}(p_1-p_2)^2}{2}-\frac{\mathrm{e}^{2r}(p_1+p_2)^2}{2}\right] \tag{5.45}$$

其中,r 为压缩系数,当无限压缩时 $r\to\infty$,(5.44)和(5.45)两式趋向 δ 函数,分别为 $c\delta(x_1-x_2)$ 和 $c\delta(p_1+p_2)$,双模压缩真空态的魏格纳分布函数为

$$W(\xi)=\frac{4}{\pi^2}\exp\{-\mathrm{e}^{-2r}[(x_1+x_2)^2+(p_1-p_2)^2]+\mathrm{e}^{2r}[(x_1-x_2)^2+(p_1+p_2)^2]\} \tag{5.46}$$

其中 $\xi=(x_1,p_1,x_2,p_2)$,在无限压缩时 $r\to\infty$,魏格纳函数趋向 $c\delta(x_1-x_2)\delta(p_1+p_2)$,即相应于爱因斯坦等人最早引入的 EPR 纠缠态。将魏格纳函数对两动量或坐标积分,可以给出其坐标和动量的概率分布,为

$$\iint W(\xi)\mathrm{d}p_1\mathrm{d}p_2 = |\phi(x_1,x_2)|^2$$

$$= \frac{2}{\pi}\exp[-\mathrm{e}^{-2r}(x_1+x_2)^2-\mathrm{e}^{2r}(x_1-x_2)^2] \tag{5.47}$$

$$\iint W(\xi)\mathrm{d}x_1\mathrm{d}x_2 = |\phi(p_1,p_2)|^2$$

$$= \frac{2}{\pi}\exp[-\mathrm{e}^{-2r}(p_1-p_2)^2-\mathrm{e}^{2r}(p_1+p_2)^2] \tag{5.48}$$

从以上讨论可以看出,对于大压缩用 x_1-x_2 表示 δ 函数,表明有确定的相对位置,而且其总动量是 p_1+p_2,取 δ 函数表明动量相反,但双模压缩真空态的两模它们各自坐标和动量的不确定量随压缩的增加而增加。事实上将魏格纳函数对一个模的坐标与动量进行积分可得到热态

$$\iint W(\xi)\mathrm{d}x_1\mathrm{d}p_1 = \frac{1}{\pi(1+2\bar{n})}\exp\left(-\frac{2(x_2^2+p_2^2)}{1+2\bar{n}}\right) \tag{5.49}$$

其中,$\bar{n}=\sinh^2 r$ 为压缩态的平均光子数。

双模压缩真空态可以通过将压缩算符(取 $\theta=0$)作用在真空态上得到,并且利用光子数态作展开,结果为

$$\hat{\boldsymbol{S}}(\xi)|00\rangle = \mathrm{e}^{r(\hat{a}_1^+\hat{a}_2^+-\hat{a}_1\hat{a}_2)}|00\rangle$$

$$= \mathrm{e}^{\tanh r\hat{a}_1^+\hat{a}_2^+}\left(\frac{1}{\cosh r}\right)^{\hat{a}_1^+\hat{a}_1+\hat{a}_2^+\hat{a}_2+1}\mathrm{e}^{-\tanh r\hat{a}_1\hat{a}_2}|00\rangle$$

$$= \sqrt{1-\lambda}\sum_{n=0}^{\infty}\lambda^{\frac{n}{2}}|\boldsymbol{n}\rangle|\boldsymbol{n}\rangle \tag{5.50}$$

其中 $\lambda=\tanh^2 r$。式(5.50)显示出双模压缩真空态中两模不仅正交相相关,也是光子数和相位量子相关的。

双模压缩真空态可以利用非简并的参量放大器产生,压缩算符可以从参量放大器哈密顿量的时间发展中给出,另外也可以利用两个单模压缩真空态通过50/50分束器得到。下面利用海森堡绘景来给出相关结果,取初始算符为 $\hat{a}_1^\circ$, $\hat{a}_1^{\circ+}$, $\hat{a}_2^\circ$, $\hat{a}_2^{\circ+}$,压缩算符作用后,算符为 $\hat{a}_1$, $\hat{a}_2$(取 $\theta=0$),并且有

$$\hat{a}_1=\hat{S}^+(\xi)\hat{a}_1^\circ\hat{S}(\xi)=\hat{a}_1^\circ\cosh r+\hat{a}_1^{\circ+}\sinh r \tag{5.51}$$

$$\hat{a}_2=\hat{S}^+(\xi)\hat{a}_2^\circ\hat{S}(\xi)=\hat{a}_2^\circ\cosh r-\hat{a}_2^{\circ+}\sinh r \tag{5.52}$$

利用50/50分束器组合得

$$\hat{b}_1=\frac{(\hat{a}_1+\hat{a}_2)}{\sqrt{2}}=\hat{b}_1^\circ\cosh r+\hat{b}_2^{\circ+}\sinh r \tag{5.53}$$

$$\hat{b}_2=\frac{(\hat{a}_1-\hat{a}_2)}{\sqrt{2}}=\hat{b}_2^\circ\cosh r+\hat{b}_1^{\circ+}\sinh r \tag{5.54}$$

其中

$$\hat{b}_1^\circ=\frac{(\hat{a}_1^\circ+\hat{a}_2^\circ)}{\sqrt{2}},\quad \hat{b}_2^\circ=\frac{(\hat{a}_1^\circ-\hat{a}_2^\circ)}{\sqrt{2}}$$

也是两个真空模，得到的态 $\hat{b}_1$ 和 $\hat{b}_2$ 为两个模压缩态，双模压缩真空态正交相振幅，即归一化处理后的坐标与动量为

$$\hat{x}_1=\frac{1}{\sqrt{2}}(e^r\hat{x}_1^\circ+e^{-r}\hat{x}_2^\circ),\quad \hat{p}_1=\frac{1}{\sqrt{2}}(e^{-r}\hat{p}_1^\circ+e^r\hat{p}_2^\circ) \tag{5.55}$$

$$\hat{x}_2=\frac{1}{\sqrt{2}}(e^r x_1^\circ-e^{-r}x_2^\circ),\quad \hat{p}_2=\frac{1}{\sqrt{2}}(e^{-r}\hat{p}_1^\circ-e^r\hat{p}_2^\circ) \tag{5.56}$$

其中

$$b_k^\circ=\hat{x}_k^\circ+i\hat{p}_k^\circ,\quad \hat{b}_k=\hat{x}_k+i\hat{p}_k(k=1,2) \tag{5.57}$$

对于大压缩（r 大），单个正交相振幅 $\hat{x}_k$ 与 $\hat{p}_k$ 成为大噪声，而相对位置和总动量

$$\hat{x}_1-\hat{x}_2=\sqrt{2}e^{-r}\hat{x}_2^\circ,\quad \hat{p}_1+\hat{p}_2=\sqrt{2}e^{-r}p_1^\circ \tag{5.58}$$

被压缩后为

$$\langle(\hat{x}_1-\hat{x}_2)^2\rangle=\frac{e^{-2r}}{2},\quad \langle(p_1+p_2)^2\rangle=\frac{e^{-2r}}{2} \tag{5.59}$$

双模压缩真空态是两体(bipartite)连续变量纠缠的一个实例。一般认为连续变量纠缠态定义在无限维 Hilbert 空间。两个分立量子化模具有动量，坐标和光子数与相位关联。高斯纠缠态是连续变量纠缠态中一个重要子类，其性质已有人做了比较详细的讨论。下面通过两体纠缠与多体纠缠讨论纠缠态的性质。

2. 两体纠缠

我们先讨论纯态的两体纠缠(bipartite entanglement)，然后讨论混合态纠缠。

(1) 纯态

设两体纠缠形成一个纯态(pure state)，若取两个子系统的正交基为$|u_n\rangle$和$|v_n\rangle$，则系统态矢量可以进行施密特分解，有

$$|\varphi\rangle=\sum_n C_n|u_n\rangle|v_n\rangle \tag{5.60}$$

C_n 为施密特系数，是实的、非负的，并且满足 $\sum_n C_n^2=1$。当整个矢量的施密特系数全相等时，纯两体具有最大纠缠，而当施密特系数为 1 时，纯两体总是不纠缠的。此时态的施密特分解为$|\varphi\rangle=|u_1\rangle|v_1\rangle$。

对于纯态，其两体纠缠度已在上一章讲过，其分离变量是利用偏冯·诺依曼熵来量度的，在连续变量中也一样，取量子化密度算符为

$$\hat{\rho}_1=\mathrm{tr}_2\hat{\rho}_{12},\quad \hat{\rho}_2=\mathrm{tr}_1\hat{\rho}_{12}$$

而

$$\hat{\rho}_1=\mathrm{tr}_2\hat{\rho}_{12}=\mathrm{tr}_2|\varphi\rangle_{1212}\langle\varphi|=\sum_n C_n^2|u_n\rangle_{11}\langle u_n| \tag{5.61}$$

相应的偏冯·诺依曼熵为

$$E_{\mathrm{VN}}=-\mathrm{tr}\hat{\rho}_1\log_d\hat{\rho}_1=-\mathrm{tr}\hat{\rho}_2\log_d\hat{\rho}_2=-\sum_n C_n^2\log_d C_n^2 \tag{5.62}$$

d 为子系的能态数，单位为“edits”。这个熵对应在给定纯态最大纠缠度，数值在 0 和 1 之间。例如，求出函数 $E_{\mathrm{VN}}=0.4$ 意味着状态的 1000 考贝能得到 400 个最大纠缠态。若将压

缩态利用粒子数态表示为

$$|\xi 0\rangle=\hat{\boldsymbol{S}}(\xi)|00\rangle=\sqrt{1-r}\sum_{n=0}^{\infty}\lambda^{\frac{n}{2}}|\boldsymbol{n}\rangle|\boldsymbol{n}\rangle \tag{5.63}$$

其中,$\lambda=\tanh^2 r, r=|\xi|$,可以给出偏冯・诺依曼熵为

$$\begin{aligned}E_{\mathrm{VN}}&=-\log_2(1-\lambda)-\lambda\log_2\left[\frac{\lambda}{(1-\lambda)}\right]\\&=\cosh^2 r\log_2(\cosh^2 r)-\sinh^2 r\log_2(\sinh^2 r)\end{aligned} \tag{5.64}$$

在第2章中讲过,纠缠的一个重要标志是基于定域实在论的贝尔不等式的违反,因此对纯态两体纠缠态,其主要特性总结如下。

① 纠缠⇔Schmidt 秩大于1。

② 纠缠⇔偏冯・诺依曼熵大于0。

③ 纠缠⇔贝尔不等式的违反。

所有这些条件都是必要与充分的。

(2) 混合态不可分性判据

对于两体混合态纠缠的测度没有纯态那么简单,对于纯态,人们可以利用偏冯・诺依曼熵对纠缠进行测度。对于混合态只有对称双模高斯态,有比较明确的判据,它也是通过定域实在论推导的不等式来判断的。Duan 在柯西-施瓦茨不等式的基础上给出两体混合态可分开的条件,为

$$\langle(\Delta\hat{\boldsymbol{u}})^2\rangle_\rho+\langle(\Delta\boldsymbol{v})^2\rangle_\rho\geqslant\bar{a}|\langle[\hat{\boldsymbol{x}}_1,\hat{\boldsymbol{p}}_1]\rangle_\rho|+\frac{|\langle[\hat{\boldsymbol{x}}_2,\hat{\boldsymbol{p}}_2]\rangle_\rho|}{\bar{a}^2}=\frac{\bar{a}^2}{2}+\frac{1}{2\bar{a}^2} \tag{5.65}$$

其中,$\hat{\boldsymbol{u}}=|\bar{a}|\hat{\boldsymbol{x}}_1-\frac{1}{\bar{a}}\hat{\boldsymbol{x}}_2$, $\hat{\boldsymbol{v}}=|\bar{a}|\hat{\boldsymbol{p}}_1+\frac{1}{\bar{a}}\hat{\boldsymbol{p}}_2$,$\bar{a}$ 是任意非零的实参数,若取 $\bar{a}=1$,得

$$\langle(\Delta\hat{\boldsymbol{u}})^2\rangle_\rho\langle(\Delta\hat{\boldsymbol{v}})^2\rangle_\rho\geqslant\frac{1}{4} \tag{5.66}$$

其中 $\hat{\boldsymbol{u}}=\hat{\boldsymbol{x}}_1-\hat{\boldsymbol{x}}_2$是两位置差,而 $\hat{\boldsymbol{v}}=\hat{\boldsymbol{p}}_1+\hat{\boldsymbol{p}}_2$ 是两动量和。若两体满足不等式(5.66)就是可分的,而违反这个不等式就是纠缠的,违反越大纠缠也就越大。

对于偏振关联或自旋关联,自旋是3个分量满足对应关系 $[\hat{\boldsymbol{S}}_i,\hat{\boldsymbol{S}}_j]=\mathrm{i}q_{ijk}\hat{\boldsymbol{S}}_k$,$ijk$ 对应 xyz。相应可分条件为

$$\langle[\Delta(\hat{\boldsymbol{S}}_{x_1}+\hat{\boldsymbol{S}}_{x_2})]^2\rangle_\rho+\langle[\Delta(\hat{\boldsymbol{S}}_{y_1}+\hat{\boldsymbol{S}}_{y_2})]^2\rangle_\rho\geqslant|\langle S_{21}\rangle_\rho|+|\langle S_{22}\rangle_\rho| \tag{5.67}$$

对于一般两体混合态,利用所谓负的局部翻转(Negative Partial Transpose, NPT)来判断,人们论证 NPT 是违反定域实在论的,则只要两体混合态有负的局部翻转就是不可分的,是纠缠的,即局部反转的密度矩阵具有负的本征值就是纠缠的。

两体密度矩阵 $\hat{\boldsymbol{\rho}}(\hat{\boldsymbol{x}}_1,\hat{\boldsymbol{p}}_1,\hat{\boldsymbol{x}}_2,\hat{\boldsymbol{p}}_2)$部分翻转为 $\hat{\boldsymbol{\rho}}(\hat{\boldsymbol{x}}_1,\hat{\boldsymbol{p}}_1,\hat{\boldsymbol{x}}_2,-\hat{\boldsymbol{p}}_2)$,则只要 $\hat{\boldsymbol{\rho}}(\hat{\boldsymbol{x}}_1,\hat{\boldsymbol{p}}_1,\hat{\boldsymbol{x}}_2,-\hat{\boldsymbol{p}}_2)$有负的本征值就是纠缠的,相应的魏格纳函数为 $W(x_1,p_1,x_2,p_2)$,翻转以后函数为 $W(x_1,p_1,x_2,-p_2)$,此函数为负的就是纠缠的。

3. 多体纠缠

多体纠缠(multipartite entanglement)由于参加纠缠的体多于两体,即使纯态也不存在分解,总的态向量不能写成正交基态的简并求和。首先考虑一下分离变数多体纠缠。

一个最简单的三体纠缠态势 GHZ(Greenberger-Horne-Zeilinger)态，表示为

$$|\mathrm{GHZ}\rangle=\frac{1}{\sqrt{2}}(|000\rangle+|111\rangle) \tag{5.68}$$

相对于贝尔基可以认为它具有最大三体纠缠。对于 N 体，GHZ 态为

$$|\mathrm{GHZ}\rangle_N=\frac{1}{\sqrt{2}}(|000\cdots00\rangle+|111\cdots11\rangle) \tag{5.69}$$

它产生对定域实在论引出多体不等式的最大违反。三量子比特纯的完全纠缠态表示除 GHZ 态外，还有 $\boldsymbol{W}$ 态：

$$|\boldsymbol{W}\rangle=\frac{1}{\sqrt{3}}(|100\rangle+|010\rangle+|001\rangle) \tag{5.70}$$

其他三量子比特纠缠态都有可能通过随机定域作用和幺正变换转变为 $|\mathrm{GHZ}\rangle$ 态或 $|\boldsymbol{W}\rangle$ 态，$|\mathrm{GHZ}\rangle$ 态与 $|\boldsymbol{W}\rangle$ 态有一定的差别，若我们对其中一体变量求迹，得

$$\mathrm{tr}_1|\boldsymbol{W}\rangle\langle\boldsymbol{W}|=\frac{1}{3}(|00\rangle\langle00|+|10\rangle\langle10|+|10\rangle\langle01|+|01\rangle\langle10|+|01\rangle\langle01|)$$

表明它是不可分的，而 GHZ 态对其中一体变量求迹，有

$$\mathrm{tr}_1|\mathrm{GHZ}\rangle\langle\mathrm{GHZ}|=\frac{1}{2}(|00\rangle\langle00|+|11\rangle\langle11|)$$

得到一个可分的二量子比特态。

对于一般多体纠缠，还缺少像两体纠缠一样的简单公式来判决，包括 NPT 判据。对于多体纠缠的定量化，就是对于纯态，也是一个正在研究的课题。出于定域实在论的多体不等式的违反也不是真正多体纠缠的必要条件，它仅给出部分纠缠相对应关系。结论是：

① N 体贝尔不等式违反$\Rightarrow$部分纠缠；

② 真正的多体纠缠$\not\Rightarrow N$ 体贝尔不等式违反。

多模高斯态在量子通信和量子计算中是一个重要的量子态，它可以在实验室中产生，它对应的魏格纳函数是归一化的高斯分布，对于三模情况，有

$$W(\boldsymbol{\xi})=\frac{1}{(2\pi)^3\sqrt{\det\mathbf{V}^{(3)}}}\exp\left[-\frac{1}{2}\boldsymbol{\xi}\,[\mathbf{V}^{(3)}]^{-1}\boldsymbol{\xi}^{\mathrm{T}}\right] \tag{5.71}$$

其中，$\boldsymbol{\xi}$ 为 2×3 维矢量，即

$$\boldsymbol{\xi}=(x_1p_1,x_2p_2,x_3p_3),\quad \hat{\boldsymbol{\xi}}=(\hat{\boldsymbol{x}}_1\hat{\boldsymbol{p}}_1,\hat{\boldsymbol{x}}_2\hat{\boldsymbol{p}}_2,\hat{\boldsymbol{x}}_3\hat{\boldsymbol{p}}_3)$$

$\mathbf{V}^{(3)}$ 为 6×6 维的矩阵，为三维相关函数，其元素为

$$\mathbf{V}_{ij}^{(3)}=\int W(\boldsymbol{\xi})\boldsymbol{\xi}_i\boldsymbol{\xi}_j\,\mathrm{d}^{2\times3}\boldsymbol{\xi}=\left\langle\frac{(\hat{\boldsymbol{\xi}}_i\hat{\boldsymbol{\xi}}_j+\hat{\boldsymbol{\xi}}_j\hat{\boldsymbol{\xi}}_i)}{2}\right\rangle \tag{5.72}$$

从量子力学测不准关系给出以下不等式

$$\mathbf{V}^{(3)}-\frac{\mathrm{i}}{2}\boldsymbol{\Lambda}\geqslant\mathbf{0} \tag{5.73}$$

其中，$\boldsymbol{\Lambda}$ 是 2×2 的对角矩阵：

$$\boldsymbol{\Lambda}=\begin{pmatrix}\boldsymbol{J} & \mathbf{0}\\ \mathbf{0} & \boldsymbol{J}\end{pmatrix}$$

$\boldsymbol{J}$ 是对角空矩阵，在三模时，有

$$J=\begin{pmatrix} 0 & 1 & 0 \\ -1 & 0 & 1 \\ 0 & -1 & 0 \end{pmatrix}$$

对于单模情况,不等式(5.73)为 $\det \boldsymbol{V}^{(1)} \geqslant \frac{1}{16}$,即海森堡不等式。不等式(5.73)为可分性的一个判据(称为 NPT 判据),利用判据可将三体三模高斯态分为 5 类。

类 1:$\overline{\boldsymbol{V}}_1^{(3)} < \frac{\mathrm{i}}{4}\boldsymbol{\Lambda}$, $\overline{\boldsymbol{V}}_2^{(3)} < \frac{\mathrm{i}}{4}\boldsymbol{\Lambda}$,$\overline{\boldsymbol{V}}_3^{(3)} < \frac{\mathrm{i}}{4}\boldsymbol{\Lambda}$,完全不可分态。

类 2:$\overline{\boldsymbol{V}}_k^{(3)} \geqslant \frac{\mathrm{i}}{4}\boldsymbol{\Lambda}$,$\overline{\boldsymbol{V}}_m^{(3)} < \frac{\mathrm{i}}{4}\boldsymbol{\Lambda}$,$\overline{\boldsymbol{V}}_n^{(3)} < \frac{\mathrm{i}}{4}\boldsymbol{\Lambda}$,部分不可分态。

类 3: $\overline{\boldsymbol{V}}_k^{(3)} \geqslant \frac{\mathrm{i}}{4}\boldsymbol{\Lambda}$,$\overline{\boldsymbol{V}}_m^{(3)} \geqslant \frac{\mathrm{i}}{4}\boldsymbol{\Lambda}$,$\overline{\boldsymbol{V}}_n^{(3)} < \frac{\mathrm{i}}{4}\boldsymbol{\Lambda}$,部分可分态。

类 4,5:$\overline{\boldsymbol{V}}_1^{(3)} \geqslant \frac{\mathrm{i}}{4}\boldsymbol{\Lambda}$,$\overline{\boldsymbol{V}}_2^{(3)} \geqslant \frac{\mathrm{i}}{4}\boldsymbol{\Lambda}$,$\overline{\boldsymbol{V}}_3^{(3)} \geqslant \frac{\mathrm{i}}{4}\boldsymbol{\Lambda}$,完全可分态。

其中,$\overline{\boldsymbol{V}}_j^{(3)} = \boldsymbol{\Gamma}_j \boldsymbol{V}^{(3)} \boldsymbol{\Gamma}_j^{-1}$ 表示对模 j 的部分互换(翻转),第 1 类对应完全不可分态,而 4,5 类为完全可分态,2,3 类为部分不可分态。

4. 连续变量 EPR 纠缠态产生实验

连续变量 EPR 纠缠态可以利用参量放大器产生,也可以利用光纤中的非线性效应产生。参量放大器利用 $\chi^{(2)}$ 大的非线性介质。若入射泵浦光频率为 ω_0,透过非线性介质可以产生 $\omega_0 \pm \Omega$ 的信号模和闲频模,相应湮灭算符为 $\hat{\boldsymbol{b}}(\omega_0 \pm \Omega)$,在一个以 ω_0 转动的参考系中可以取 $\hat{\boldsymbol{B}}(\pm\Omega) = \hat{\boldsymbol{b}}(\omega_0 \pm \Omega)$,代表信号模与闲频模,称为边带湮灭算符,满足对角关系

$$[\hat{\boldsymbol{B}}(\Omega), \hat{\boldsymbol{B}}(\Omega')] = \delta(\Omega - \Omega') \tag{5.74}$$

引入正交相振幅,即

$$\hat{\boldsymbol{X}}(\Omega) = \frac{1}{2}[\hat{\boldsymbol{B}}(\Omega) + \hat{\boldsymbol{B}}^{+}(\Omega)] \tag{5.75}$$

$$\hat{\boldsymbol{P}}(\Omega) = \frac{1}{2\mathrm{i}}[\hat{\boldsymbol{B}}(\Omega) - \hat{\boldsymbol{B}}^{+}(\Omega)] \tag{5.76}$$

则相应对角关系为

$$[\hat{\boldsymbol{X}}(\Omega), \hat{\boldsymbol{P}}(\Omega')] = \frac{\mathrm{i}}{2}\delta(\Omega - \Omega') \tag{5.77}$$

通过两个简并的参量振荡器产生两个独立压缩态 1 与 2,即有

$$\hat{\boldsymbol{X}}_1(\Omega) = \hat{\boldsymbol{S}}_{+}(\Omega)\hat{\boldsymbol{X}}_1^{(0)}(\Omega), \qquad \hat{\boldsymbol{P}}_1(\Omega) = \hat{\boldsymbol{S}}_{-}(\Omega)\hat{\boldsymbol{P}}_1^{(0)}(\Omega) \tag{5.78}$$

$$\hat{\boldsymbol{X}}_2(\Omega) = \hat{\boldsymbol{S}}_{-}(\Omega)\hat{\boldsymbol{X}}_2^{(0)}(\Omega), \qquad \hat{\boldsymbol{P}}_2(\Omega) = \hat{\boldsymbol{S}}_{+}(\Omega)\hat{\boldsymbol{P}}_2^{(0)}(\Omega) \tag{5.79}$$

其中,$|S_{-}(\Omega)| < 1$ 对应于 e^{-r},而 $|S_{+}(\Omega)| > 1$ 对应于 e^{+r}。附标“0”表示真空态。通过分束器的组合可得到宽带 EPR 源,两压缩纠缠态为 u 和 v,即有

$$\hat{\boldsymbol{X}}_u(\Omega) = \frac{1}{\sqrt{2}}\hat{\boldsymbol{S}}_{+}(\Omega)\hat{X}_1^{(0)}(\Omega) + \frac{1}{\sqrt{2}}\hat{S}_{-}(\Omega)\hat{X}_2^{(0)}(\Omega) \tag{5.80}$$

$$\hat{\boldsymbol{P}}_u(\Omega) = \frac{1}{\sqrt{2}}\hat{\boldsymbol{S}}_{-}(\Omega)\hat{\boldsymbol{P}}_1^{(0)}(\Omega) + \frac{1}{\sqrt{2}}\hat{\boldsymbol{S}}_{+}(\Omega)\hat{\boldsymbol{P}}_2^{(0)}(\Omega) \tag{5.81}$$

$$\hat{\boldsymbol{X}}_v(\Omega)=\frac{1}{\sqrt{2}}\hat{\boldsymbol{S}}_+(\Omega)\hat{\boldsymbol{X}}_1^{(0)}(\Omega)-\frac{1}{\sqrt{2}}\hat{\boldsymbol{S}}_-(\Omega)\hat{\boldsymbol{X}}_2^{(0)}(\Omega) \tag{5.82}$$

$$\hat{\boldsymbol{P}}_v(\Omega)=\frac{1}{\sqrt{2}}\hat{\boldsymbol{S}}_-(\Omega)\hat{P}_1^{(0)}(\Omega)-\frac{1}{\sqrt{2}}\hat{\boldsymbol{S}}_+(\Omega)\hat{\boldsymbol{P}}_2^{(0)}(\Omega) \tag{5.83}$$

两态关联显示出相对坐标与总动量的压缩，即

$$\hat{\boldsymbol{X}}_u(\Omega)-\hat{\boldsymbol{X}}_v(\Omega)=\sqrt{2}\hat{\boldsymbol{S}}_-(\Omega)\hat{\boldsymbol{X}}_2^{(0)}(\Omega) \tag{5.84}$$

$$\hat{\boldsymbol{P}}_u(\Omega)+\hat{\boldsymbol{P}}_v(\Omega)=\sqrt{2}\hat{\boldsymbol{S}}_-(\Omega)\hat{\boldsymbol{P}}_1^{(0)}(\Omega) \tag{5.85}$$

利用这种方法，连续变量正交纠缠态和连续变量偏振纠缠态分别在 2001 年由 Silberhorn 等人[5]和在 2002 年由 Bowen 等人[6]在实验中产生。

在光纤中，由于 $\chi^{(2)}$ 较小，所以产生压缩态利用其中三阶非线性极化率 $\chi^{(3)}$，利用光纤直接产生光学压缩态，并进一步形成纠缠，显然这样更有利于在量子通信中应用。

在光纤中 Kerr 作用哈密顿量为

$$\hat{\boldsymbol{H}}_{\text{int}}=\hbar k\kappa\hat{\boldsymbol{a}}^{+2}\hat{\boldsymbol{a}}^2=\hbar k\hat{\boldsymbol{n}}(\hat{\boldsymbol{n}}-1)$$

其中耦合系数 κ 正比于 $\chi^{(3)}$，它与算符为四次方关系，而不是 $\chi^{(2)}$ 介质中的平方关系，使用 Kerr 效应产生的压缩态是香蕉型的，它产生的将是光子数压缩态，具有泊松分布，状态更接近 Fock 态，而不是正交态。

图 5.2 是 Silberhorn 等人利用 Sagnac 干涉仪产生纠缠态的示意图。他们利用 C_r^{4+} YAG 锁模激光器产生脉冲，脉冲宽 130 fs，注入非对称 Sagnac 干涉仪，干涉仪利用 8 m 双折射光纤组成，测出正交压缩率。压缩性对 $\hat{\boldsymbol{S}},\hat{\boldsymbol{P}}$ 分别为(3.9±0.2) dB 和(4.1±0.2) dB。两压缩光通过 50/50 分光器而得到 EPR 纠缠态 $\hat{\boldsymbol{a}},\hat{\boldsymbol{b}}$。

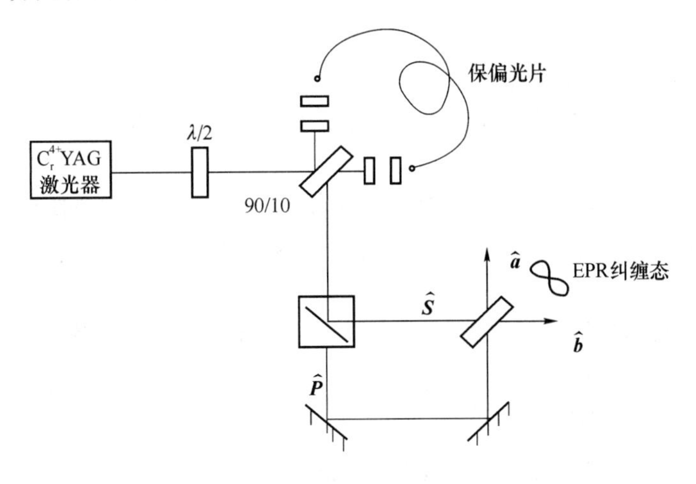

图 5.2　利用光纤产生压缩纠缠态的示意图

5.3　利用连续变量的量子通信

上节讨论了连续变量的纠缠，这节主要介绍利用连续变量纠缠态可能得到的量子通信，

包括量子远程传态、量子密集编码与量子密码术。下面分别介绍。

1. 量子远程传态

(1) 量子远程传态的概念

量子远程传态(quantum teleportation)是指利用分享纠缠通过经典信道可靠传送量子信息。连续变量传送(如坐标与动量)首先在 1994 年由维德曼(Vaidman)提出。

例如,对一个单模电磁场进行远程传态,可以利用双模纠缠态 1 与 2。Alice 组合远程传态模"in"和 EPR 对中的 1,利用 D_x 和 D_p 对其进行零差测量,分别得出 x_u 和 p_v,然后通过经典信道将测得结果告诉 Bob,Bob 分别对入射来的模 2 进行调制,使其输出 out 和 in 状态一样而实现了远程传态"tel",见图 5.3。

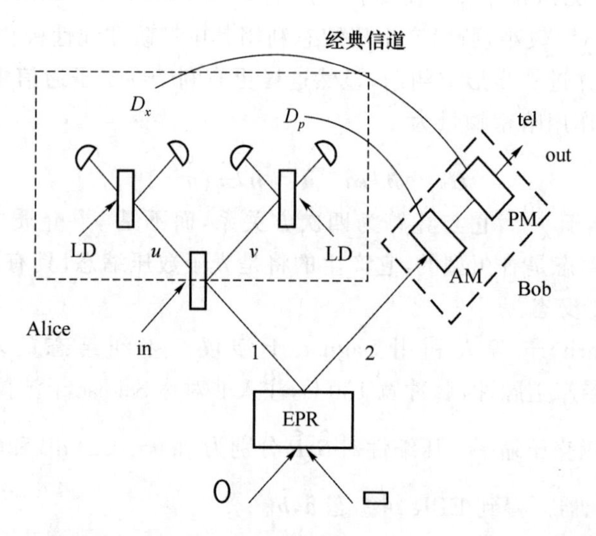

图 5.3 远程传态示意图

在远程传态中值得指出的是:

① Alice 和 Bob 对远程传态的"in"是完全不知道的,若知道了,Alice 完全可以通过经典信道告诉 Bob;

② 由于输入态"in"由 Alice 测量,原态已不保持,以不违反不可克隆定理;

③ 传送不违反相对论,用经典信道传信息的速度不超过光速。

(2) 远程传态的理论描述

利用海森堡绘景来讨论,考虑双模压缩真空态,模 1,2 的正交相算符:

$$\hat{\boldsymbol{x}}_1=\frac{1}{\sqrt{2}}(\mathrm{e}^r\hat{\boldsymbol{x}}_1^{(0)}+\mathrm{e}^{-r}\hat{\boldsymbol{x}}_2^{(0)}),\quad \hat{\boldsymbol{p}}_1=\frac{1}{\sqrt{2}}(\mathrm{e}^{-r}\hat{\boldsymbol{p}}_1^{(0)}+\mathrm{e}^r\hat{\boldsymbol{p}}_2^{(0)})$$

$$\hat{\boldsymbol{x}}_2=\frac{1}{\sqrt{2}}(\mathrm{e}^r\hat{\boldsymbol{x}}_1^{(0)}-\mathrm{e}^{-r}\hat{\boldsymbol{x}}_2^{(0)}),\quad \hat{\boldsymbol{p}}_2=\frac{1}{\sqrt{2}}(\mathrm{e}^{-r}\hat{\boldsymbol{p}}_1^{(0)}-\mathrm{e}^r\hat{\boldsymbol{p}}_2^{(0)})$$

该态是有限纠缠的,完全纠缠要求 $r\to\infty$,这时 $(\hat{\boldsymbol{x}}_1-\hat{\boldsymbol{x}}_2)\to 0$, $(\hat{\boldsymbol{p}}_1+\hat{\boldsymbol{p}}_2)\to 0$,将模 1 送给 Alice,而模 2 给 Bob(见图 5.3),Alice 利用 50/50 的分束器与输入模"in"组合为

$$\hat{\boldsymbol{x}}_u=\frac{1}{\sqrt{2}}(\hat{\boldsymbol{x}}_{\text{in}}-\hat{\boldsymbol{x}}_1),\quad \hat{\boldsymbol{p}}_u=\frac{1}{\sqrt{2}}(\hat{\boldsymbol{p}}_{\text{in}}-\hat{\boldsymbol{p}}_1) \tag{5.86}$$

$$\hat{\boldsymbol{x}}_v=\frac{1}{\sqrt{2}}(\hat{\boldsymbol{x}}_{\rm in}+\hat{\boldsymbol{x}}_1),\quad \hat{\boldsymbol{p}}_v=\frac{1}{\sqrt{2}}(\hat{\boldsymbol{p}}_{\rm in}+\hat{\boldsymbol{p}}_1) \tag{5.87}$$

利用上面几个式子给出 Bob 的模 2,为

$$\hat{\boldsymbol{x}}_2=\hat{\boldsymbol{x}}_{\rm in}-(\hat{\boldsymbol{x}}_1-\hat{\boldsymbol{x}}_2)-\sqrt{2}\hat{\boldsymbol{x}}_u=\hat{\boldsymbol{x}}_{\rm in}-\sqrt{2}{\rm e}^{-r}x_2^{(0)}-\sqrt{2}\hat{\boldsymbol{x}}_u \tag{5.88}$$

$$\hat{\boldsymbol{p}}_2=\hat{\boldsymbol{p}}_{\rm in}+(\hat{\boldsymbol{p}}_1+\hat{\boldsymbol{p}}_2)-\sqrt{2}\hat{\boldsymbol{p}}_v=\hat{\boldsymbol{p}}_{\rm in}+\sqrt{2}{\rm e}^{-r}p_1^{(0)}-\sqrt{2}\hat{\boldsymbol{p}}_v \tag{5.89}$$

Alice 对 $\hat{\boldsymbol{x}}_u$ 和 $\hat{\boldsymbol{p}}_v$ 进行贝尔测量,产生经典值 x_u 和 p_v,即量子变数 $\hat{\boldsymbol{x}}_u$ 和 $\hat{\boldsymbol{p}}_v$ 成为经典测定随机变量 x_u 和 p_v。由于纠缠,Bob 的模 2 崩坍成 Alice 的输入态“in”,只是相位有差别。接收 Alice 的经典结果 x_u 和 p_v,Bob 改变其模式。

$$\hat{\boldsymbol{x}}_2\to\hat{\boldsymbol{x}}_{\rm tel}=\hat{\boldsymbol{x}}_2+g\sqrt{2}\hat{\boldsymbol{x}}_u,\quad \hat{\boldsymbol{p}}_2\to\hat{\boldsymbol{p}}_{\rm tel}=\hat{\boldsymbol{p}}_2+g\sqrt{2}\hat{\boldsymbol{p}}_v$$

这样完成远程传态,g 为相位参数,当 $g=1$ 时,传态模式为

$$\hat{\boldsymbol{x}}_{\rm tel}=\hat{\boldsymbol{x}}_{\rm in}-\sqrt{2}{\rm e}^{-r}x_2^{(0)},\quad \hat{\boldsymbol{p}}_{\rm tel}=\hat{\boldsymbol{p}}_{\rm in}+\sqrt{2}{\rm e}^{-r}p_1^{(0)}$$

在理想压缩 $r\to\infty$ 时,得到量子态理想远程传态,这时输出态等于输入态。

(3) 远程传态的协议

有关远程传态的协议可以用魏格纳函数来描述,可以看到远程传态的状态是传入态的一个高斯卷积。相应纠缠态的魏格纳函数前面已经给出,为

$$W(\xi)=\frac{4}{\pi^2}\exp\{-{\rm e}^{-2r}[(x_1+x_2)^2+(p_1-p_2)^2]+{\rm e}^{2r}[(x_1-x_2)^2+(p_1+p_2)^2]\}$$

可将它写为 $W(\xi)=W_{\rm EPR}(\alpha_1,\alpha_2)$,输入态“in”模的魏格纳函数为 $W_{\rm in}(p_{\rm in},x_{\rm in})$,引导模 1 和模“in”通过 50/50 分束器得到两个输出模:$\alpha_u=x_u+{\rm i}p_u$ 和 $\alpha_v=x_v+{\rm i}p_v$。在线性光学中魏格纳函数变化为

$$\begin{aligned}W(\alpha_u,\alpha_v,\alpha_z)=&\iint W(x_{\rm in},p_{\rm in})W_{\rm EPR}([\alpha_1,\alpha_2])\times\\&\delta\left[\frac{1}{\sqrt{2}}(x_u+x_v)-x_{\rm in}\right]\delta\left[\frac{1}{\sqrt{2}}(p_u+p_v)-p_{\rm in}\right]{\rm d}x_{\rm in}{\rm d}p_{\rm in}\end{aligned} \tag{5.90}$$

Alice 的贝尔测量,即 $x_u=\frac{1}{\sqrt{2}}(x_{\rm in}-x_1)$ 和 $p_v=\frac{1}{\sqrt{2}}(p_{\rm in}+p_1)$ 零差探测,通过对 x_v,p_u 积分来描述,即

$$\int W(\alpha_u,\alpha_v,\alpha_2){\rm d}x_v{\rm d}p_u=\int W_{\rm in}(x_{\rm in},p_{\rm in})W\left[x_{\rm in}-\sqrt{2}x_u+{\rm i}(\sqrt{2}p_v-p_{\rm in}),\alpha_2\right]{\rm d}x_{\rm in}{\rm d}p_{\rm in} \tag{5.91}$$

最后对 x_v,p_u 积分产生远程传送态,为

$$W_{\rm tel}(\alpha'_2)=\frac{1}{\pi{\rm e}^{-2r}}\iint W_{\rm in}(\alpha)\exp\left[-\frac{(\alpha'_2-\alpha)^2}{{\rm e}^{-2r}}\right]{\rm d}^2\alpha$$

选定输入态用复高斯函数和方差 $\alpha={\rm e}^{-2r}$ 的卷积,对连续变量远程传态除用相对坐标与总动量描述外,也有人用光子数差与相位和来描述,在此不阐述。

(4) 远程传态的判据

远程传态对 Alice 和 Bob 都是未知的,如何保证远程传态的可靠性就显得很重要,特别当纠缠不完全,Alice 和 Bob 测量效率比较低时,更是如此。为此我们引入一个检测者 Victor,设想他开始给 Alice 提供一个输入态,完成远程传送后从 Bob 返回 Victor。Victor

对传回状态进行测量,判断是否是原来状态,作为是否真实实现远程状态的量度。引入一个参量,称为保真度 F(fidelity)。设输入态为 $|\boldsymbol{\phi}_{\text{in}}\rangle$,可以定义

$$F \equiv \langle \boldsymbol{\phi}_{\text{in}} | \hat{\boldsymbol{\rho}}_{\text{tel}} | \boldsymbol{\phi}_{\text{in}} \rangle \tag{5.92}$$

$\hat{\boldsymbol{\rho}}_{\text{tel}}$ 是传送后状态,若 $\hat{\boldsymbol{\rho}}_{\text{tel}} = |\boldsymbol{\phi}_{\text{in}}\rangle\langle\boldsymbol{\phi}_{\text{in}}|$,则 $F=1$,如果 Victor 选取 $|\boldsymbol{\phi}_{\text{in}}\rangle$,是从某一组态中选出的,选取概率为 $P(|\boldsymbol{\phi}_{\text{in}}\rangle)$,这时平均保真度为

$$F_{\text{av}} = \int P(|\boldsymbol{\phi}_{\text{in}}\rangle)\langle \boldsymbol{\phi}_{\text{in}} | \hat{\boldsymbol{\rho}}_{\text{tel}} | \boldsymbol{\phi}_{\text{in}}\rangle \mathrm{d} | \boldsymbol{\phi}_{\text{in}}\rangle \tag{5.93}$$

积分对 n 个可能的输入态进行。

如果输入是相干态,$|\boldsymbol{\phi}_{\text{in}}\rangle = |\boldsymbol{\alpha}_{\text{in}}\rangle$,则 F 将正比于准概率分布函数中的 Q 表示,有

$$F \equiv \langle \boldsymbol{\phi}_{\text{in}} | \hat{\boldsymbol{\rho}}_{\text{tel}} | \boldsymbol{\phi}_{\text{in}} \rangle = \pi Q_{\text{tel}}(\alpha_{\text{in}}) = \frac{1}{2\sqrt{\sigma_x \sigma_p}} \exp\left[-(1-g)^2 \left(\frac{x_{\text{in}}^2}{2\sigma_x} + \frac{p_{\text{in}}^2}{2\sigma_p}\right)\right] \tag{5.94}$$

其中 g 为增益,σ_x,σ_p 为传送模的 Q 函数的方差,结果为

$$\sigma_x = \sigma_p = \frac{1}{4}(1+g^2) + \frac{\mathrm{e}^{2r}}{g}(g-1)^2 + \frac{\mathrm{e}^{-2r}}{g}(g+1)^2 \tag{5.95}$$

若取 $r=0$,$g=1$,则 $\sigma_x = \sigma_p = 1$ 相应于经典远程传态,这时 $F = F_{\text{av}} = \frac{1}{2}$。为得到较好的量子保真度,使 $F = F_{\text{av}} > \frac{1}{2}$,则必须 $r>0$,利用压缩纠缠态。

(5) 压缩态的量子远程传态实验[7]

量子远程传态就是一个未知量子态通过分离量子纠缠和经典信道从一个地方传到另一个地方。这里介绍 Takei 等人的工作,主要讨论压缩真空态的远程传态。

由于损失存在,所以实验中压缩真空态都会成为混合态,它不再具有最小测不准关系,可以称为压缩热态。但是只要一个正交相压缩方差小于真空方差,这个混合态仍称为压缩真空态。

压缩真空态用 $\hat{\boldsymbol{a}}$ 算符表示:

$$\hat{\boldsymbol{a}} = \hat{\boldsymbol{x}} + \mathrm{i}\hat{\boldsymbol{p}}$$

其实部与虚部分别对应正交相振幅算符,满足对应关系

$$[\hat{\boldsymbol{x}}, \hat{\boldsymbol{p}}] = \frac{\mathrm{i}}{2}$$

x 和 p 对应无量纲位置与动量,真空态方差为

$$\langle(\Delta\hat{\boldsymbol{x}})^2\rangle_{\text{voc}} = \langle(\Delta\hat{\boldsymbol{p}})^2\rangle_{\text{voc}} = \frac{1}{4}$$

压缩真空态要求其中一个分量方差小于 $\frac{1}{4}$,但保持 $\langle(\Delta\hat{\boldsymbol{x}})^2\rangle\langle(\Delta\hat{\boldsymbol{p}})^2\rangle = \frac{1}{16}$。

压缩态可以利用光学参量振荡器(OPA)或光纤中的 Kerr 效应产生,相应方差为

$$\sigma_{\text{in}}^x = \langle(\Delta\hat{\boldsymbol{x}}_{\text{in}})^2\rangle = \frac{1}{4}\mathrm{e}^{-2r}\coth\left(\frac{\beta}{2}\right) \tag{5.96}$$

$$\sigma_{\text{in}}^p = \langle(\Delta\hat{\boldsymbol{p}}_{\text{in}})^2\rangle = \frac{1}{4}\mathrm{e}^{2r}\coth\left(\frac{\beta}{2}\right) \tag{5.97}$$

其中，r 为压缩参量，$\frac{1}{4}\coth\left(\frac{\beta}{2}\right)$为初始热态方差，$\beta=\frac{1}{k_B T}$，$k_B$ 为玻尔兹曼常数，T 为温度，对初始压缩热态有

$$\sigma_{in}^{x}\sigma_{in}^{p}>\frac{1}{16}$$

位置压缩热态可以为高斯态，相应魏格纳函数为

$$W(x'p')=\frac{1}{2\pi\sqrt{\sigma_{in}^{x}\sigma_{in}^{p}}}\exp\left[-\frac{1}{2\sigma_{in}^{x}}(x'-x_0)^2-\frac{1}{2\sigma_{in}^{p}}(p'-p_0)^2\right] \tag{5.98}$$

其中 x'和 p'分别是 x 和 p 在相空间转动 θ 角后的坐标轴，即有

$$x'=x\cos\theta+p\sin\theta,\quad p'=-x\sin\theta+p\cos\theta$$

从以上内容中可以看出，相应压缩热态由 4 个参量 r,α,β,θ 表征。压缩态量子远程传态实验装置如图 5.4 所示。

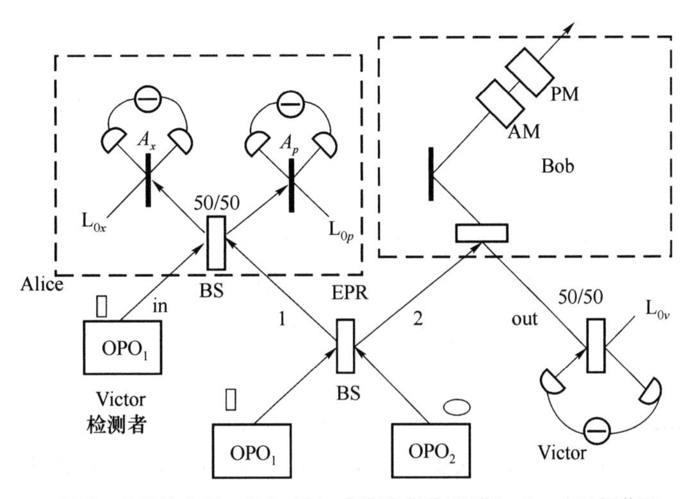

图 5.4　压缩态量子远程传态实验装置示意图

Alice 与 Bob 分享 EPR 束，这个束是两个压缩态经过 50/50 束分离器产生的。

EPR 中模 1 给 Alice，模 2 给 Bob，Victor 为检测者，将一个压缩态“in”传给 Alice，这个态对 Alice 是未知的，它利用 50/50 分束器组合“in”和模 1，然后利用两个零差探测器分别测 x 与 p，得 A_x 与 A_p，测量结果通过经典信道传给 Bob，Bob 调整模 2 的相空间位置，包括振幅和相位（AM 与 PM），使模 2 out 成 in 态，然后，Victor 再进行测定。

量子远程传态是否成功利用保真度 F 来测度，定义

$$F=\mathrm{tr}\left[\sqrt{\hat{\boldsymbol{\rho}}_{in}}\hat{\boldsymbol{\rho}}_{out}\sqrt{\hat{\boldsymbol{\rho}}_{in}}\right] \tag{5.99}$$

它是输入态 $\hat{\boldsymbol{\rho}}_{in}$和输出态 $\hat{\boldsymbol{\rho}}_{out}$之间的一个叠加，若输入态为纯态 $|\boldsymbol{\varphi}_{in}\rangle$，保真度为

$$F=\langle\boldsymbol{\varphi}_{in}|\hat{\boldsymbol{\rho}}_{out}|\boldsymbol{\varphi}_{in}\rangle \tag{5.100}$$

若 $\boldsymbol{\rho}_{out}=|\boldsymbol{\phi}_{in}\rangle\langle\boldsymbol{\phi}_{in}|$，则 $F=1$，这是理想的远程传态。对于经典态，前面已给出 $F=0.5$。

真空态是相干态的一种，对于真空态，远程传态的保真度为

$$F_{\rm vol}=\frac{2}{\sqrt{(1+4\sigma_{\rm out}^{x})(1+4\sigma_{\rm out}^{p})}} \tag{5.101}$$

通过测量方差得到保真度,为 0.67±0.02,它超过经典极限 0.5,显示出量子远程传态是成功的。对于压缩真空态,给出

$$F_{\rm sq}=\frac{2\sinh\left(\frac{\beta_{\rm in}}{2}\right)\sinh\left(\frac{\beta_{\rm out}}{2}\right)}{\sqrt{Y}-1} \tag{5.102}$$

其中

$$Y=\cosh^2(r_{\rm in}-r_{\rm out})\cosh^2\left(\frac{\beta_{\rm in}+\beta_{\rm out}}{2}\right)-\sinh^2(r_{\rm in}-r_{\rm out})\cosh^2\left(\frac{\beta_{\rm in}-\beta_{\rm out}}{2}\right) \tag{5.103}$$

而

$$r_j=\frac{1}{4}\log_2\left(\frac{\sigma_j^p}{\sigma_j^x}\right),\quad \beta_j=\log_2\left(1+\frac{2}{4\sqrt{\sigma_j^x\sigma_j^p}-1}\right) \tag{5.104}$$

其中 j 取 in 或 out,从测量的方差 σ 计算 F,在没有用 EPR 束时,理想的经典远程传态结果为 0.73±0.05。当利用 EPR 时,得到量子远程传态为 $F_{\rm sp}^{Q}=0.85\pm0.05$,它高于经典极限,说明量子远程传态是成功的。

2. 量子密集编码

密集编码的目的是利用分享纠缠以增加通信信道的容量,相对量子远程传态,在密集编码中,量子与经典信道起的作用正好相反,远程传态利用经典信道达到量子态的传送。而密集编码利用连续量子变量传送以增加经典信道的容量。

(1) 量子密集编码的理论

回顾第3章讲的信息论知识,考虑一个随机变数序列 $A=\{a,a\in A\}$,其中 a 出现的概率为 P_a,此随机变量带的信息以 $H(A)$表示,在 A 中每个随机变量带的平均信息为

$$H(A)=-\sum_a P_a\log_2 P_a \tag{5.105}$$

$H(A)$称为信息熵。对于两组随机变量 A 和 B,各自的信息熵为

$$H(A)=-\sum_a P_a\log_2 P_a,\quad H(B)=-\sum_b P_b\log_2 P_b \tag{5.106}$$

而 A,B 联合,其概率为 P_{ab},联合熵为

$$H(AB)=-\sum_{ab} P_{ab}\log_2 P_{ab} \tag{5.107}$$

则一对随机变量的互信息为

$$H(A:B)=H(A)+H(B)-H(AB)=\sum_{ab}P_{ab}\log_2\frac{P_{ab}}{P_aP_b} \tag{5.108}$$

现假定发送者 Alice 具有随机变量序列 A,送出 a 的概率为 P_a,Bob 去测定其值,由损失噪声因素测到随机变量序列 B 的 b,其概率为条件概率,表示为 $P_{b|a}$,则联合概率为

$$P_{ab}=P_{b|a}P_a \tag{5.109}$$

这时,Alice 与 Bob 之间的互信息为

$$H(A:B)=\sum_{ab}P_{b|a}P_a\log_2\frac{(P_{b|a})}{P_b} \tag{5.110}$$

若对 Alice 的随机变量进行优化，我们得到它的最大信息，称为信道的容量(channel capacity)，记为 C，即有

$$C=\max_{P_\alpha} H(A:B) \tag{5.111}$$

信道容量与 Alice 的发射方式和 Bob 的测量方法有关，有人计算出当 Bob 采用正定算符值(POVM)测量方法时，Alice 用 3 种不同方式发射信息得到的信息容量差别不大。

发送数态：$C^n=1+\log_2 \bar{n}$。

发送相干态：$C^{coh}=\log_2 \bar{n}$。

发送压缩态：$C^{sq}=\log_2 2+\log_2 \bar{n}$。

其中，$\bar{n}$ 是每次通过的平均光子数，$\bar{n}$ 比较大时三式差别不大。

密集编码方案如图 5.5 所示。

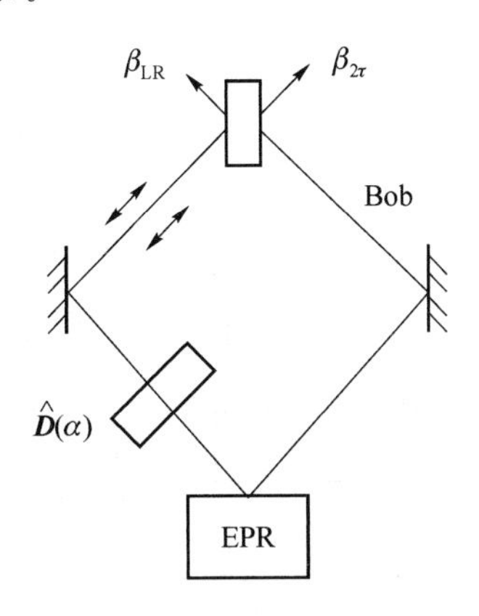

图 5.5　密集编码方案示意图

EPR 产生一纠缠对，一个给 Alice，另一个给 Bob。Alice 进行位置调制，引入量 α，使系统在 Hilbert 空间旋转，一维成为二维。相应态数 n 变成 n^2，相应信息取对数 $\log_2 n^2=2\log_2 n$，这样使信道容量增加一倍。

所谓密集编码就表现在 Alice 的位移调制 $\hat{\boldsymbol{D}}(\alpha)$ 中。相应的概率分布为

$$P_\alpha=\frac{1}{\pi\sigma^2}\exp\left(-\frac{|\alpha|^2}{\alpha^2}\right) \tag{5.112}$$

其中，σ^2 为方差，位移态平均光子数为

$$\bar{n}=\sigma^2+\sinh^2 r$$

r 为压缩系数。密集编码信息为

$$H^d(A:B)=\int d^2\beta d^2\alpha P_{\beta|\alpha}P_\alpha \log_2\left(\frac{P_{\beta|\alpha}}{P_\beta}\right)=\log_2(1+\sigma^2 e^{2r}) \tag{5.113}$$

最佳信息为 $\bar{n}=e^r\sinh r$，$\sigma^2=\sinh r\cosh r$。通过计算给出密集编码的容量

$$C^d=\log_2(1+\bar{n}+\bar{n}^2) \tag{5.114}$$

当 $r\to\infty$ 时 $C^d\sim 4r$，前面给出没有密集编码时，最大容量为

$$C=1+\log_2\bar{n},\quad \bar{n}=e^r\sinh r$$

$r\to\infty$，$C\sim 2r$，表明密集编码后当 $r\to\infty$ 时，信息容量增加一倍。

(2) 量子密集编码的实验

下面介绍山西大学[8]利用EPR束最早完成量子密集编码的实验,装置如图5.6所示。

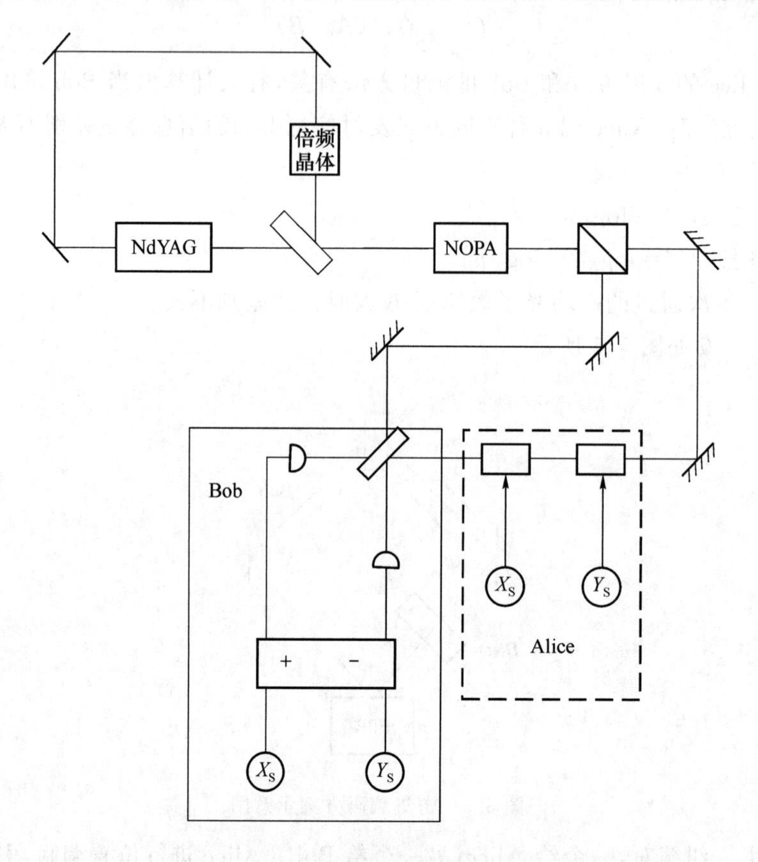

图5.6　连续变量量子密集编码实验示意图

该实验利用一个量子比特传送两个比特经典信息。其中EPR纠缠源是利用非简并的光学参量放大器(NOPA)产生的。NOPA是利用α切割的二型KTP($KTiOPO_4$)两面镀模。入射面对波长为540 nm的光的透射率大于95%,而对波长为1 080 nm的光,其透射率为0.5%;出射面使波长为1 080 nm的光的透射率为5%,对波长为540 nm的光,则全反射。这样从NOPA出去的波长为1 080 nm的光子纠缠对,通过分束器分别发送给Alice与Bob。

NOPA光源是NdYAG环形激光器产生的,其波长为1 080 nm,倍频波长为540 nm。EPR两束是振幅正交分量反关联,相位正交分量关联,则测量方差$\langle\delta\,(X_1+X_2)^2\rangle$和$\langle\delta\,(Y_1-Y_2)^2\rangle$小于真空涨落,实验给出分别低4 dB。

送给Alice的分量,其振幅和相位被调制而编码,即一个量子比特给出两比特的经典信息,到达Bob时进行译码。它利用一对光电二极管D_1和D_2(ETX500 InGaAs)测量,D_1,D_2光电流分两部分,分别进行求和与求差:

$$i_+(\Omega)=\frac{1}{\sqrt{2}}\{(X_1(\Omega)+X_2(\Omega))+X_S(\Omega)\} \tag{5.115}$$

$$i_-(\Omega)=\frac{1}{\sqrt{2}}\{(Y_1(\Omega)-Y_2(\Omega))+Y_S(\Omega)\} \tag{5.116}$$

其中，$X_S(\Omega)$ 和 $Y_S(\Omega)$ 是 Alice 分别调制振幅与相位的信号，对理想的 EPR 纠缠对，$\langle\delta(X_1+X_2)^2\rangle\to 0$，$\langle\delta(Y_1-Y_2)^2\rangle\to 0$，则式(5.115)和式(5.116)分别为

$$i_+(\Omega)=\frac{1}{\sqrt{2}}X_S(\Omega),\quad i_-(\Omega)=\frac{1}{\sqrt{2}}Y_S(\Omega) \tag{5.117}$$

这意味着在理想条件下，Alice 对束 1 的编码信息 $X_S(\Omega)$ 与 $Y_S(\Omega)$，Bob 可以恢复，即用一量子比特传送两比特的经典信息。实验中调制频率为 1～3 MHz。

3. 量子密码术

(1) 量子密码术的进展

基于量子比特的量子密码术(quantum cryptography)存在两个基本方案。一个是基于 BB84 协议的、利用非正交基发送与接收信息的方案，称为准备与测量(prepare and measure)方案，在这个方案里，Alice 提供一个非正交态的随机序列给 Bob，而 Bob 随机选择基对这些态进行测量。另一个是基于发送者和接收者分享纠缠的 Ek91 协议，在这个方案中，发送者状态和接收者状态之间的纠缠是必要的先决条件。不管哪一种方案，Alice 和 Bob 测量资料关联是必要的，而前一种方案似乎比后一种方案容易实现，但必须对其关联进行证实。

Mu 在 1996 年最早提出的方案利用 4 个相干态和为了零差探测的 4 个特殊的定域振荡器。另外 Huttner 采用 POVM 测量，并利用非正交的状态，因非正交态窃听者 Eve 比较难区分。2000 年 Hillery[9] 提出利用压缩态代替相干态具有较好的抗偷窃能力，但损失对压缩影响较大，需要利用中放来改善。

基于纠缠的量子密码术方案，在连续变量量子光学范围内，依赖于双模压缩态的正交关联。2000 年 Ralph 等人[10]对利用相干态和纠缠态的连续变量量子密码术进行比较，证实利用压缩态防止窃听者攻击能力较好，因为窃听者带来的误码率明显高于相干态。

在 2003 年 Grosshaus 等人[11]从实验上证实如果在线的损失小于 3 dB，则利用相干态(非正交)进行保密通信是可行的，若超过了 3 dB 安全性就会受到挑战。

根据保密通信有关信息论，一个安全通信要求 Alice 和 Bob 的互信息 $H(A:B)$ 必须大于 Alice 和 Bob 与 Eve 的互信息，即

$$H(A:B)>\max\{H(A:E),H(B:E)\} \tag{5.118}$$

当损失大于 3 dB 时，为了保证 $H(A:B)>H(A:E)$，人们可以利用纠缠纯化和量子存储来突破 3 dB 损失的限制，另外也可以在协议上下功夫。

Grosshaus 等人提出逆调和协议(reverse reconciliation protocol)，可以提高 3 dB 损失的限制。他们主要讨论了 Eve 的分束攻击，用这种方法可以在通信光纤中传送 25 km[12]。

至于量子密码通信安全性问题，对于压缩态，Gottesman[13]在 2001 年有一个理论证明。只要压缩率在 2.5 dB 以上，其通信是绝对安全的。而对于非压缩的相干态，目前还没有无条件安全通信的理论证明。

在量子密码术中，除量子密钥分配外，还有量子秘密分享(quantum secret sharing)，它是 n 个合作者共同享受某个密钥，第一个量子秘密分享方案是 Hillery 在 1998 年提出的，以 GHZ 态为纠缠源，可以用于经典信息和量子信息。对前者 GHZ 态只起一个密钥的作用。GHZ 态也可以是 N 体的，还可以用于 N 体秘密共享。

连续变量量子信息秘密共享是 2002 年由 Tyc 和 Sanders[14]提出的。他们利用的是多

模纠缠态,多模纠缠态可以利用压缩光和束分离器产生。从实验上实现量子信息秘密共享,产生多体纠缠态是一个必要条件,四光子纠缠态已在实验中观测到[15]。

(2) 量子保密通信实验

下面我们重点介绍上海交通大学何光强等人[16]提出的关于利用连续变量进行量子保密通信的一个方案。方案利用非简并的光学参量放大器产生压缩态,对窃听者利用高斯克隆机攻击时的安全性进行讨论,如图 5.7 所示。

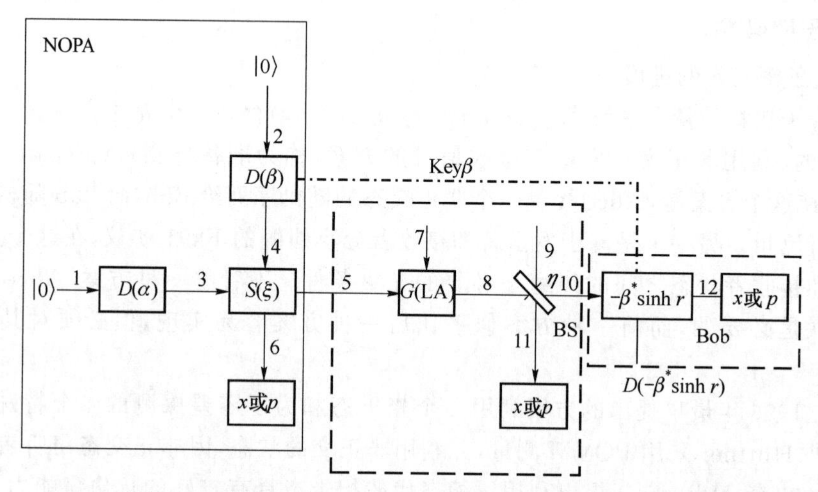

NOPA—非简并参量放大器;D(α)、D(β)—位移算符;G(LA)—线性放大器的增益;S(ξ)—NOPA的双模压缩算符;1,2,3,…,12表示模式;η—BS透射系数。

图 5.7 基于连续变量的量子通信示意图

设想开始两束光在真空态$|0\rangle$分别对应模 1 和模 2,用 $\hat{\boldsymbol{a}}_1$ 和 $\hat{\boldsymbol{a}}_2$ 表示,分别在位移算符 $\hat{\boldsymbol{D}}(\alpha)$与 $\hat{\boldsymbol{D}}(\beta)$的作用下成相干态。其中

$$\hat{\boldsymbol{D}}(\alpha)=\exp(\alpha\hat{\boldsymbol{a}}^{+}-a^{*}\hat{\alpha}) \tag{5.119}$$

正交相振幅

$$\hat{\boldsymbol{x}}=\frac{1}{2}(\hat{\boldsymbol{a}}+\hat{\boldsymbol{a}}^{+}),\quad \hat{\boldsymbol{p}}=\frac{1}{2\boldsymbol{\Lambda}}(\hat{\boldsymbol{a}}-\hat{\boldsymbol{a}}^{+})$$

x,p 不确定量满足 $\Delta x\Delta p\geqslant\frac{1}{4}$。

通过 $\hat{\boldsymbol{D}}(\alpha)$和 $\hat{\boldsymbol{D}}(\beta)$的作用,真空态成为相干态,对应模 3 和模 4,一起输入非简并的光学参量放大器而产生压缩态。引入双模压缩算符

$$\hat{\boldsymbol{S}}(\xi)=\exp[\kappa t(\hat{\boldsymbol{a}}_1^{+}\hat{\boldsymbol{a}}_2^{+}-\hat{\boldsymbol{a}}_1\hat{\boldsymbol{a}}_2)] \tag{5.120}$$

它作用在 $\hat{\boldsymbol{a}}_1$ 和 $\hat{\boldsymbol{a}}_2$ 上,给出

$$\hat{\boldsymbol{a}}_{\text{out1}}=\hat{\boldsymbol{a}}_1\cosh r+\hat{\boldsymbol{a}}_2^{+}\sinh r,\quad \hat{\boldsymbol{a}}_{\text{out2}}=\hat{\boldsymbol{a}}_2\cosh r+\hat{\boldsymbol{a}}_1^{+}\sinh r \tag{5.121}$$

其中 $r=\kappa t$ 为压缩参数,t 为时间,κ 与介质的非线性极化率有关,对于正交相振幅有

$$X_{\text{out1}}=\hat{\boldsymbol{S}}^{+}(\xi)X_1\hat{\boldsymbol{S}}(\xi)=X_1\cosh r+X_2\sinh r \tag{5.122}$$

$$P_{\mathrm{out1}}=\hat{\boldsymbol{S}}^{+}(\xi)P_1\hat{\boldsymbol{S}}(\xi)=P_1\cosh r-P_2\sinh r \tag{5.123}$$

如果产生 $\hat{\boldsymbol{a}}_{\mathrm{out1}}$ 和 $\hat{\boldsymbol{a}}_{\mathrm{out2}}$ 并形成完全 EPR 纠缠态，则有

$$\lim_{r\to\infty}(x_{\mathrm{out1}}-x_{\mathrm{out2}})=0,\quad \lim_{r\to\infty}(p_{\mathrm{out1}}+p_{\mathrm{out2}})=0 \tag{5.124}$$

这要求 $\hat{\boldsymbol{a}}_1$，$\hat{\boldsymbol{a}}_2$ 应是真空态，而不是相干态，引入参量 F，有

$$F=\langle[\Delta(x_{\mathrm{out1}}-x_{\mathrm{out2}})]^2\rangle_{\min}\langle[\Delta(p_{\mathrm{out1}}+p_{\mathrm{out2}})]^2\rangle_{\min} \tag{5.125}$$

F 可作为纠缠程度的量度。最大纠缠态对应于 $F=0$，一旦纠缠下降，F 值增加，与双模无关，F 可以达到无限大，对于 EPR 纠缠对，要求 $F<\frac{1}{16}$。

有关协议如下。

① Alice 利用位移算符 $\hat{\boldsymbol{D}}(\alpha=x_1+\mathrm{i}x_2)$，$\hat{\boldsymbol{D}}(\beta=y_1+\mathrm{i}y_2)$ 产生两新模 $\hat{\boldsymbol{a}}_3=\hat{\boldsymbol{D}}^{+}(\alpha)\hat{\boldsymbol{a}}_1\hat{\boldsymbol{D}}(\alpha)$，$\hat{\boldsymbol{a}}_4=\hat{\boldsymbol{D}}^{+}(\beta)\hat{\boldsymbol{a}}_2\hat{\boldsymbol{D}}(\beta)$，把它们输入 NOPA，通过 NOPA 得到压缩态 $\hat{\boldsymbol{a}}_5=\hat{\boldsymbol{S}}^{+}(\xi)\hat{\boldsymbol{a}}_3\hat{\boldsymbol{S}}(\xi)$，$\hat{\boldsymbol{a}}_6=\hat{\boldsymbol{S}}^{+}(\xi)\hat{\boldsymbol{a}}_4\hat{\boldsymbol{S}}(\xi)$。选取适当的压缩参量 r，使模 $\hat{\boldsymbol{a}}_5$ 与 $\hat{\boldsymbol{a}}_6$ 相关，随机数从高斯概率分布 $X\sim N(\mu,\Sigma^2)$ 和 $Y\sim N(\mu,\sigma^2)$ 引出。其中随机数 $\lambda\sim N(\mu,\sigma^2)\sim A\exp\frac{1}{2}\frac{(\lambda-\mu)}{\sigma^2}$，$\mu$ 为平均值，σ^2 为方差。

② Alice 利用式(5.125)计算 $\hat{\boldsymbol{a}}_5$ 与 $\hat{\boldsymbol{a}}_6$ 之间的参量 F_a，并在某时间间隔测 $\hat{\boldsymbol{a}}_6$ 的 x 或 p 值，Alice 记下测量结果和间隔，如果没有 Eve 就把 $\hat{\boldsymbol{a}}_5$ 送给 Bob。

③ Bob 利用探测 $D(-\beta^*,\sinh r)$ 接收模 $\hat{\boldsymbol{a}}_{10}$，没有 Eve 就接收 $\hat{\boldsymbol{a}}_5$，Bob 则给出输出模 $\hat{\boldsymbol{a}}_{12}$ 的 x 或 p。

④ Alice 通过经典信道告诉 Bob 测量结果及时间间隔，Bob 通过测量 x，p 可以给出参量 F_b，若 Eve 不存在，则应有 $F_a=F_b$；若 $F_a>F_b$，则表明 Eve 存在。

⑤ Alice 与 Bob 可以用随机序列为密钥，开始选参数 y(为 0，即 $\beta=0=\beta^*$)，若 Alice 要传一有用信息(如一个量子保密算法)给 Bob，考虑由参量 x 序列携带，当 Alice 与 Bob 对 y 序列传送无误后，再发送 x。在量子编码中信息可以分 L 块，为防止 Eve 得到更多信息，可以分块发送，每块都要判断是否有 Eve 存在，Eve 存在通信就中止。

(3) 安全性分析

何光强等人对系统的安全性进行了分析，在量子密码通信中，安全性是最重要的，我们可以利用香农信息论对方案的安全性进行分析。

信息论给出一个安全通信要求，Alice 与 Bob 之间的互信息大于 Alice 与 Eve 之间的互信息，引入保密信息率

$$\Delta H=H(A:B)-H(A:E) \tag{5.126}$$

其中，$H(A:B)$为 Alice 与 Bob 之间的互信息，$H(A:E)$为 Alice 与 Eve 之间的互信息。信息安全要求 $\Delta H>0$。

根据香农信息论，附加白高斯噪声(Additive White Gaussian Noise，AWGN)信道的容量为

$$I=\frac{1}{2}\log_2(1+r)$$

其中 $r=\frac{\Sigma^2}{\sigma^2}$为信噪比，$\Sigma^2$ 与 σ^2 分别为信号与噪声概率分布的方差，若信号为高斯分布，信道为 AWGN，则信道容量就是通信部分的互信息。

图 5.7 中显示的 Eve 窃听利用的是高斯克隆机策略，它是由一个线性放大器(LA)和分束器(BS)组成的，放大器的增益为 G，分束器的透射系数为 η。这时 Alice 与 Eve 的互信息可以算出，为

$$H(A:E)=\frac{1}{2}\log_2(1+r_{\mathrm{AE}}) \tag{5.127}$$

其中，$r_{\mathrm{AE}}=M/N$，M 为信号分布方差，N 为噪声方差。通过计算可给出

$$M=G(1-\eta)\cosh^2 r\Sigma^2$$

Σ^2 是随机变数 X 的方差，可得

$$N=G(1-\eta)\left[\frac{1}{4}\cosh^2 r+\frac{1}{4}\sinh^2 r+\sinh^2 r\sigma^2\right]+\frac{1}{4}(G-1)(1-\eta)+\frac{1}{4}\eta$$

其中 σ^2 为随机变数 Y 的方差，正交分量 x,p 的方差为 1/4，即高斯分布的随机变数为

$$X\sim N(\mu,\Sigma^2),\quad Y\sim N(\mu,\sigma^2),\quad x,p\sim N\left(\mu,\frac{1}{4}\right)$$

而 Alice 与 Bob 之间的互信息为

$$H(A:B)=\frac{1}{2}\log_2(1+r_{\mathrm{AB}})$$

其中，$r_{\mathrm{AB}}=\frac{P}{Q}$，$P$ 为分布方差，而 Q 为噪声方差。计算给出

$$P=G\eta\cosh^2 r\Sigma^2$$

$$Q=G\eta(\cosh^2 r+\sinh^2 r)+(\sqrt{G\eta}-1)^2\sinh^2 r\sigma^2+\frac{1}{4}(G-1)\eta+\frac{1}{4}(1-\eta)$$

若互信息满足 $H(A:B)>H(A:E)$，则密钥是安全的，因此在这种情况下可以利用经典误码校正和密性放大而蒸馏密钥，最后密钥构成条件为

$$\Delta H=H(A:B)-H(A:E)>0$$

若 Eve 不存在，则 $G=1,\eta=1,H(A:E)=0$，从而有

$$\Delta H=H(A:B)=\frac{1}{2}\log_2\left(1+\frac{4\Sigma^2}{1+\tanh^2 r}\right) \tag{5.128}$$

这个信息率 ΔH 就是 Alice 与 Bob 之间量子通信的信道容量。另外从式(5.128)可以看出，保密信息随信号方差的增加而增加，当 $r\geqslant 3$ 时，它几乎为常数。

5.4 利用相干态的量子通信

在上一节我们主要介绍利用压缩态及其纠缠态进行的量子通信，但是压缩态的产生、调制和传输都是比较困难的，特别是由于光纤损耗的存在，压缩态很难在光纤中进行长距离的传输。我们计算过在单模光纤中，当压缩系数减少一半时，脉冲传输的距离只有 1.6 km。而用相干态作为载体来进行量子通信，其传输距离可以明显地提高。

1. 相干态的量子特性

相干态是量子光学中一个十分重要的概念，其重要性一方面是相干态是实际存在的物理态，一般激光器产生激光就是相干态，这个光场有许多优良的特性；另一方面它在电磁场的量子理论和经典理论之间起桥梁作用，相干态也称为准经典态。

在相干态上系统量子力学平均能量等于经典能量，从这一概念出发可以推出相干态是湮灭算符的本征态，若取场的湮灭算符为 $\hat{\boldsymbol{a}}$，相干态为$|\boldsymbol{\alpha}\rangle$，则有 $\hat{\boldsymbol{a}}|\boldsymbol{\alpha}\rangle=\alpha|\boldsymbol{\alpha}\rangle$，相干态用光子数态展开为

$$|\boldsymbol{\alpha}\rangle = e^{\frac{-|\alpha|^2}{2}}\sum_n \frac{\alpha^n}{(n!)^{\frac{1}{2}}}|n\rangle$$

引入平移算符 $\hat{\boldsymbol{D}}(\alpha)=e^{\alpha\hat{a}^+-\alpha^*\hat{a}}$，相干态可以表示为

$$|\boldsymbol{\alpha}\rangle=\hat{\boldsymbol{D}}_\alpha|0\rangle$$

$|0\rangle$为真空态。因此在量子光学中给出相干态的意义是相干态是准经典态，它是湮灭算符的本征态，是平移的真空态。

相干态的几点重要性质如下。

① 相干态的平均光子数为

$$\bar{n}=\langle\boldsymbol{\alpha}|\hat{\boldsymbol{a}}^+\hat{\boldsymbol{a}}|\boldsymbol{\alpha}\rangle=|\alpha|^2$$

② 光子数的均方差为

$$\Delta n=[\langle\hat{\boldsymbol{n}}^2\rangle-\langle\hat{\boldsymbol{n}}\rangle^2]^{1/2}=[|\alpha|^2]^{1/2}=|\alpha|$$

③ 相干态中光子数分布为 Boson 分布，有

$$\begin{aligned}p(n)&=|\langle\boldsymbol{n}|\boldsymbol{\alpha}\rangle|^2\\&=[e^{-|\alpha|^2/2}]^2\left[\langle n\left|\sum_n\frac{\alpha^n}{(n!)^{1/2}}\right|n\rangle\right]^2\\&=\frac{\alpha^{2n}e^{-|\alpha|^2}}{n!}\\&=\frac{\bar{n}^n}{n!}e^{-\bar{n}}\end{aligned}$$

当光子数 n 很大时，泊松分布趋向高斯分布。

④ 相干态是测不准量的最小量子态。电磁场的正交相振幅取为 x_1，x_2，其方差为

$$\Delta x_1=[\langle\hat{\boldsymbol{x}}_1^2\rangle-\langle\hat{\boldsymbol{x}}_1\rangle^2]^{1/2}$$

海森堡测不准关系为

$$\Delta x_1\Delta x_2\geqslant\frac{1}{4}$$

对于相干态，测不准量为

$$\Delta x_1\Delta x_2=\frac{1}{4}$$

这是利用相干态进行量子通信的物理基础，量子不可克隆定理就是要用同一克隆机同时克隆 X_1局域态和 X_2局域态是不可能的。

2. 利用相干态的量子密钥分配协议

2002年Grosshans和Grungier提出了不需要压缩态而仅用相干态就可以进行的量子密钥分配协议,下面介绍这个协议。

根据香农信息论,当Alice通过噪声道向Bob传送信息时,其传送最大信息率以比特/信号为单位,是

$$I_{AB} = \frac{1}{2}\log_2(1+\Sigma)$$

其中Σ是信噪比(SNR),在有窃听者Eve存在时,即使利用标准的密性放大,能得到的最大密钥率为

$$\Delta I = I_{AB} - I_{AE} \tag{5.129}$$

其中I_{AE}是Alice和Eve的互信息。若Eve不存在,信道的透射率为η,则Eve要不被发现所能获取的最大信息,根据不可克隆定理为$1-\eta$。则Alice与Bob之间的量子密钥安全要求为

$$I_{AB} > I_{AE}$$

有关相干态的协议如下。

① 设x_1与x_2是场的两个正交分量,可以是振幅与相位,Alice利用高斯分布随机量对其进行调制,两量方差为$V_A N_0$,N_0为真空涨落。Alice将调制相干态$|x_{1A}+ix_{2A}\rangle$发给Bob。

② Bob随机选择x_1和x_2进行零差测量,并通过公开信道将测量结果传给Alice,得知后Alice只保留Bob测量的那些x_1,x_2,并利用部分谐调方法,使他们共同拥有一套无误差的比特串。

③ Alice与Bob利用公开信道交换部分数据,判断是否安全,并进行纠错与密性放大。

利用式(5.128)和式(5.129)给出密钥率,为

$$\Delta I = \frac{1}{2}\log_2(1+\Sigma_B) - \frac{1}{2}\log_2(1+\Sigma_E) \tag{5.130}$$

当离开Alice时,正交分量总方差为

$$VN_0 = V_A N_0 + N_0$$

利用关系式

$$1+\Sigma_B = \frac{V+\chi}{1+\chi}, \cdots, 1+\Sigma_E = \frac{V+\frac{1}{\chi}}{1+\frac{1}{\chi}}$$

其中

$$\chi = \frac{(1+\eta)}{\eta}$$

则有用的密钥率为

$$\Delta I = \frac{1}{2}\log_2\frac{V+\chi}{1+V\chi}$$

要求$\Delta I>0$,必有$\chi<1$,则要求$\eta>1/2$,即相应传送的损失率小于3 dB,就是文献中常说的3 dB极限。考虑单模光纤在1 550 nm处损失为0.2 dB/km,3 dB损失对应的光纤长度为

15 km。为打破 3 dB 极限，人们提出后选择与逆调和技术，这会在后面的具体系统中进行介绍。

3. 量子密钥分配实验

利用相干态进行量子密钥分配(QKD)的实验是 2003 年由 Grosshans 等人[11]首先完成的，是在实验台完成的，他们利用了密性放大的逆调和技术，在无损失时传输码率为 1.7 Mbit/s，在 3.1 dB 损失时为 75 kbit/s，激光器波长为 740 nm，调制脉宽为 120 nm。

下面介绍 Lodewyck 等人[12] 2007 年完成的利用相干态进行 25 km 量子密钥分配的实验，装置如图 5.8 所示。Alice 利用的激光二极管工作波长为 1 550 nm，重复频率为 500 kHz，脉冲宽度为 100 nm，用高非对称光纤耦合器将脉冲分为本地光和信号光，信号光很弱，进行振幅与相位调制。为了防止信号光与本地光相对相位飘移，利用时分复用技术使信号光与本地光在同一光纤中传输。在本地光路中加 80 m 光纤，使信号光与本地光脉冲间隔为 400 ns，通过 25 km 光纤送给 Bob，Bob 在信号光后加 80 m 光纤，以保证信号光与本地光相干。技术要求它们的路程差小于 1 cm，利用低噪声零差探测器进行测量，为了避免偏振飘移，光路中利用了多个偏振器和偏振控制器，并利用计算机进行自动控制。

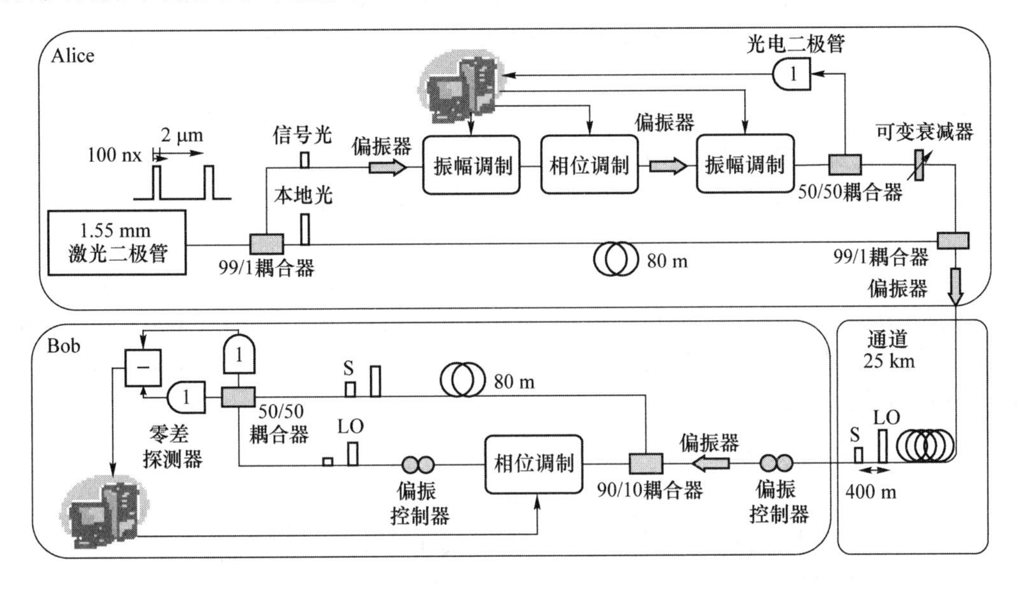

图 5.8　连续变量 QKD 的实验装置

通过噪声估算与测量，利用信息论有关公式，在对 Eve 进行单独攻击和集体攻击的情况下，允许传送密钥上限分别为

$$\text{单独攻击：}\Delta I = 52\ \text{kbit/s}$$

$$\text{集体攻击：}\Delta I = 49\ \text{kbit/s}$$

由于误码校正等因素的影响，实际得到的传输率比上面给出的小，$\Delta I = \beta I_{AB} - I_{BE}$，$\beta$ 是小于 1 的数，Lodewyck 利用低密度奇偶检验码，β 值达到 86.7%。考虑各种因素带来的损耗，最后得到净密钥分配率为

$$\text{单个攻击：}\Delta I_{net}^{shanon} = 2.7\ \text{kbit/s}$$

$$\text{集体攻击：}\Delta I_{net}^{Holeve} = 2.2\ \text{kbit/s}$$

根据实验有关参数计算出初始和有效密钥分配率与传送距离的关系,如图 5.9 所示,从图中可以看出当传送距离为 25 km 时,可传送的码速率在 2 kbit/s 以上。

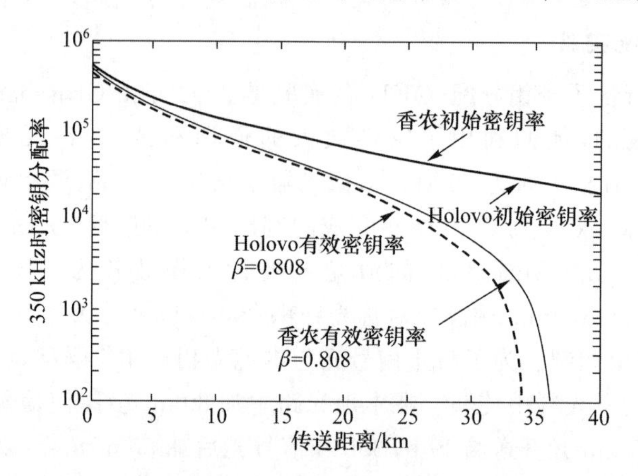

图 5.9　初始和有效密钥分配率与传送距离的关系

现已有多个实验室完成了连续变量量子密钥分配(CVQKD)的实验,我们这里介绍上海交通大学黄端等人的实验[17],他们所用的实验设置如图 5.10 所示。他们将 CVQKD 量子信道和数据传输的经典信道集成到 CWDM 中,相应波长为 1 550 nm,1 570 nm,1 590 nm 和 1 610 nm,使用25 km SMF-28 光纤,在波长 1 550 nm 处光纤衰减系数为 0.2 dB/km。为了减少经典信道对量子信道的干扰,抑制拉曼散射,将 1 550 nm 波段分给量子系统,经典数据传送利用1 590 nm 和 1 610 nm 波段,1 570 nm 波段传送时钟信号,如图 5.10(a)所示。在量子信道利用了 1 GHz 发射器和低噪声的零差检测器,使系统传送的密钥率达到 1 Mbit/s。图 5.10(b)、图 5.10(c)分别是量子发射器和量子接收器。其中 CW Laser 是连续波激光器,AM 是振幅调制器,BS 为分束器,VOA 为可变光衰减器,PM 是相位调制器,PD 是光电探测器,PBS 是偏振分束器,DL 为延迟器,MVODL 为手动可变延迟线,FM 为法拉第镜,DPC 是动态偏振控制器。

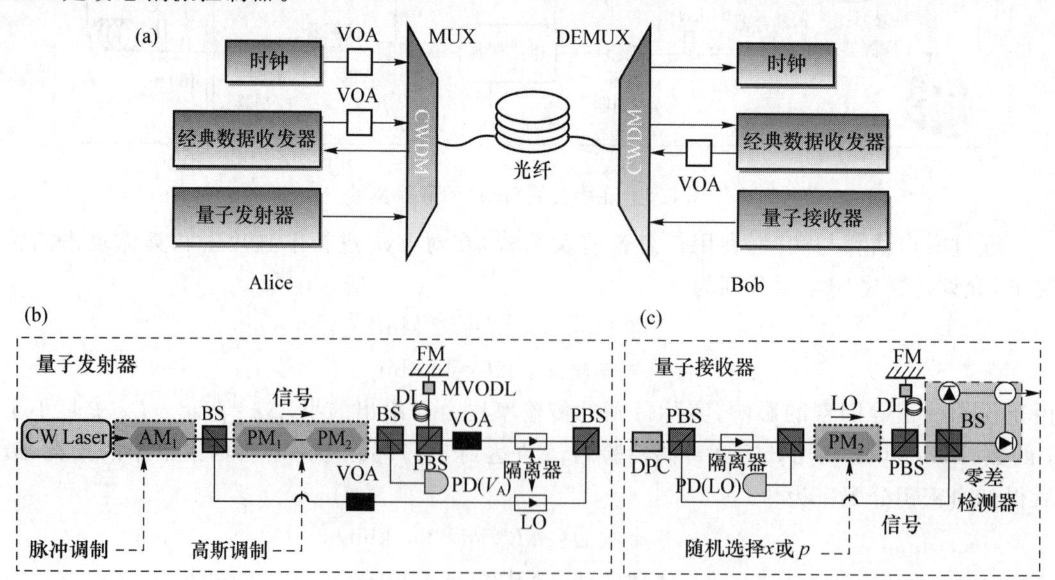

图 5.10　1 Mbit/s 密钥传输的 CVQKD 实验设置

习　题

5.1　光子是玻色子，其产生与湮灭算符为 $\hat{a}^+,\hat{a}$，满足对易关系：

$$[\hat{a},\hat{a}^+]=\hat{a}\hat{a}^+-\hat{a}^+\hat{a}=1,\quad [\hat{a},\hat{a}]=[\hat{a}^+,\hat{a}^+]=0$$

光子数算符为 $\hat{n}=\hat{a}^+\hat{a}$，试计算以下对易关系：

$$[\hat{a}^2,\hat{a}^+\hat{a}],\quad [\hat{a}^2,\hat{a}^{+2}],\quad [\hat{n},\hat{a}],\quad [\hat{n},[\hat{n},\hat{a}]]$$

5.2　设 ε 为正实数，计算矩阵迹 $\mathrm{tr}[\hat{a}^+\hat{a}\mathrm{e}^{-\varepsilon\hat{a}^+\hat{a}}]$。定义

$$\mathrm{tr}[\hat{a}^+\hat{a}\mathrm{e}^{-\varepsilon\hat{a}^+\hat{a}}]=\sum_{n=0}^{\infty}\langle n|\hat{a}^+\hat{a}\mathrm{e}^{-\varepsilon\hat{a}^+\hat{a}}|n\rangle$$

其中 $|n\rangle$ 为光子数态，$n=0,1,2,\cdots$。

5.3　从相干态算符 $\hat{a},\hat{a}^+$ 到压缩态算符 $\hat{b},\hat{b}^+$ 的变换为

$$\hat{b}=\cosh r\hat{a}+\mathrm{e}^{\mathrm{i}\psi}\sinh r\hat{a}^+,\quad \hat{b}^+=\cosh r\hat{a}^++\mathrm{e}^{-\mathrm{i}\psi}\sinh r\hat{a}$$

① 证明算符 $\hat{b},\hat{b}^+$ 满足 boson 对易关系：$[\hat{b},\hat{b}^+]=1$。

② 求其逆变换关系。

5.4　取算符 $U(s)=\mathrm{e}^{s\hat{a}_1^+\hat{a}_2^+-s^*\hat{a}_2\hat{a}_1}$，利用算符公式 $\mathrm{e}^{\hat{A}}\hat{B}\mathrm{e}^{\hat{A}}=\hat{B}+[\hat{A},\hat{B}]+\frac{1}{2}[\hat{A},[\hat{A},\hat{B}]]+\frac{1}{2\times3}[\hat{A},[\hat{A},[\hat{A},\hat{B}]]]+\cdots$，计算 $U(s)\hat{a}_1U(s)^{-1}$ 和 $U(s)\hat{a}_2^+U(s)^{-1}$。

5.5　取

$$f(\boldsymbol{p},\boldsymbol{q})=\frac{2}{N}\left(\sum_{i=1}^{N}q_i\right)^2+\frac{1}{N}\sum_{i,j=1}^{N}(p_i-p_j)^2$$

$$g(\boldsymbol{p},\boldsymbol{q})=\frac{2}{N}\left(\sum_{i=1}^{N}p_i\right)^2+\frac{1}{N}\sum_{i,j=1}^{N}(q_i-q_j)^2$$

N 模纠缠纯态的 Wigner 函数：$W(\boldsymbol{q},\boldsymbol{p})=\left(\frac{2}{\pi}\right)^N\exp[-\mathrm{e}^{-2r}f(\boldsymbol{p},\boldsymbol{q})-\mathrm{e}^{2r}g(\boldsymbol{p},\boldsymbol{q})]$。其中 $\boldsymbol{q}=(q_1,q_2,\cdots,q_N)$，$\boldsymbol{p}=(p_1,p_2,\cdots,p_N)$。试给出 $N=2$ 时 Wigner 函数的表达式，当无限压缩 $r\to\infty$ 时，Wigner 函数形式如何？

本章参考文献

[1] Braunstein S L, Pate A K. Quantum Information with Continuous Variables[M]. Boston: Kluwer Academic, 2003.

[2] Braunstein S L, Vanloock P. Quantum information with continuous variables[J]. Rev. Mod. Phys., 2005(77): 513-577.

[3] 杨伯君. 量子光学基础[M]. 北京：北京邮电大学出版社，1996.

[4] Leonhardt U. Measuring the Quantum States of Light[M]. Cambridge: Cambridge

University Press, 1997.

[5] Silberhorn C, Lam P K, Weiss O, et al. Generation of continuous variable EPR entanglement via the Kerr nonlinearity in an optical fiber[J]. Phys. Rev. Lett. ,2001 (86): 4267-4270.

[6] Bowen W P, Treps N, Schnabel R,et al. Experimental demenstration of continuous variable polarization entanglement[J]. Phys. Rev. Lett. ,2002(89):253601.

[7] Takei N, Anki T, Koike S, et al. Experimental demonstration of quantum teleportation of a squeezed state[J]. Phys. Rev. ,2005(A72):042304.

[8] Li Xiaoying, Peng Kunchi. Quantum dense coding exploiting a bright einstein podolsky rosen beam[J]. Phys. Rev. Lett. ,2002(88):047914.

[9] Hellery M. Quantum cryptography with squeezed states[J]. Phys. Rev. ,2000(A61): 022309.

[10] Ralph T C. Continuous variable quantum cryptography[J]. Phys. Rev. ,2000(A61): 010303.

[11] Grosshaus F,Assche G V, Wenger J,et al. Quantum key distribution using gaussian modulated coherent states[J]. Nature,2003,421 (6920):238 -241.

[12] Lodewyck J, Bloch M,Garcia-Patron R,et al. Quantum key distribution over 25 km with an all fiber continuous variable system[J]. Physical Review A,2007, 76(4): 538-538.

[13] Gottesman D, Kitaev A, Preskill J. Encoding a qubit in an oscillator[J]. Phys. Rev. ,2001(A64):012310.

[14] Tyc T, Sanders B C. How to share a continuous variable quantum secret by optical interferemetry[J]. Phys. Rev. ,2002(A65):042310.

[15] Kiessel N, Schmid C, Tóth G, et al. Experimental observation of four-photon entangled dicke state with high fidelity[J]. Phys. Rev. Lett. ,2007(98): 063604.

[16] He Guangqiang, Zhu Jun,Zeng Guihua. Quantum secure communication using continous variable epr correlations[J]. Phys. Rev. ,2006(A73):012314.

[17] Huang D,Lin D K, Wang C,et al. Continuous variable quantum key distribution with 1 Mbps secure key rate[J]. Opt. Express,2015(23):0175511.

第6章　量子通信网

从我们前面介绍的内容来看，在目前有应用前景的是量子密钥分配，因此量子通信网实际介绍的是量子密钥分配网。

点对点的量子密钥分配的理论和实验已经取得了很大进展。现在的通信网络十分庞大，错综复杂，因此点对点的量子密钥分配根本不能满足人们对通信的需求。所以量子密钥分配必须由单独的点对点传输发展成量子密钥分配网络，才能够在实际通信系统中得到广泛的应用。

尽管QKD网络的发展还处于起步阶段，但已经有多个QKD网络的模型被提出。第一个量子通信网络DARPA是美国国防部高级研究项目管理局赞助美国BBN公司与哈佛大学、波士顿大学、美国国家标准与技术研究院（NIST）等多家研究机构合作开展的量子保密通信与互联网结合的五年试验计划，并于2003年在BBN实验室开始运行。2004年，6节点的量子密钥分发网络在哈佛大学、波士顿大学和BBN公司之间利用标准电信光缆进行了通信[1]。2006年，DARPA宣布建设一个拥有8个节点的QKD网络，他们计划建立10节点的量子密钥分配网络[2]。

欧洲的英、法、德、奥等国联合建立了基于量子密码的安全通信网络（Secure Communication Based on Quantum Cryptography，SECOQC），并于2008年在奥地利的维也纳实验性地建立了一个5个节点的QKD网络[3-4]。另外还有多家机构进行了QKD现场环境试验，如SwissQuantum量子密钥分发网络3个节点运行一年半，以测试QKD的长期稳定性[5]。南非Durban-QuantumCity项目旨在开发一个多用户量子通信网络，该网络目前覆盖在eThekwini市的光纤基础设施上。该项目的第一阶段包括部署四节点星形网络。到目前为止，已经部署了两个链接，一个链接连续运行了几个月[6,8]。

2010年来自日本和欧盟的9个单位参加了东京QKD网络运行，它安装了QKD新技术，升级了应用界面，包括安全电视展示和安全移动电话[7]。

我国近几年来也在量子密钥分配网络方面做了不少的工作。比较突出的是中国科学技术大学的郭光灿组和潘建伟组，他们分别进行了5个节点的波长节省量子密钥分配网络的现场试验[9]和大都市全通与城际四节点的量子通信网络现场试验[10]。

本章将分3节进行介绍。

① 3种量子密钥分配网络。

② 量子中继器。

③ 量子通信网的展望。

6.1 3种量子密钥分配网络

量子密钥分配网络是由多个网络节点按照一定的拓扑结构互联而成的。光学节点QKD网络由光器件(例如分束器、光开关、WDM、光纤光栅等)连接组成,DARPA系统属于此类。信任节点QKD网络是由可信任的网络节点连接而成的,SECOQC系统属于此类。量子节点QKD网络是由量子中继器连接而成的。量子密钥分配网络方案可根据其节点功能分为3类,包括基于光学节点的QKD网络、基于信任节点的QKD网络以及基于量子节点的QKD网络。下面我们将对这3种量子密钥分发网络进行介绍。

1. 基于光学节点的QKD网络

最早出现的QKD网络实验就是利用光学节点实现的,其结构如图6.1所示。实验中采用光分束器实现Alice和N个Bob之间的量子密钥分发。Alice发出的光子被随机地分配到接收端的任意一个Bob,每次只能分发一个光子给一个用户。发送的光子经过分束器时会有$1/N$的概率达到某个特定的Bob端,而且由于分束器不具备路由功能,因此Alice不能将光子传给指定的Bob。在此网络中,Alice虽然能够同时和多个Bob分配密钥,但随着用户数增加到N,每个用户的码率都下降到单个用户时的$1/N$,所以效率很低。除了效率问题之外,此网络还依赖管理员Alice,如果Alice发生了故障则整个网络就将瘫痪。另外,各个Bob之间不能直接进行量子通信,必须依靠Alice中转密钥。

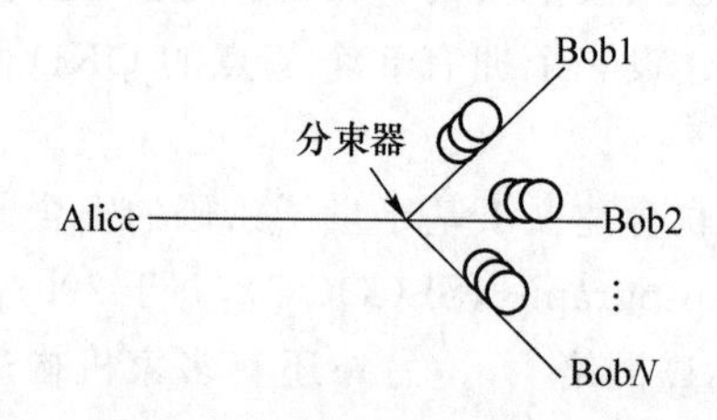

图6.1 光学分束器构成的QKD网络结构图

随后出现了许多此网络的改进型网络,例如,基于WDM的树形量子密钥分配网络、基于光纤布拉格光栅(Fiber Bragg Grating,FBG)的总线型量子密钥分配网络、基于光分插复用(Optical Add/Drop Multiplexer,OADM)的总线型量子密钥分配网络以及基于Sagnac干涉仪的环形量子密钥分配网络。

美国国防部高级研究项目管理局赞助,美国BBN公司与哈佛大学、波士顿大学、美国国家标准与技术研究院等多家研究机构合作建立的DARPA网络就是基于光学节点的量子密钥分发网络中较为成熟的一种,DARPA拓扑结构如图6.2所示。此网络中含有两个弱相干BB84发送端(Alice和Anna)、两个相互兼容的接收端Bob和Boris,以及一个2×2的光开关。在程序的控制之下,光开关可以实现任意发送端与接收端的连接。Alice,Bob和光开关在BBN的实验室中,Anna在哈佛大学,Boris在波士顿大学。连接Alice,Bob和光开关的光纤长度为几米,连接Anna和BBN的光纤为10.2 km,Boris和BBN之间的光纤为19.6 km,Anna和Boris通过光开关相连的光纤约29 km长。DARPA还包含Ali和Baba两个节点,它们是由NIST提供的高速自由空间QKD系统。

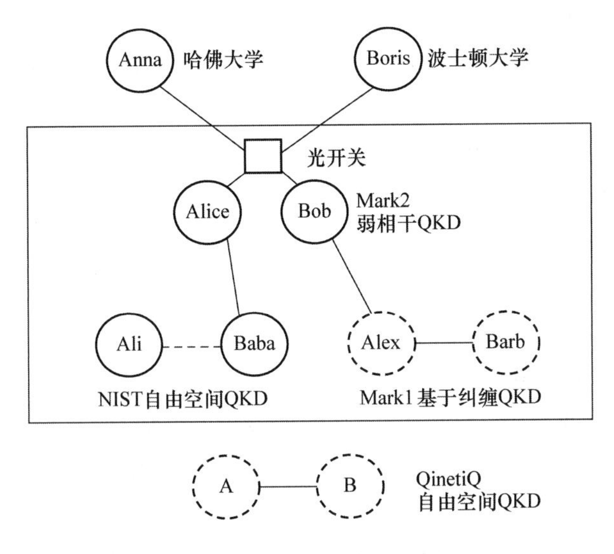

图 6.2　DARPA QKD 网络拓扑结构图

Alex 和 Barb 是两个新加入的基于纠缠的节点，它们通过 Alice 和 Baba、Bob 和 Alex 之间可信任中继接入 DARPA 网络。未来还将加入由 QinetiQ 提供的两个自由空间 QKD 节点 A 和 B。所有光纤连接均是 SMF-28 单模光纤，BBN-哈佛大学光纤损失 5.1 dB，BBN-波士顿大学光纤损失 11.5 dB。Alice，Anna，Bob 和 Boris 4 个节点通过 2×2 的光开关连接，由 Alice 控制，光开关可以选择 Alice-Bob 连接，这时 Anna 自动连接 Boris，若 Alice 选择与 Boris 连接，Anna 将连接 Bob，并各自建立相应的密钥。这样 DARPA 利用单向光开关实现了对网络的切换操作。这种操作可以实现几个发送方到另外几个接收方之间的网络切换，这种网络结构仅适用小规模的连接。由于这种连接不需要对网络本身有任何额外安全性要求，因此可以保证网络具有与点到点的量子密钥分发系统一样高的安全性。但是由于光开关带来的损失，所以这种网络最远的节点距离一般会小于点到点量子密钥分发系统可以达到的最大距离。

DARPA 网络支撑着不同的 QKD 技术，包括相位调制的弱相干系统、光子对纠缠系统和自由空间 QKD 系统，下面分别进行介绍。

（1）BBN2 型弱相干系统

BBN2 型弱相干系统如图 6.3 所示，以衰减的在通信波段的激光器为信号源，利用非平衡 Mach-Zehnder 干涉仪进行相位调制，实现编码和解码。

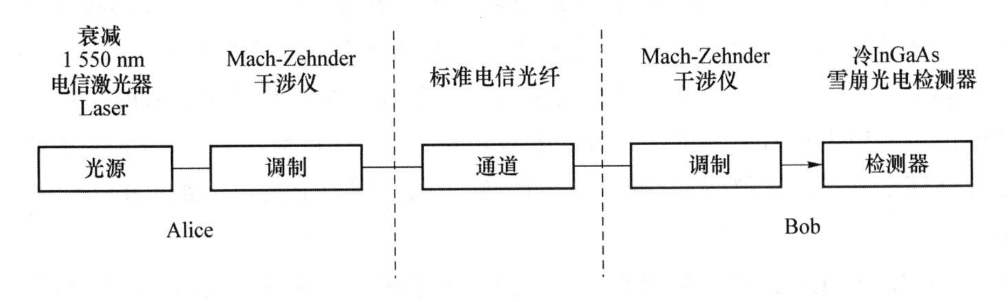

图 6.3　BBN2 型弱相干系统示意图

Alice 利用 Mach-Zehnder 干涉仪随机调制 4 个相位之一,进行编码,Bob 利用另一个 Mach-Zehnder 干涉仪随机选择两相位之一用于解码,探测器用 InGaAs 雪崩二极管,工作温度为−55 ℃。

(2) BBN/BU 一号纠缠系统

在自发参量下转换产生偏振纠缠光子对,利用光纤传送,光源在 BU,为 Alex,接收器在 BBN,为 Barb,利用 InGaAs APD 测量,为了防止光纤对偏振的扰动,在光路中加偏振控制器。利用 BB84 协议,而不是 Ek91 协议。

下面两个系统是自由空间通信系统。

(3) NIST 自由空间系统

NIST 是由国家标准局(NIS)制作的,其两端为 Ali 和 Baba 装置,工作波长为 845 nm,振动频率为 1.25 Gbit/s,空间间距为 730 m,由硅二极管接收。

(4) QinetiQ 自由空间系统

QinetiQ 自由空间系统是由 QinetiQ 组提供的一个小型自由空间量子传送系统。

基于光学节点的量子密钥分配网络可以实现多用户之间的密钥分配,并且在目前的技术条件下易于实现。在网络中根据经典光学的特性对量子信息进行路由,因此量子信息在传送过程中没有被破坏,这样可以保证网络具有与点对点的量子密钥分发系统一样高的安全性。然而,光学节点引入的插入损耗使得信息的安全传输距离缩短,网络中随着节点的增多插入损耗也随之增大,对于实际系统来说,在建立安全通信的两个网络节点之间需要存储部分初始密钥,用来完成认证等工作,验证对方节点的身份。每个网络节点都要存储整个网络所有其他节点的初始密钥信息,对于整个网络来说,增加一个新的节点需要增加的密钥存储量是指数增加的。所以,无源光学器件组成的量子密钥分配网络系统仅适合于在局域范围内应用,可作为城市网络的一部分。

2. 基于信任节点的 QKD 网络

基于信任节点的量子密钥分发网络是由多条 QKD 链路与信任节点按照一定的拓扑结构连接而成的。

当网络中的两个主机要进行保密通信时,它们首先在经典信道上通过身份认证技术建立起连接,供加密后的经典信息使用。然后,利用每个节点上生成的量子密钥对要发送的信息依次进行“加密-解密-加密-…-解密”的操作。网络中的每个节点都可以完成密钥的存取、分发、筛选、安全评估、误码协调、保密增强、密码管理等任务,每两个节点可以通过以上的操作协商出一套共有的安全密钥,并用这套密钥对信息进行加密、解密操作。当解密完成后,信息所在的节点再用与下一个节点共有的密钥对信息进行加密并将加密后的信息通过经典信道传输出去。假设点对点的密钥分发的安全性可以保证(目前这种安全性通过实验已经得到了部分证实),则通过信任节点连接的网络就可以在理论上实现远距离多用户的绝对保密通信。

欧洲 SECOQC QKD 网络采用的就是这种基于信任节点的量子密钥分发网络[8]。

图 6.4 是 SECOQC QKD 网络结构示意图。SECOQC 网络由 QBB(Quantum Back-Bone)节点和 QBB 链路组成的。每个主机被连接到遍布网络中的各个不同 QBB 节点上,

需要运行应用程序的主机还可以连接到QAN(Quantum Access Node)节点上。QBB链路是连接QBB节点的特殊链路,是普通QKD链路的延伸。每一个QBB链路都包括任意多条量子信道和一条经典信道。量子信道是用来传输量子密钥的,多条量子信道用于提高量子密钥分发速率。为了保证密钥传输的绝对安全,还需要一条经典信道作为辅助。这里所提到的经典信道是一个虚拟的信道,而不是物理信道。它负责传输会话密钥、路由信息、网络管理信息等。经典信道可以是通过TCP/IP套接在公共网络上建立的连接,也可以是一个直接连接两个相邻QBB节点的点到点连接。在QKD网络中量子信道需要在QBB节点间产生本地密钥并检测出有没有窃听存在。只要量子比特的误码率低于安全阈值,两个QKD装置就能够从原始密钥中提取出安全的密钥。如果误码率过高,原始密钥将被抛弃。

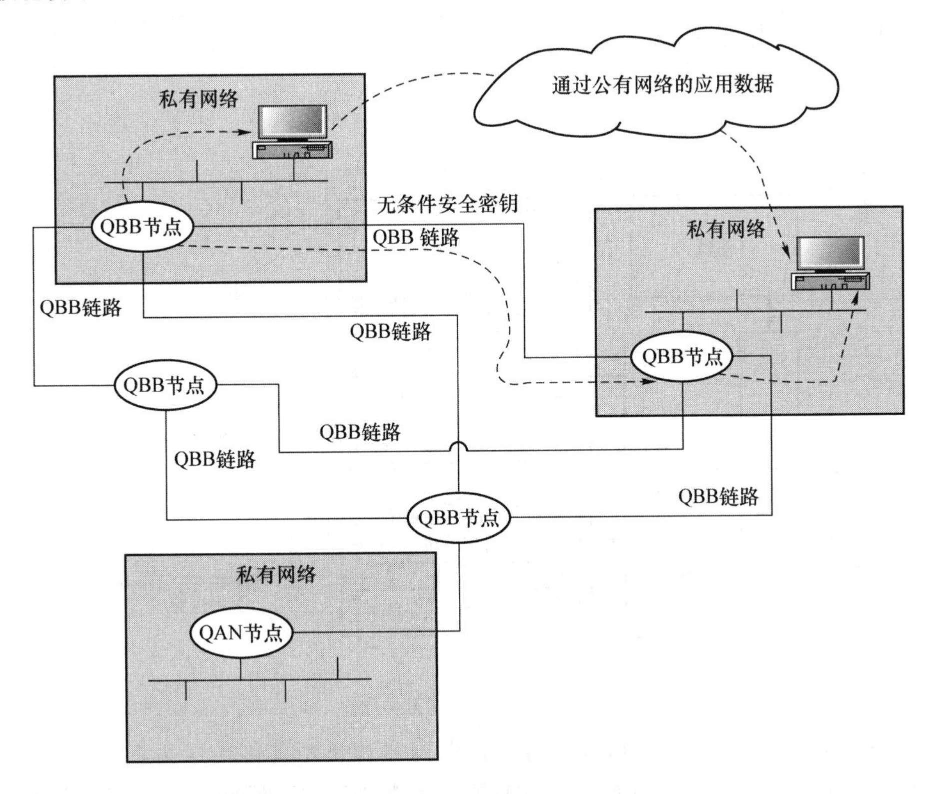

图6.4 SECOQC QKD网络结构示意图

SECOQC QKD网络有多个量子骨干节点(QBB),其目的是在各节点之间提供多余的通路,提升网络功能,起路由器的作用。QBB节点由QBB链路相连,在SECOQC QKD网络中主计算机通过网络连接QBB节点。另外利用程序运转的主计算机连接量子通路节点(QAN),它带有限制容量,执行小的路由功能,为许多客户提供通路,QAN和QBB利用安全的QKD链连接,下面给出QBB链路和QBB节点的结构。QBB链路是特殊的链,它连接QBB节点,如图6.5所示,它包括多个量子信道和一个经典信道,经典信道用于传送公开信息。单独的量子信道不可以建立无条件密钥。

QBB节点是QKD网络的主要元件,它起一般网络中路由器的作用,如图6.6所示,它是一个计算机系统。QBB 节点包括多个量子点到点协议(Quantum Point to Point Protocol,Q3P),它用于链层 QBB 链,连接邻近 QBB 节点,Q3P 包括多个子模块,分别用于鉴定、编码、解码、分束、收集、控制等,另外还有密钥存储。QBB 节点包括路由模块,用于收集和保持局部路由信息;转运模块提供快速转运通路;还有一些其他模块,用于管理、随机数产生等。QBB 节点在量子通信网中起路由器的作用,负责密钥的鉴定、传送、转运、存储。

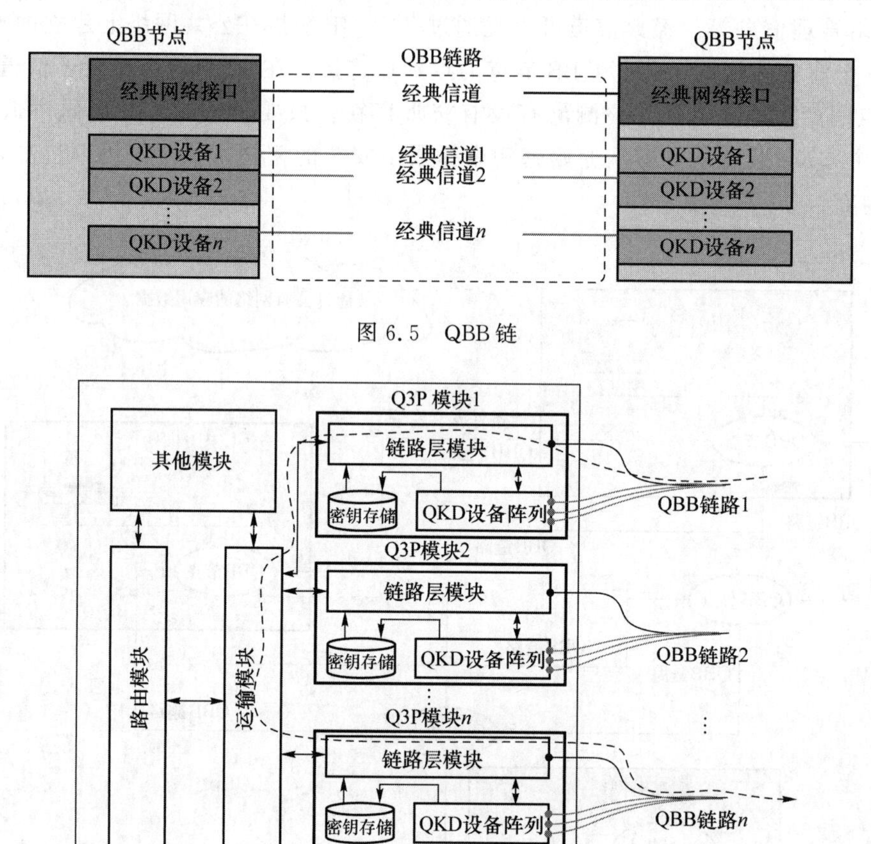

图 6.5 QBB 链

图 6.6 QBB 节点

基于信任节点的 QKD 网络可以同时保证多用户和长距离传输这两点要求,理论上甚至可以实现跨越全球的密钥分配网络。在现有技术条件下,这种网络易于实现,但随着网络的增大、节点的增多,这种网络的安全性会大幅度下降。

基于信任节点的 QKD 实验网 2008 年在维也纳建立,其结构如图 6.7 所示。

SECOQC 实验网络有 6 个节点,节点之间通过 8 条点到点的量子密钥分发系统相互连接。这 8 个量子密钥分发装置使用不同研究单位开发的系统,包括 Id Quartique 公司提供的 Plug and Play 系统(idQ1,idQ2,idQ3)、日内瓦大学 Gisin 教授提供的 Gap 系统、英国 Toshjba 提供的带诱骗态的 QKD 系统、维也纳大学 Zeilinger 提供的纠缠光子对系统(他利用 BBM92 协议)、法国 Grandier 提供的连续变量 QKD 系统(他们用零差探测器代替单光子探测器),还有 Weinfurter 提供的短距离自由空间量子密钥分发系统。图 6.7 还给出了量子密钥分发系统实地连接图,图中标出了各个节点之间的距离。

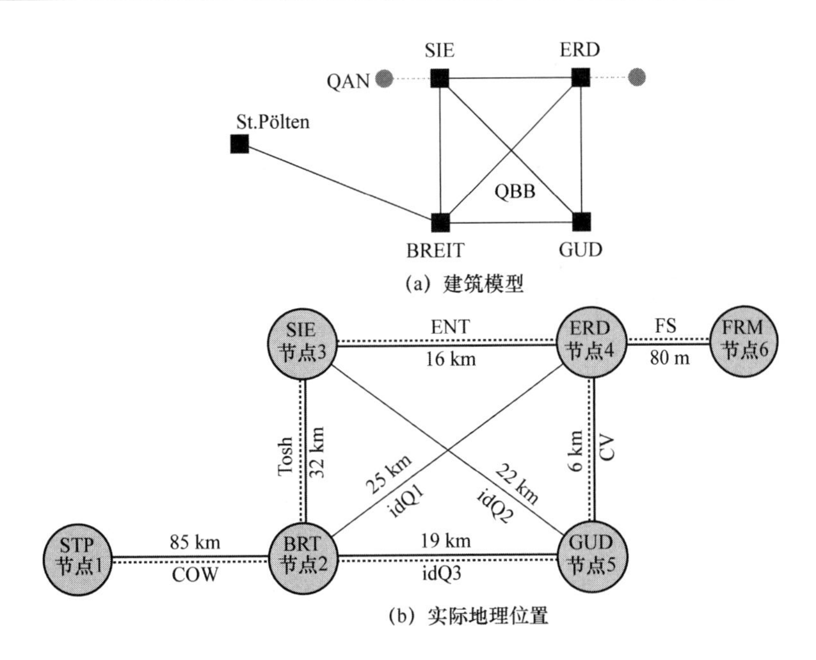

(a) 建筑模型

(b) 实际地理位置

图 6.7　SECOQC 量子密钥分发网络的建筑模块与实际地理位置

SECOQC 网络建立后经过一个月测试，可以稳定地运行。网络运行中，各节点、各条链路之间进行大量生成及存储密钥的工作。网络根据需要进行了大量量子密钥分发链路的自动选择和切换。Q3P 密钥池正常地进行收集生成密钥的工作及使用生成密钥进行网络路由等经典通信工作。SECOQC 还演示了基于一次一密量子加密的 IP 电话和 IP 视频。SECOQC 网络采用信任节点作为网络架构的基础，它主要由 Q3P 支持。因此只要满足 SECOQC 接口规范的密钥生成设备均可作为网络的节点加入，它可以兼容不同公司提供的设备。

3. 基于量子节点的 QKD 网络

为了克服量子信息在量子信道传输过程中的衰落，实现任意长距离的量子密钥分发，Briegel，Dür，Cirac 和 Zoller（BDZC）提出了量子中继器（quantum repeater）的概念[11]。量子中继器将纠缠交换、纠缠纯化和量子存储器技术相结合，有效地拓展了量子信息的传输距离。基于光学节点和基于信任节点的 QKD 网络都是在量子中继器没有研制成功前所采取的折衷方案，基于量子中继器的 QKD 网络才是真正意义上的全量子网络，如图 6.8 所示。

量子中继器其实就是一个小型的专用量子计算机，它利用量子态的纠缠与交换来实现量子中继功能。量子中继的基本思想是把传输信道分成若干段。首先，在每一段制备纠缠对，然后发送到分段的两端，再对这些纠缠对进行纯化；其次，通过相邻纠缠对之间的纠缠交换，可以把提纯后的纠缠对分开得更远。当完成纠缠交换后，纠缠度又会降低，因此还需要再提纯，这种纠缠交换、提纯要重复若干轮，直到相隔很远的两地间建立了几乎完美的纠缠对。应用于网络的量子中继器需要提供一个基本的纠缠体制和两个分布式算法：纯化和远程传输。它们将大量短距离、低保真度的纠缠光子对转换成少数长距离、高保真度的纠缠光子对。量子中继操作包含以下几个步骤[12]。

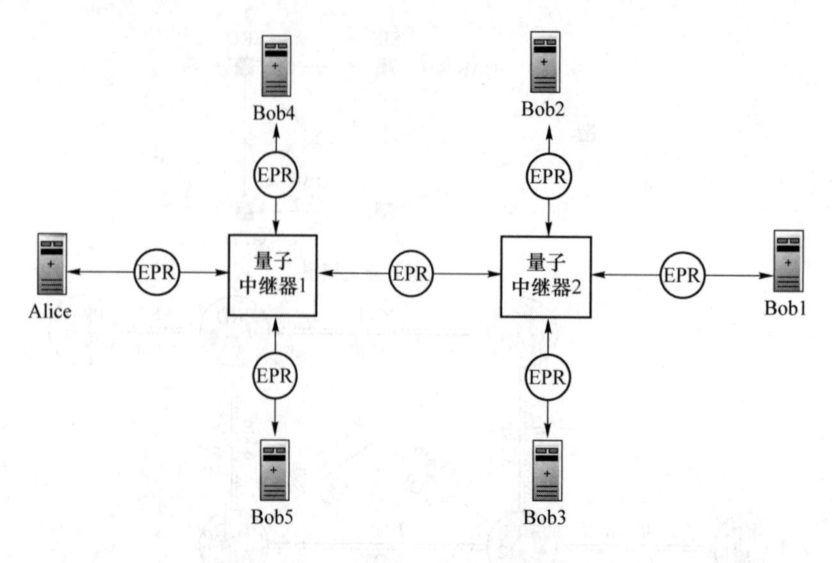

图6.8 基于量子节点的QKD网络

(1) 生成纠缠光子对

纠缠光子对的产生体制可以被分为单光子、光子对、弱激光脉冲和强激光脉冲。强激光脉冲体制产生纠缠光子对的成功率很高,但保真度很低。单光子体制产生纠缠光子对的保真度高,但纠缠光子对产生率低。常用的产生纠缠光子对的方法:使用泵浦光打在非线性晶体(BBO)上,通过参量下转换使得一个光子与晶体相互作用,产生两个偏振相互垂直的光子,它们构成一个纠缠光子对。

(2) 纯化

当两个量子中继器成功产生了多对纠缠光子对时,它们就可以开始分布式的量子通信过程,在传输过程中由于损耗等因素会使纠缠下降,所以必须进行纯化。纯化的过程是将两个纠缠光子对通过本地量子操作和经典通信结合成一个保真度更高的纠缠光子对。纯化的效率决定于纯化算法和纯化安排。纯化算法一旦被确定,可以应用到每一个光子对上,而纯化安排决定了哪个纠缠光子对将被纯化。

(3) 远程传输和交换

图6.9描述的是一个简单的纠缠交换过程。EPR源分别产生两个纠缠光子对(1,2)和(3,4),通过EPR对其中的两个粒子2,3作贝尔基测量,可以把1,4两个从未见面的光子纠缠起来,从而实现纠缠交换。将这种纠缠交换方式应用到网络中可以实现量子密钥的长距离传输。

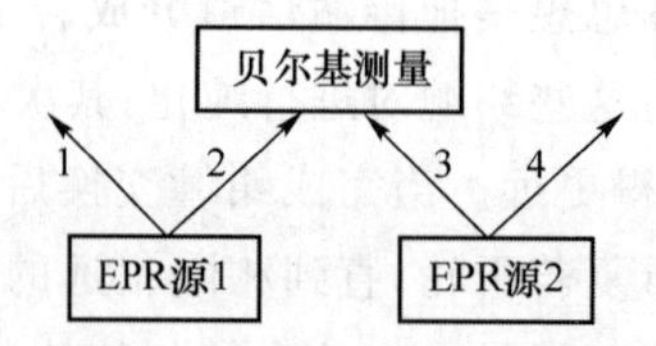

图6.9 量子纠缠交换示意图

基于量子中继的QKD网络可以实现长距离、多用户的量子密钥分配。但到目前为止,基于量子中继节点的密钥分发网络还处于理论阶段。其原因主要有两点：首先量子中继器的重要组成部件——量子存储器——还无法应用到量子密钥分发系统中；其次纠缠纯化是概率性的，只有在全部段的纯化同时成功的情况下才能进行一次成功的通信，这样的概率随着分段数量的增加将呈指数衰减。

通过对 3 种类型的量子密钥分发网络的对比分析可以看出：基于光学节点的量子密钥分发网络可以实现多用户之间的量子密钥分发，安全性比较好而且易于实现，但这种网络模型不易于扩展，而且密钥分发的安全距离受到器件插入损耗的影响，比较短，因此只适合在局域网络中应用；基于信任节点的量子密钥分发网络可以同时保证多用户和长距离传输这两点要求，理论上甚至可以实现跨越全球的密钥分发网络，但随着网络的增大、节点的增多，这种网络的安全性会大幅度下降；基于量子中继器的网络可以实现长距离、多用户的量子密钥分发。但到目前为止，量子中继器离实用化还有一段距离。下节专门介绍量子中继器。

6.2　量子中继器

上节介绍了量子密钥分发网络，量子密钥分发网络是由多个网络节点按照一定的拓扑结构互联而成的。目前已提出的量子密钥分发网络方案可根据其节点功能分为 3 类：基于光学节点的 QKD 网网、基于信任节点的 QKD 网络以及基于量子节点的 QKD 网络。光学节点 QKD 网络由光器件(例如分束器、光开关、WDM、光纤光栅等)组成，DARPA 系统属于此类。信任节点 QKD 网络是由可信任的网络节点连接而成的，SECOQC 系统属于此类。量子节点 QKD 网络是由量子中继器作为节点的网络。由于能实用的量子中继器还没有研究出来，目前这类系统还没有样机。为了实现长距离的量子通信，量子中继器是必需的。因此量子中继器的研制就成为近几年量子通信研究的热点之一，本节就介绍量子中继器及其研究进展。

1. 引言

量子态的长距离传输在量子通信中是最基本的要求，不管是量子远程传态，还是长距离的量子密钥传输和量子网络。在实际中，量子道如在光纤或空气中，由于损耗和去相干，量子信息传送距离受到限制，如单光子在光纤中的传送距离最多只有 200 km。在经典通信中可以利用光放大器为中继器来解决，在通信信道上每 50～100 km 加一个 EDFA(掺铒光纤放大器)。在量子通信中，由不可克隆定理可知，不能用普通放大器为中继器。1998 年奥地利的 Briegel 等人首先提出量子中继器的概念，他们利用量子纠缠态，使多个纠缠态连在一起，通过纠缠交换、纯化、再交换，以达到量子信息的更长距离的传输，如图 6.10 所示。

从图 6.10 中可以看出，若 A，B 纠缠，C，D 纠缠，通过 B，C 之间的组合测量，使 A，D 纠缠，这叫纠缠交换，通过纠缠交换可使纠缠两量子态的距离加长一倍，通过多次纠缠交换，最后 A，Z 两量子态纠缠，从而大大地加长了量子信息传送的距离，这方法称 BDCZ 方案[12]。

如何保证在链路上多个纠缠对的产生、交换、存储，全靠光子是不行的，一个在实际中有可能实现的方案由段路明和他在奥地利的同事在2001年提出来[11],现在文献中称DLCZ方案,他们提出利用原子系综和线性光学。量子中继器节点的第一个实验证明是由中国科学技术大学的潘建伟小组完成的[13]。下面我们重点介绍DLCZ方案和潘建伟小组的实验。

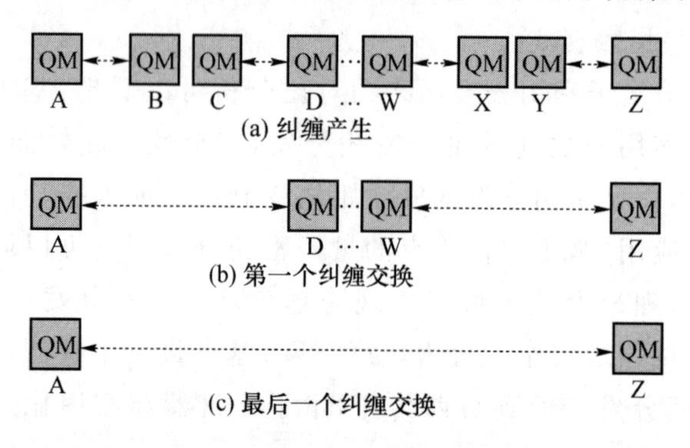

图 6.10 量子中继器的原理图

2. 量子中继器的DLCZ方案

下面评述量子中继器的DLCZ方案,先说明物理基础,介绍纠缠的产生与交换,然后介绍产生长距离纠缠需要的时间,最后讨论方案的限制。

(1) 物理基础

DLCZ方案利用原子系综,它能辐射单光子,并引起单原子激发,存储在系综中,这个光子能用于纠缠两个不同的系综,这个原子激发能有效地转为光子,致力于集体干涉,产生纠缠交换,形成远距离的纠缠,现简述其物理基础。

理想的原子系综是三能级系统,如图6.11所示。

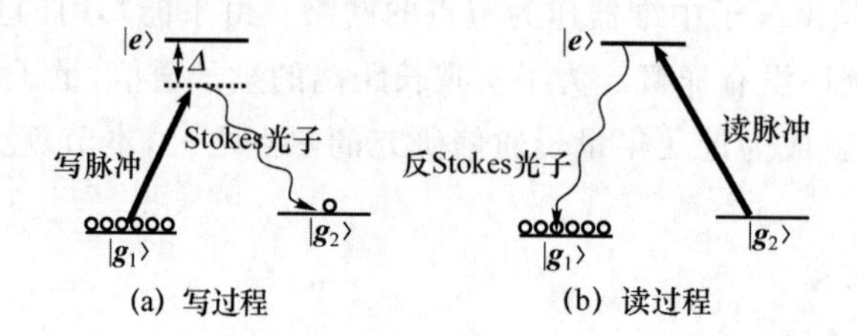

图 6.11 在DLCZ方案中原子系综产生原子集体激发的基本能级图

在三能级系统中,有两个基态$|\boldsymbol{g}_1\rangle$,$|\boldsymbol{g}_2\rangle$和一个激发态$|\boldsymbol{e}\rangle$,所有(N_A个)原子初始在$|\boldsymbol{g}_1\rangle$态,读脉冲为非共振激光,$g_1\to e$跃迁导致Raman光子辐射,$e\to g_2$为Stokes光子,$|\boldsymbol{g}_2\rangle$的能量高于$|\boldsymbol{g}_1\rangle$,这时原子系综中N_A-1个原子在$|\boldsymbol{g}_1\rangle$态,一个原子在$|\boldsymbol{g}_2\rangle$态,状态表示为

$$\frac{1}{\sqrt{N_A}}\sum_{k=1}^{N_A}\exp[\mathrm{i}(\boldsymbol{k}_W-\boldsymbol{k}_S)\boldsymbol{x}_k]\ |\boldsymbol{g}_1\rangle_1\ |\boldsymbol{g}_1\rangle_2\cdots\ |\boldsymbol{g}_2\rangle_k\cdots\ |\boldsymbol{g}_1\rangle_{N_A} \tag{6.1}$$

其中,$\boldsymbol{k}_W$是写激光的波矢量,$\boldsymbol{k}_S$是探测Stokes光子的波矢量,$\boldsymbol{x}_k$是第k个原子的位置。这集体激发的一个主要特性是信号能有效读出,转变为单光子,在确定的方向传送。

读脉冲共振激发从$g_2\to e$跃迁,导致N_A-1个原子在$|\boldsymbol{g}_1\rangle$态,而一个原子在激发态e,带有附加的相位$\mathrm{e}^{\mathrm{i}\boldsymbol{k}_r\cdot\boldsymbol{x}'_k}$,$\boldsymbol{k}_r$是读激光的波矢量,$\boldsymbol{x}'_k$是第$k$个原子在读出时的位置。这状态能衰变到初态$|\boldsymbol{g}_1\rangle^{\otimes N_A}$,同时辐射一个反Stokes光子,从$e\to g_1$跃迁,这个过程总振幅将正

比于

$$\sum_{k=1}^{N_A} e^{i(\boldsymbol{k}_W-\boldsymbol{k}_S)\cdot \boldsymbol{x}_k} e^{i(\boldsymbol{k}_r-\boldsymbol{k}_{AS})\cdot \boldsymbol{x}_k} \tag{6.2}$$

求和中 N_A 项构成相干条件，依赖原子是否运动，若静止($\boldsymbol{x}_k=\boldsymbol{x}_k'$)，它们构成相干的匹配条件为 $\boldsymbol{k}_S+\boldsymbol{k}_{AS}=\boldsymbol{k}_W+\boldsymbol{k}_r$。

这时保有非常大概率辐射反 Stokes 光子，在 $\boldsymbol{k}_W+\boldsymbol{k}_r-\boldsymbol{k}_S$ 方向上，对原子系综包括足够多的原子，在一个方向上辐射，这非常有利于收集反 Stokes 光子。如果原子运动，仍然相干，只要满足条件：

$$\boldsymbol{k}_S=\boldsymbol{k}_W,\quad \boldsymbol{k}_{AS}=\boldsymbol{k}_r$$

注意对于 Stokes 光子，没有集体相干效应，因辐射来自不同的原子。

在感兴趣的模型中，我们集中于单 Stokes 光子的辐射，然而因存在原子系综，所以对于两个或更多个 Stokes 光子，伴随同样数目的原子激发在 g_2 中产生。这个动力学过程能用下面的哈密顿量描述：

$$\hat{\boldsymbol{H}}=\chi(\hat{\boldsymbol{a}}^+\hat{\boldsymbol{s}}^+ +\hat{\boldsymbol{a}}\hat{\boldsymbol{s}}) \tag{6.3}$$

其中 χ 为耦合系数，依赖激光强度、原子数、失谐和 $g_1\rightarrow e$ 与 $e\rightarrow g_2$ 的跃迁强度；$\hat{\boldsymbol{a}}^+$ 是 Stokes 光子产生算符，$\hat{\boldsymbol{s}}^+$ 是 g_2 原子激发的产生算符，对模 s 真空态$\hat{\boldsymbol{s}}^+|0\rangle$，相应 Eq(6.1)表示的状态，一个原子在 g_2 态。

利用 Collett 发展的算符运算技术，可以推出开始两模 a 和 s 在真空态，在式(6.3)$\hat{\boldsymbol{H}}$ 的作用下产生双模纠缠态：

$$\begin{aligned} e^{-i\hat{H}t}\,|0\rangle\,|0\rangle &= \frac{1}{\cosh(\chi t)}e^{-i\tanh(\chi t)\hat{\boldsymbol{a}}^+\hat{\boldsymbol{s}}^+}\,|0\rangle\,|0\rangle \\ &= \frac{1}{\cosh(\chi t)}\sum_{m=0}^{\infty}(-i)^m\tanh^m(\chi t)\,|m\rangle\,|m\rangle \end{aligned} \tag{6.4}$$

对于小的 χt，可以展开如下：

$$\left[1-\frac{1}{2}(\chi t)^2\right]|0\rangle|0\rangle-i\chi t|1\rangle|1\rangle-(\chi t)^2|2\rangle|2\rangle+0[(\chi t)^3] \tag{6.5}$$

所以辐射一个光子产生一个原子激发的概率是$(\chi t)^2$，则辐射两个光子产生两个原子激发的概率是$(\chi t)^4$，χt 越大对产生多光子对越有利。在量子中继器中 χt 的大小是一个重要的限制因素。

(2) 原子系综纠缠的产生与交换

在实现量子中继器的 DLCZ 方案中，两个远原子系综纠缠的产生与交换是关键。在两个远位置 A 和 B 产生纠缠的程序，要求每一个位置都有一个原子系综，如图 6.12 所示。

两系综同时激发，以致单 Stokes 光子能以小概率 $p/2=(\chi t)^2$ 辐射，相应态为

$$\left[1+\sqrt{\frac{p}{2}}(\hat{\boldsymbol{s}}_a^+\hat{\boldsymbol{a}}^+e^{i\phi_a}+\hat{\boldsymbol{s}}_b^+\hat{\boldsymbol{b}}^+e^{i\phi_b})+0(p)\right]|0\rangle \tag{6.6}$$

其中波色算符 $\hat{\boldsymbol{a}}(\hat{\boldsymbol{b}})$和 $\hat{\boldsymbol{s}}_a(\hat{\boldsymbol{s}}_b)$分别对应系综 A(B)中 Stoeks 光子和原子激发，$\varphi_a(\varphi_b)$是在位置 A(B)的 Pump 激光的相位，$0(p)$是所有模的真空态，为多光子项。Stokes 光子耦合入光纤(点线示)，在 A，B 之间的中心位置通过分束器组合后，达到探测器 d 和 $\bar{\text{d}}$，所得信息为

$$\hat{d}=\frac{1}{\sqrt{2}}(\hat{a}e^{-i\varepsilon_a}+\hat{b}e^{-i\varepsilon_b}),\quad \hat{\tilde{d}}=\frac{1}{\sqrt{2}}(\hat{a}e^{-i\varepsilon_a}-\hat{b}e^{-i\varepsilon_b})$$

其中 $\varepsilon_a,\varepsilon_b$ 是光子达到中心位置所获得的相位。

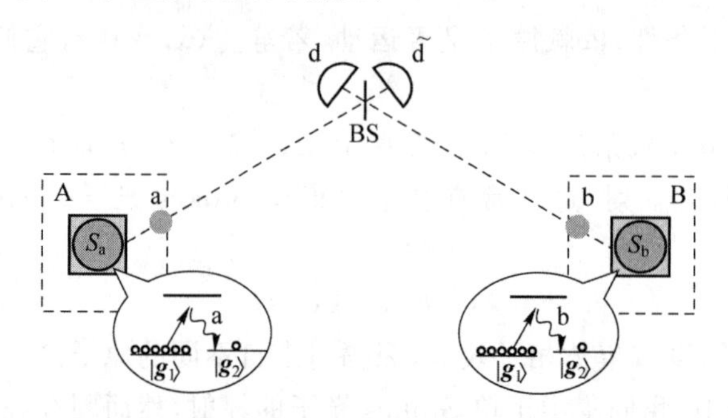

图 6.12　在 DLCZ 协议中纠缠对的产生示意图

在 d 单光子探测,两原子系综投影到状态

$$|\boldsymbol{\phi}_{ab}\rangle=\frac{1}{\sqrt{2}}(\hat{s}_a^+ e^{i(\phi_a+\varepsilon_a)}+\hat{s}_b^+ e^{i(\phi_b+\varepsilon_b)})|0\rangle \tag{6.7}$$

在 A 和 B 之间单原子激发离开原位,这相应产生一个纠缠态,状态写为

$$|\boldsymbol{\Psi}_{ab}\rangle=\frac{1}{\sqrt{2}}(|1_a\rangle|0_b\rangle+|0_a\rangle|1_b\rangle e^{i\theta_{ab}}) \tag{6.8}$$

其中$|1_a\rangle,|0_b\rangle$表示在 A 位置单原子激发并存储,B 位置为真空,相位为 $\theta_{ab}=\phi_a-\phi_b+\varepsilon_b-\varepsilon_a$,d 和 $\tilde{d}$ 探测纠缠产生成功的概率为 $P_0=p\eta_d\eta_l$,其中 η_d 是光子探测效率,$\eta_l\exp(-L_0/2L_{att})$是光子传送距离的 $L_0/2$ 效率,L_0 是 A,B 间 d_1 距离(基本链的长度),L_{att}是光纤衰减长度(当损失率为 0.2 dB/km,$L_{att}=22$ km 时)。一旦纠缠在每个基本链中达到,人们可以利用邻近链纠缠交换扩大纠缠的距离,如图 6.13 所示[16]。

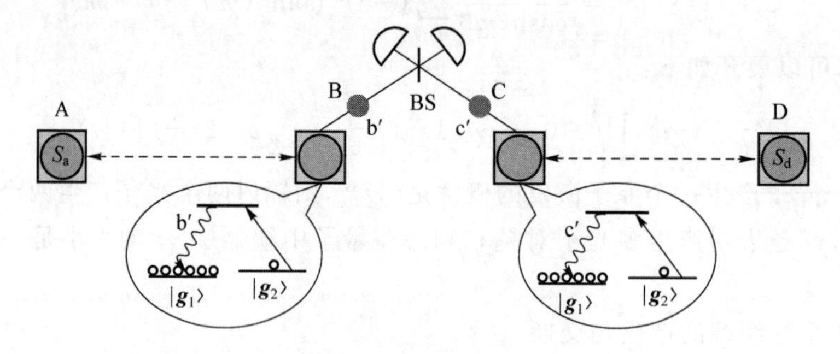

两个链路 A-B 和 C-D 之间纠缠连接,系统 A(C)初始与 B(D)纠缠,用$|\psi_{ab}\rangle(|\psi_{cd}\rangle)$描述。记忆 B 和 C 被读出。

图 6.13　纠缠交换示意图

考虑两链 AB 和 CD 分别在系综 A-B 和 C-D 分享单个激发而纠缠,它们以状态$|\psi_{ab}\rangle\otimes|\psi_{cd}\rangle$描述,其中$|\psi_{ab}\rangle$如式(6.7)所示。原子激发是概率存储在系综 B 和 C 中,利用强共振光脉冲读出,转变为反 Stokes 光子,相应模 b′,c′通过分束器耦合入单光子探测器,单光子测量模为$\frac{1}{\sqrt{2}}(\hat{b}'+\hat{c}')$,将投射系综 A 和 D 为纠缠态:

$$|\boldsymbol{\Psi}_{\mathrm{ad}}\rangle=\frac{1}{\sqrt{2}}[\hat{\boldsymbol{s}}_{\mathrm{a}}^{+}+\hat{\boldsymbol{s}}_{\mathrm{d}}^{+}\mathrm{e}^{\mathrm{i}(\theta_{\mathrm{ab}}+\theta_{\mathrm{cd}})}]|0\rangle \tag{6.9}$$

反复纠缠，交换过程，可以建立更远系综之间的纠缠。

3. 量子中继器节点的实验证明

要实现量子中继器，除了纠缠的形成、交换之外，还有一个要求就是量子存储，中国科学技术大学的潘建伟小组利用在超低温磁光陷阱(MOTs)中的铷($^{87}_{37}$Rb)原子系综实现了纠缠的有限存储，下面介绍相关的实验和结果。

所用的实验系统如图 6.14(a)所示，其中图 6.14(b)为读与写脉冲的时间安排。

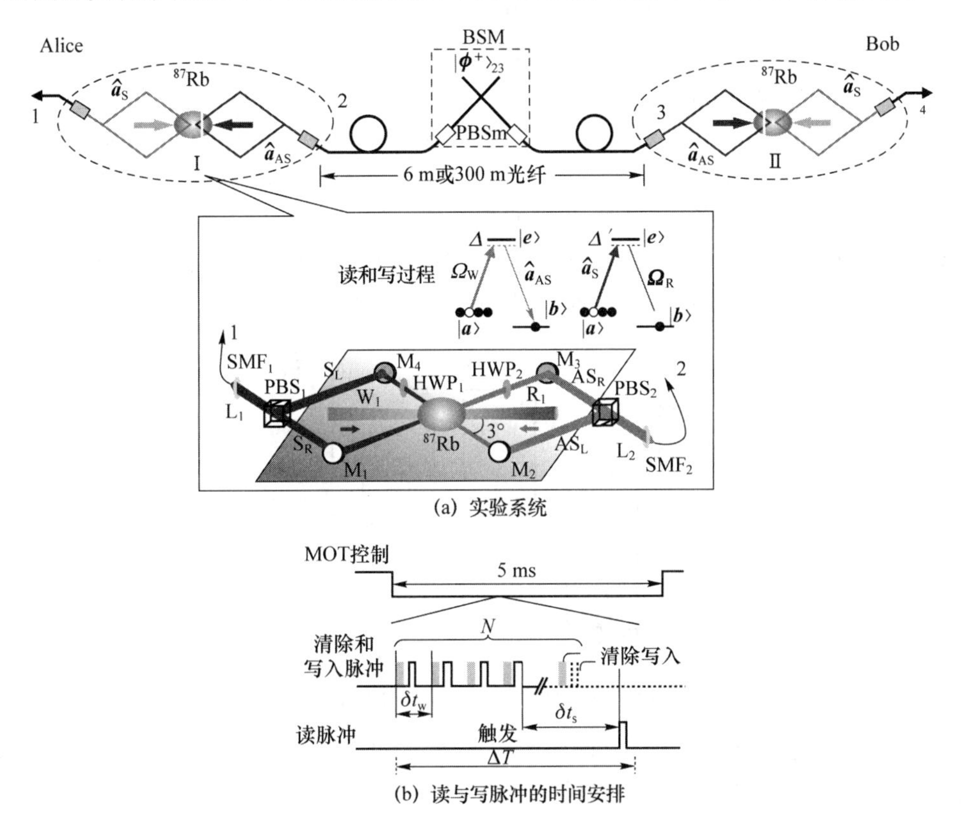

图 6.14 纠缠交换的实验示意图

Alice 和 Bob 各有一个极低温的原子系综(温度为 100 μK)，有约 10^8 个$^{87}_{37}$Rb(铷)原子在磁光陷阱(MOTs)中，在每一边原子首先在初态$|\boldsymbol{a}\rangle$，跟着弱写脉冲，两个反 Stokes 光子 $\mathrm{AS_L}$，$\mathrm{AS_R}$ 由写脉冲引起，通过自发 Raman 散射产生，集中在相对写脉冲方向，在原子系综中定义两个空间模(L 和 R)，它们构成存储的量子比特，两个反 Stokes 光子调整有同样的激发概率和正交偏振。两场在分束器 $\mathrm{PBS_2}$ 耦合入单模光纤，忽略真空态和高阶激发，原子和光子量子纠缠态量子比特描述为

$$|\boldsymbol{\psi}\rangle_{\text{at-ph}}=\frac{1}{\sqrt{2}}[|\boldsymbol{H}\rangle|\boldsymbol{R}\rangle+\mathrm{e}^{\mathrm{i}\phi_1}|\boldsymbol{V}\rangle|\boldsymbol{L}\rangle] \tag{6.10}$$

其中$|\boldsymbol{H}\rangle$($|\boldsymbol{V}\rangle$)表示单反 Stokes 光子水平(垂直)偏振，$|\boldsymbol{L}\rangle$($|\boldsymbol{R}\rangle$)表示系综 L(R)单原子集体激发，ϕ_1 是两个反 Stokes 光子达到 $\mathrm{PBS_2}$ 前的相位差。这样我们能够分别在 Alice 和

Bob 两边建立光子原子纠缠态,然后通过纠缠交换可以使系综 Ⅰ 和 Ⅱ 之间产生纠缠,见图 6.14。将 Alice 光子 2 和 Bob 光子 3 通过 3 m 光纤再达到中间位置的 BSM,在实验中对它们进行贝尔测量,有

$$|\boldsymbol{\phi}^-\rangle_{23}=\frac{1}{\sqrt{2}}(|\boldsymbol{H}\rangle_2|\boldsymbol{H}\rangle_3+|\boldsymbol{V}\rangle_2|\boldsymbol{V}\rangle_3)$$

这时两个远原子系综投影到纠缠态:

$$|\boldsymbol{\phi}^-\rangle_{\text{Ⅰ Ⅱ}}=\frac{1}{\sqrt{2}}(|\boldsymbol{L}\rangle_{\text{Ⅰ}}|\boldsymbol{L}\rangle_{\text{Ⅱ}}+|\boldsymbol{R}\rangle_{\text{Ⅰ}}|\boldsymbol{R}\rangle_{\text{Ⅱ}}) \tag{6.11}$$

原子系综 Ⅰ 和 Ⅱ 之间建立的纠缠能利用转化原子自旋纠缠为纠缠光子对 1 和 4 来证实,对光子 1 和 4 做 CHSH 型贝尔不等式测量,相关参数 S 为

$$S=|E(\theta_1,\theta_4)-E(\theta_1,\theta_4')-E(\theta_1',\theta_4)-E(\theta_1',\theta_4')|$$

其中 $E(\theta_1,\theta_4)$为相关函数,θ_1,θ_4 是测量光子 1,4 的不同偏振基,测量中偏振安置是(0°,22.5°),(0°,−22.5°),(45°,22.5°)和(45°,−22.5°)。若两光子不纠缠,S 应小于 2,实验测量结果是 $S=2,26\pm0.07$,违反贝尔不等式,表明它们是纠缠的。

实验中先测 2 和 3 的纠缠,然后对 1,4 进行测量,它们之间的时间差就为两原子系综纠缠存储时间,当存储时间 $\delta_t=500$ ns 时,所测相关函数如图 6.15 所示。

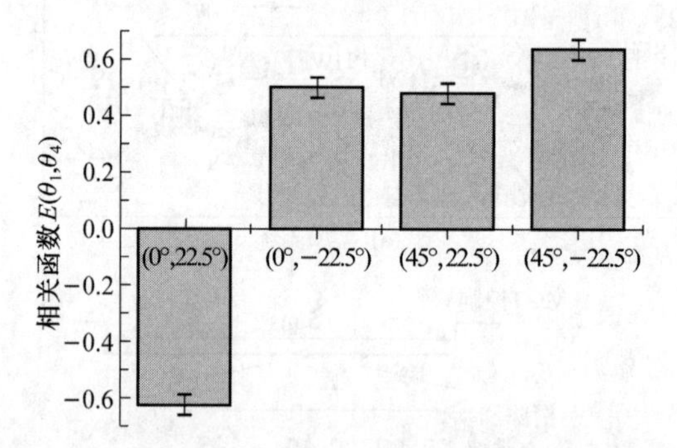

图 6.15　存储时间为 500 ns 时所测相关函数

为观测两个远存储量子比特之间纠缠的寿命,测量光子 1 和 4 相干可见度与存储时间的关系,结果如图 6.16 所示。

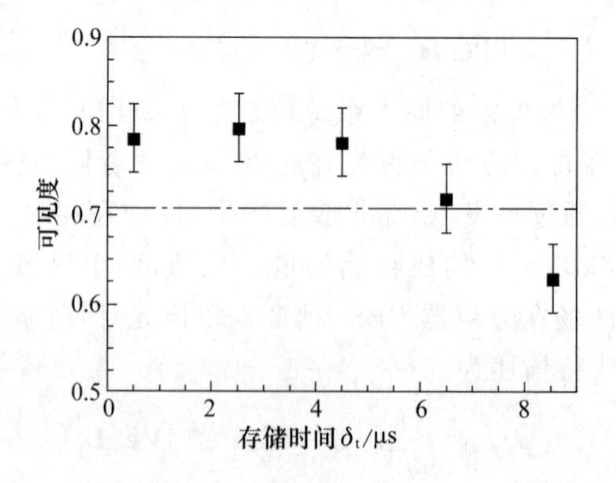

图 6.16　原子-原子纠缠可见度与 6 m 光纤连接存储时间的关系

从图 6.16 中可以看出直到存储时间为 4.5 μs,可见度仍高于阈值,违反贝尔不等式,表

明纠缠保持。为证明方案的鲁棒性，两原子系综纠缠在大距离保持，实验中将连接光纤从 3 m 增加到 150 m，使反 Stokes 光子延迟 730 ns，发现纠缠依然保持。总之，实验已实现带存储的纠缠交换，证明了基于 DLCZ 方案的量子中继器的可行性。但要将量子中继器用于长距离量子通信，还有待纠缠态产生率的进一步提高和存储时间的加长。

6.3　量子通信网的展望

1. 量子通信的现实安全性

安全性对量子通信系统是最关键的，因它号称是绝对安全的，对于量子通信系统，只有在保证安全性的基础上提高通信距离和通信速率才有意义。一个完整的量子保密通信系统应包括光源、编码、信道传输、解码和探测等部分。这几部分都可能存在不完美性，特别是光源和光子探测器。

在安全性中要求理想的光源，故在单光子通信中要求单光子源，每个脉冲一个光子，但实验中很难实现。目前实验中利用的是强度弱的激光，通过衰减来得到伪态攻击，这是一种特殊的截取-再发射攻击，具体攻击步骤如下。

① 窃听者 Eve 容易想到的是光子数分流攻击。人们提出的诱骗态方案就是针对这一攻击的，现证明该方案可以在很大程度上解决这一问题。

对于探测器，理论上要求单光子探测器效率为 1，暗计数为 0，死时间为 0 等，然而在实际中，这些条件无法满足。针对这一缺陷，人们提出多种攻击方案，其中有伪态攻击、强光致盲攻击等。选择一组测量基进行探测，记录探测结果。

② Eve 对编码部分的攻击，比如 BB84 协议，要求 H，V，45°和－45° 4 个偏振态，但由于仪器调制进入信道的可能不是标准的量子态，所以人们可以进行相位重映射攻击。为建立安全的量子通信网，对于因设备不完美而提出的各种攻击都必须有应对的办法。下面重点介绍伪态攻击和强光致盲攻击。

（1）伪态攻击

伪态攻击是一种特殊的截取-再发射攻击，具体攻击步骤如下。

a. 窃听者 Eve 模仿接收者随机选择一组测量基进行探测，记录探测结果。

b. Eve 根据测量结果采用不同基进行发送，例如，他用 H/V 基测到 0，他用 45°与－45°基发送 1。

c. Eve 发射时间比测到的时间推迟 Δt。通过这个攻击 Eve 可以完全获得 Alice 和 Bob 间的全部信息，而 Bob 如果不严格监视的话，会误认为 Eve 的窃入是信道损失带来的影响。

（2）强光致盲攻击

由于单光子探测器的二极管工作在雪崩模式，故要求二极管有较大的反向电压，如果反向电压减少，二极管工作在线性区，这样来了光子二极管无法探测，Eve 利用这一点来进行攻击。他利用一个强光打在二极管上，使在线性区的二极管产生一定的光电流，在负载电阻 R 上形成一定的电压差，使 A 点电压下降，门控电压来时，A 点电压达不到二极管的雪崩电压，则 Bob 的探测器出现盲区。Eve 先截取 Alice 发出的信号，随机选择一组基进行测量，然后按自己测量的结果向 Bob 发强光。当 Bob 基与他相同时，他用强光打在探测器上，产生大的线性电流,使探测器计数。如果Bob选择的基与他不同,他就将激光减弱,以致不产生计数。这样Eve可以完全控制Bob,使其选取与自己相同的基进行测量,从而实现密钥的完全窃取。Bob可以采用监视光强的方法来监视是否有这种攻击者存在。为了保证安全通信,Bob和Alice必须及时发现各种安全隐患,并进行有效的防御。

2. 量子存储技术

量子存储在量子通信中分为两类。第一类是利用一个相干保持时间较长的量子存储系统来有效地暂时存放非常重要的和必不可少的信息,不管是量子中继、量子计算机,还是量子网络都需要量子存储器。通常将量子存储器相干保持时间较短的量子信息,在需要的时候再将所存放的量子信息有效地提取出来。第二类是把不易进行操作的飞行的量子系统的信息转到容易操作的局部量子系统上进行存储,在需要的时候再将这些信息转到飞行的量子系统。

第一类量子存储的典型例子是将电子自旋态写入集体核自旋态的量子存储方案。电子自旋态是常用的量子比特,利用电磁场可以控制电子的自旋,但电子自旋态容易受环境影响而消相干,其消相干的时间只有几微秒。而原子核自旋与环境耦合弱,其消相干时间可达数秒,但核自旋的调制比较困难。因此人们提出以下量子存储方案:

$$\text{电子自旋态}\xrightarrow{\text{写入}}\text{集体核自旋态}\xrightarrow{\text{读出}}\text{电子自旋态}$$

第二类量子存储主要是光量子存储器,它能实现飞行光量子比特与静止原子量子比特间的互换,基本过程可表示为

$$\text{光脉冲}\xrightarrow{\text{写入}}\text{特定原子体系量子态}\xrightarrow{\text{读出}}\text{光脉冲}$$

实现光量子存储的光与原子相互作用系统有两点要求:①光与原子间有较强的相互作用,以保证较高的存储效率;②工作物资的原子能较好地保持存储光子的相干性。为此工作物资原子一般工作在极低温度下,因原子的热运动会减弱相干性。

下面介绍Meter等人[14]在2009年提出的一个光量子存储器。他们利用$^{69}Tm^{3+}$(铥)原子,将铥掺杂在YAG晶体中,铥的$^3H_4$能级寿命为150 μs。$^3H_6\leftrightarrow{}^3H_4$跃迁与795 nm波长光子共振,有很强的互作用,可较好地满足光量子存储工作物资的基本要求,它利用外部磁场的方向变换对系统进行控制,控制其打开与关闭,它的存储时间可达到100 μs。

应用原子有二能级系统,也有三能级系统,但都要求存在亚稳态能级,而且能有效地控制物资和光子信道的打开和关闭。当光子脉冲进入物质时,光与物质发生强相互作用,使光子态转化为工作物质的集体量子态,在存储过程中,光子态-物质态转化信道必须关闭,使信息困禁在物质的集体态上,在需要提取时,集体量子态会转化为光子态,这个光子态保持原有的相干性。

德国Planck研究所的Specht等人[15]在2011年利用Rb(铷)原子存储,使量子态存储的时间达到180 μs,原子为三能级系统,其读出效率比较低,只有9.3%。

3. 量子波分复用系统

光子之间的相互作用很弱,不同波长的光可以在一根光纤中传输而互不影响,让多个波长的光信号耦合入一根光纤的技术称为波分复用技术(WDM),在经典光纤通信中,这个技术已经很成熟,8×10 Gbit/s的WDM已在网中使用,在实验室已完成272×40 Gbit/s的

DWDM实验。而在现有的量子通信中速率很低，并采用独占光纤的工作模式，要建立量子通信网络需要占用大量的光纤，显然是很浪费的。因此量子通信信道复用技术在量子通信网络建设中是必不可少的。

目前的所谓量子通信系统是通过物理上分离的经典信道和量子信道来实现信息的安全传输的，量子信道起密钥作用，真实的信息传输是利用经典信道来完成的。因此量子波分复用技术就希望经典信号与量子信号，通过波分复用在同一根光纤中传输，只是光的波长不一样。例如，经典信号光工作在1.31 μm附近，而量子光信号利用1.55 μm附近的光子。普通单模光纤零色散点在1.31 μm，而在1.55 μm处损耗最小。

在波分复用系统中，由于经典信道存在，这会对量子信道带来较大的噪声，其中最大的是经典信道中掺饵放大器(EDFA)的自发辐射噪声，这个噪声波长覆盖频域较宽，一般有几十纳米，可覆盖整个量子信道波长。光纤非线性存在引起的各种效应，特别是Raman散射，它可以使1.31 μm的经典光转变为1.55 μm的量子信号。Peters等人利用两个经典信道和一个量子信道做了波分复用实验，信号间隔为200 GHz(波长为1.6 nm)，传输光纤从1 km到25 km，给出有复用和无复用安全密钥生成率与传送距离的关系，复用以后传输距离明显地减少。Peters用的量子信道平均光子数为0.4，经典光强为几毫瓦，而实际光通信的功率更大，所以产生的噪声会更大，因此要进行量子波分复用是比较困难的。Peters的实验系统如图6.17所示。

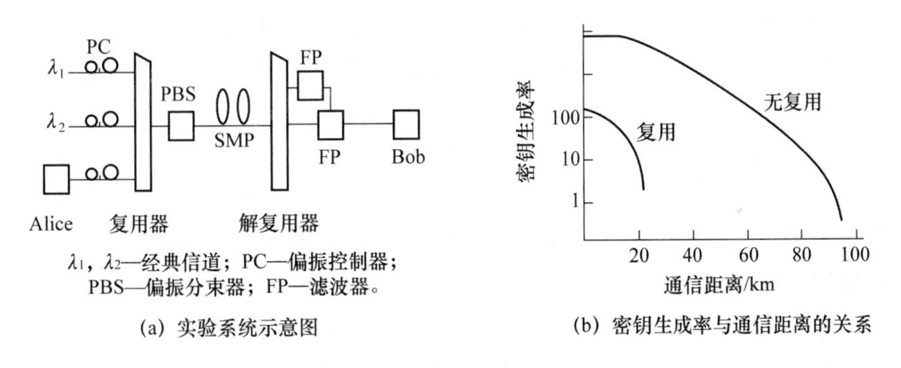

图6.17　Peters的实验系统

2017年中国科学技术大学王六军等人[17]利用CWDM实现了量子密钥分配和太比特经典光数据在同一光纤中进行了80 km的共同传输。为减少经典信道对量子信道的干扰，将量子信道安排在1 310 nm处，经典光数据传输安排在C波段，量子密钥率达到1.2 kbit/s。

4. 星地量子通信技术

星地量子通信利用自动跟踪瞄准系统，使地面站与相对高速运动卫星之间建立一个稳定的量子信道，来进行地面与卫星或通过卫星中继，地面与较远的另一个地面站建立量子通信。由于大气损耗小于光纤，特别到外层空间，光几乎无损耗，这样可以大大地提高量子通信的距离。

地面发射端随机发射H，V和+45°，−45° 4种偏振态的单光子信号(H，+45°编码为1，V，−45°编码为0)，接收端接收量子信号，并随机选择H，V或+45°，−45°基矢对单光子信号进行测量。测量足够多的量子比特后，接收端通过经典信道通知发射端，他每次测量使用的基矢,双方抛弃所用基矢选择不一致的结果。接收端再将基矢选择一致的结果取一部分通过经典信道告诉发射端,如果这个效验序列出差错在正常范围内,表明整个序列是安全的,不存在窃听。这时双方可将保留与偏振态对应的随机比特序列作为密钥。

这样可以在地面站与卫星之间或地面站与地面站之间建立无条件安全的量子密钥。当积累足够多的密钥后,空间平台可以选择需要传输的数据,利用已生成的量子密钥通过一次一密进行加密,然后通过经典信道对多个地面站进行发射,在所有收到数据的地面站中只有掌握量子密钥的地面站可以将数据解码,其他地面站无法获取该信息,以达到星地量子通信的目的。

由于光纤损耗存在,在目前没有量子中继器的情况下,量子通信最长的距离就只有200 km,再长就困难了。而利用卫星中转的量子通信方案,利用空间中转平台就有可能实现全球的量子通信。因在大气层以外,光子几乎不损失,仅通过大气层受到一定的损失。外太空近于真空,对光的传输损耗几乎为零,而且也没有退相干效应。所以只要我们实现将信息光子传出大气层,配合星载平台光束精确定位技术,就有可能实现覆盖全球的量子通信。

如果我们利用光纤建立城域网,而每个城域网配置一个地面卫星站,当卫星通过地面站1上空时,通过星地量子密钥分发过程,地面站1与卫星建立量子密钥K1。当卫星通过地面站2上空时,通过星地量子密钥分发过程,地面站2与卫星建立量子密钥K2。卫星通过经典信道将K1和K2的结果公开发布,地面站根据结果就能够建立两地无条件安全的量子密钥。通过这种方式就可以将两个分隔数千公里的地面量子通信网络相互联通,以实现广域的量子通信网络。当然这只是一种畅想,要真正实现还会遇到各种技术难题。

为这一畅想的实现,中国科学技术大学潘建伟课题组于2016年8月16日发射了量子实验卫星Micius(墨子)[18],其轨道高度约为500 km,卫星上带有波长为850 nm的诱骗态QKD发射机,与在北京附近的兴隆地面站成功地进行了QKD实验,利用诱骗态BB84协议,偏振编码,实现了平均密钥率约1.1 kbit/s,距离为1 200 km的QKD。

5. 全量子通信网

基于星地量子传送密钥建立的安全经典通信网,从原则上是绝对安全的,然而仅能安全传输经典信息的量子通信网应是量子通信技术应用的初级阶段。量子通信的远景规划应是实现全量子通信网络。全量子通信网络不只将量子信息作为密钥,而且信道中传输的是量子态或量子纠缠。全量子通信网络应由量子信息、量子信道、量子节点和量子测量组成。量子节点具有量子态存储和处理能力。具有最大可能性的是量子计算机。量子计算机是遵从量子力学规律进行高速数学和逻辑运算、存储和处理量子信息的物理装置。在量子计算机中信息编码在微观系统的量子态上(如电子自旋态或原子系统的能态等)的计算过程是在量子态上作变换,信息的读取是通过对量子态的测量来完成的。虽然有人提出基于离子井、超导器件、量子点等各种固态系统实现量子计算机的具体方案,但离建造量子计算机还有很大的差距。要将不同的量子计算机连接起来,需要完成作为信息传输的光子与计算机中固态系统之间量子态的相互转换,在这个方面已有一些实验的研究,但离实用还有很大的差距。要建立全量子通信网,也可能是人类一种美好的愿望。

习　　题

6.1　量子密钥分发网络有哪3种方式？

6.2　什么是量子中继器的 BDCZ 方案？

6.3　如何通过星地量子通信技术实现全球量子通信？

本章参考文献

[1] Elliott C. Building the quantum network[J]. New Journal of Physics，2002，4(1)：46-46.

[2] Elliott C，Colvin A，Pearsen D，et al. Current status of the DARPA quantum network[C]// Proceedings of SPIE-The International Society for Optical Engineering. [S. n.]：Orlando，2005.

[3] Dianati M，Alleaume R. Architecture of the SECOQC quantum key distribution network [C]// Architecture of the SECOQC Quantum Key Distribution Network. [S. n. : s. l.]，2006.

[4] Poppe A，Peev M，Maurhart O. Outline of the SECOQC quantum-key-distribution network in Vienna[J]. International Journal of Quantum Information，2008，6(2)：209-218.

[5] Stucki D，Legre M，Buntschu F，et al. Long-term performance of the SwissQuantum quantum key distribution network in a field environment[J]. New J. Phys.，2011(13)：123001.

[6] Mirza A，Petruccione F. Realizing long-term quantum cryptography[J]. Journal of the Optical Society of America B，2010，27(6)：185- 188.

[7] Sasaki M，Fujiwara M，Ishizuka H，et al. Field test of quantum key distribution in the Tokyo QKD network[J]. Opt. Express，2011(19)：10387-10409.

[8] Chapuran T E，Toliver P，Peters N A，et al. Optical networking for quantum key distribution and quantum communications[J]. New J. Phys.，2009，11(10)：105001.

[9] Wang S，Chen W，Guo G C. Field test of wavelength-saving quantum key distribution network[J]. Opt. Lett.，2010，35(14)：2454-2456.

[10] Chen T Y，Wang J，Liang H，et al. Metropolitan all-pass and inter-city quantum communication network[J]. Optics Express，2010 (18)：27217-27225.

[11] Briegel H J，Duer W，Cirac J，et al. The role of imperfect local operations in quantum communication[J]. Phys. Rev. Lett.，1998(81)：5932-5935.

[12] Duan L M，Lukan M D，Cirac J L，et al. Long distance quantum communication with atomic ensembles and linear optics[J]. Nature，2001(414)：413-418.

[13] Yuan Z S，Chen Y A，Zhao B，et al. Experimental demonstration of a BDCZ quan-

tum repeater node[J]. Nature,2008(454):1098-1101.

[14] Meter R V, Ladd T D, Munro W J, et al. System design for a long-line quantum repeater[J]. IEEE/ACM Trans. Net. ,2009,17(3):1002-1013.

[15] Specht H, Nolleke C, Reiserer A, et al. A single-atom quantum menmory [J]. Nature, 2011,473 (7346):190-193.

[16] Sangouard N, Simon C, de Riedmatten H, et al. Quantum repeaters based on atomic ensembles and linear optics[J]. Rev. Mod. Phys. ,2011(83):33-80.

[17] Wang L J,Zou K H,Sun W,et al. Long distance copropagation of quantum key distribution and terabit classical optical deta channels [J]. Phys. Rev. , 2017 (A95):012301.

[18] Liao S K, Cai W Q, Liu W Y, et al. Satellite to ground quantum key distribution [J]. Nature, 2017(549):43-47.

第7章　量子密钥分配的新进展

在量子密钥分配中单光子源利用弱激光器衰减而成，多光子态存在，加上通信信道上的非线性作用，人们对量子通信的安全提出质疑，为增强量子通信的安全性及提高量子密钥率，近年来人们相继提出了诱骗态量子密钥分配和与测量设备无关的量子密钥分配方案，下面分别予以介绍。本章分以下两节。

① 诱骗态量子密钥分配。

② 与测量设备无关的量子密钥分配。

7.1　诱骗态量子密钥分配

由于在量子密钥分配中单光子源利用弱激光器衰减而成，多光子态存在，所以窃听者可以对系统发起光子数分束攻击。为了抵御这一攻击，2004年Gottesman等人[1]提出了严格的安全密钥率分析方法，即GLLP公式。但是该方法中采用的估计方法过于悲观，导致实际系统的最远安全密钥分发距离仅有33 km左右。为了解决这个难题，Hwang最早提出了诱骗态方案[2]，后由王向斌[3]和Lo等人[4]同时发展了这一理论。目前，这一方案已经被量子通信系统普遍采用。

1. 诱骗态方案常用的几个概念

在介绍诱骗态方案前，我们首先简单介绍该方案中常用的几个概念。

(1) 信道衰减

在现实通信系统中，通信信道总是存在一定衰减的，对于商用光纤环境，1 550 nm的单模光纤的衰减系数α为0.20 dB/km。因此脉冲信号在信道中的传输效率为

$$t_{AB}=10^{-\alpha L/10} \tag{7.1}$$

其中，L为信道长度。

(2) 探测器效率

我们知道，单光子探测器并不能100%对入射的单光子响应，而是有一定的探测器效率η_D。此外，其他的光学设备也包含一定的固有损耗，其传输效率为t_{Bob}。因此，单个光子在量子通信系统中的总传输效率为

$$\eta=t_{AB}t_{Bob}\eta_D \tag{7.2}$$

在实际系统中探测器只能分辨两种情况，即有光子和没光子，不能分辨脉冲中具体的光子数。假设多光子脉冲中的每个光子都是独立传输的，它们之间互相不存在影响。因此，n

光子脉冲的总传输效率为

$$\eta_n = 1-(1-\eta)^n \tag{7.3}$$

(3) 计数率

定义 n 光子态的计数率为 Y_n,Alice 发送一个 n 光子态,而 Bob 端产生响应的概率。一般来说,Y_n 包括两部分响应,一部分是由暗计数 Y_0 引起的,另一部分是由实际信号引起的。假设这两部分独立不相关,并考虑 Y_0 是一个非常小的数(约为10^{-6}),则有

$$Y_n = Y_0 + \eta_n - Y_0\eta_n \approx Y_0 + \eta_n$$

因此,对于光子数满足泊松分布的光源,光源强度为 μ 的总计数率为

$$Q_\mu = \sum_{n=0}^{\infty} Q_n = \sum_{n=0}^{\infty} p_n Y_n = Y_0 + 1 - e^{-\eta\mu} \tag{7.4}$$

其中 p_n 表示发送多光子的概率。

(4) 量子比特误码率

量子比特误码率(Quantum Bit Error Rate, QBER)表示总计数中错误计数的比例。一般来说,我们定义 n 光子态的 QBER 为

$$e_n = \frac{e_0 Y_0 + e_d \eta_n}{Y_n} \tag{7.5}$$

其中,e_d 是一个光子错误到达探测器的概率,它表征了系统的稳定性。实际上,在长距离通信中,e_d 可以近似认为是一个和通信距离无关的常数,并且暗计数的误比特率可近似认为是随机的,所以 $e_0 = 1/2$。因此,对于光强为 μ 的弱相干光源,总 QBER 为

$$E_\mu Q_\mu = \sum_{n=0}^{\infty} e_n p_n Y_n = e_0 Y_0 + e_d(1-e^{-\eta\mu}) \tag{7.6}$$

2. GLLP 公式

诱骗态方案是基于 GLLP 公式的,所以我们首先对 GLLP 公式做一个简单的介绍。2004 年,Gottesman,Lo,Lutkenhaus 和 Preskill 严格推导了 BB84 协议的安全成码率公式,为

$$R \geqslant q\{-Q_\mu f(E_\mu)H_2(E_\mu) + Q_1[1-H_2(e_1)]\} \tag{7.7}$$

其中,q 由协议决定,表示基不匹配的概率。对于 BB84 协议,由于 Alice 和 Bob 只有一半的概率选择相同的基,所以 $q=1/2$。Q_1 和 e_1 表示单光子的计数率和量子比特误码率。$H_2(x) = -x\log_2 x - (1-x)\log_2(1-x)$ 为二元香农熵函数。$f(x)$ 表示纠错效率。由 GLLP 公式可知,为了计算安全密钥率,需要使用 4 个参数:信号光的总计数率和总量子误码率,单光子的总计数率和相应的量子误码率。其中,前两个参数是由实验直接测得的,而后两个参数由于无法分辨单光子,所以需要采用不同的估算办法。

考虑光子数分束攻击,在诱骗态方案前,人们无法对后两个参数做出较好的估计,只能采用最悲观的估计,即认为 Alice 发出的所有光子都被 Bob 以 100%的概率吸收,而信号光的总误码率均来自单光子,而多光子没有任何错误,即

$$Q_1 = Q_\mu - p_m$$
$$e_1 = E_\mu Q_\mu / Q_1$$

其中 p_m 表示 Alice 所发出的脉冲中出现多光子的概率。将上述公式代入 GLLP 公式,可以

很容易地计算出最远的安全传输距离仅有 33 km 左右。我们可以看出这种估计方法一方面人为地降低了单光子态的计数率(因为在实际的通信中多光子态也必然存在衰减),另一方面人为地提高了单光子态的 QBER(因为总的 QBER 来自两种脉冲,而非仅考虑单光子态的 QBER)。

3. 单光子计数率的下限和量子比特误码率的上限

从前面的内容我们可以得知,如果可以找到对 Q_1 和 e_1 更加有效的估计方法,那么 QKD 的安全传输距离以及密钥率一定可以得到提升,以满足实际的应用需求。诱骗态方案就提供了一种较好的估计方法,其核心思想是将光源中的 3 种脉冲(真空脉冲、单光子脉冲和多光子脉冲)分别考虑计数率。同时引入多组诱骗光源,使其仅在强度上与信号光源不同,而 Eve 无法区分信号光和诱骗光,所以 Eve 认为多光子的产生率 Y_n 和误码率 e_n 均相同,即

$$Y^n(\text{decoy}) = Y^n(\text{signal}) = Y^n$$
$$e^n(\text{decoy}) = e^n(\text{signal}) = e^n$$

因此,信号光源 μ 和诱骗光源 $v_1,\cdots,v_n$ 的计数率可表示为

$$\begin{cases} Q_\mu = \sum\limits_{n=0}^{\infty} Q_n^\mu = \sum\limits_{n=0}^{\infty} p_n^\mu Y \\ Q_\mu E_\mu = \sum\limits_{n=0}^{\infty} e_n p_n^\mu Y \\ Q_{v_1} = \sum\limits_{n=0}^{\infty} Q_n^{v_1} = \sum\limits_{n=0}^{\infty} p_n^{v_1} Y \\ Q_{v_1} E_{v_1} = \sum\limits_{n=0}^{\infty} e_n p_n^{v_1} Y \\ \quad\vdots \\ Q_{v_n} = \sum\limits_{n=0}^{\infty} Q_n^{v_n} = \sum\limits_{n=0}^{\infty} p_n^{v_n} Y \\ Q_{v_n} E_{v_n} = \sum\limits_{n=0}^{\infty} e_n p_n^{v_n} Y \end{cases} \tag{7.8}$$

所以,当诱骗光源数量 $n\to\infty$ 时,Alice 和 Bob 可以通过求解上述线性方程组精确求得所有 n 个光脉冲的计数率和 QBER。但在实际应用中,Alice 只能制备有限的诱骗态种类。因此,可以通过一些限制条件来估计单光子的计数率和 QBER。幸运的是,马雄峰等人已经证明了,使用两个诱骗态得到的结果已经非常接近无穷多诱骗态的结果[5]。下面我们对使用两个诱骗态的方案估计单光子计数率的下限和 QBER 的上限进行简单推导。假设信号光源的强度为 μ,诱骗光源的强度分别为 v,w,并且满足 $\mu>v>w,\mu>v+w$。

(1) 单光子计数率的下限

两个诱骗态的总计数率分别为

$$\begin{cases} Q_v = \sum_{n=0}^{\infty} Y_n \frac{v^n}{n!} e^{-v} \\ Q_w = \sum_{n=0}^{\infty} Y_n \frac{w^n}{n!} e^{-w} \end{cases} \tag{7.9}$$

Alice 和 Bob 首先可以通过 $vQ_w e^w - wQ_v e^v$ 来估计 Y_0 的下限值，即

$$vQ_w e^w - wQ_v e^v = (v-w)Y_0 - vw\left(Y_2 \frac{v-w}{2!} + Y_3 \frac{v^2-w^2}{3!} + \cdots\right) \leqslant (v-w)Y_0 \tag{7.10}$$

因此，严格来说，Y_0 的下限值应为

$$Y_0 \geqslant Y_0^L = \max\left\{\frac{vQ_w e^w - wQ_v e^v}{v-w}, 0\right\} \tag{7.11}$$

其中，当 $w=0$ 时等号成立。

由于信号态中多光子成分($n\geqslant 2$)的计数率为

$$\sum_{n=2}^{\infty} Y_n \frac{\mu^n}{n!} e^{-\mu} = Q_\mu e^\mu - Y_0 - Y_1\mu$$

因此有

$$\begin{aligned} Q_v e^v - Q_w e^w &= Y_1(v-w) + \sum_{n=2}^{\infty} Y_n \frac{(v^n - w^n)}{n!} \\ &\leqslant Y_1(v-w) + \frac{v^2-w^2}{\mu^2} \sum_{n=2}^{\infty} Y_n \frac{\mu^n}{n!} \\ &= Y_1(v-w) + \frac{v^2-w^2}{\mu^2}(Q_\mu e^\mu - Y_0 - Y_1\mu) \\ &\leqslant Y_1(v-w) + \frac{v^2-w^2}{\mu^2}(Q_\mu e^\mu - Y_0^L - Y_1\mu) \end{aligned} \tag{7.12}$$

其中，我们用这样一个事实，当 $0<a+b<1$ 且 $i\geqslant 2$ 时，$a^i - b^i \leqslant a-b$ 这个不等式成立。因此，通过整理上式就可以得到单光子计数率的下限值，为

$$Y_1 \geqslant Y_1^L = \frac{\mu}{\mu v - \mu w - v^2 + w^2}\left[Q_v e^v - Q_w e^w - \frac{v^2-w^2}{\mu^2}(Q_\mu e^\mu - Y_0^L)\right] \tag{7.13}$$

(2) 单光子 QBER 的上限

类似地，两种诱骗态的 QBER 分别为

$$\begin{cases} Q_v E_v = e^{-v} Y_0 e_0 + v e^{-v} Y_1 e_1 + e^{-v} \sum_{n=0}^{\infty} Y_n e_n \frac{v^n}{n!} \\ Q_w E_w = e^{-w} Y_0 e_0 + w e^{-w} Y_1 e_1 + e^{-w} \sum_{n=0}^{\infty} Y_n e_n \frac{w^n}{n!} \end{cases} \tag{7.14}$$

则由 $Q_v E_v e^v - Q_w E_w e^w$ 可以得到单光子 QBER 的上限，为

$$e_1 \leqslant e_1^U = \frac{Q_v E_v e^v - Q_w E_w e^w}{(v-w)Y_1^L} \tag{7.15}$$

为了尽可能减小两种诱骗态方法得到的估计值和理论渐进极限值的相对偏差值，应使 $v+w$ 的值尽可能小，但是两者不能同时取0。一个可行的策略就是令 $v\neq 0$，$w=0$，此时：

$$\begin{cases} Y_1 \geqslant Y_1^L = \frac{\mu}{\mu v - v^2}\left[Q_v e^v - Q_\mu e^\mu \frac{v^2}{\mu^2} - \frac{\mu^2 - v^2}{\mu^2} Y_0^L\right] \\ e_1 \leqslant e_1^U = \frac{Q_v E_v e^v - e_0 Y_0^L}{(v-w)Y_1^L} \end{cases} \tag{7.16}$$

为了更好地显示诱骗态的结果，这里根据上面的理论就无穷多个诱骗态和两个诱骗态的情况分别计算了不同通信距离下的安全密钥率，结果如图 7.1 所示，其中实线表示无限多个诱骗态的渐进极限情况，其最大安全通信距离为 142 km；虚线表示两个诱骗态（一个真空态和一个诱骗态，即 $v\neq 0, w=0$）的情况，其最大安全通信距离为 140 km；点划线表示没用诱骗态时的安全密钥率和通信距离的关系，其最大安全通信距离仅有 33 km。

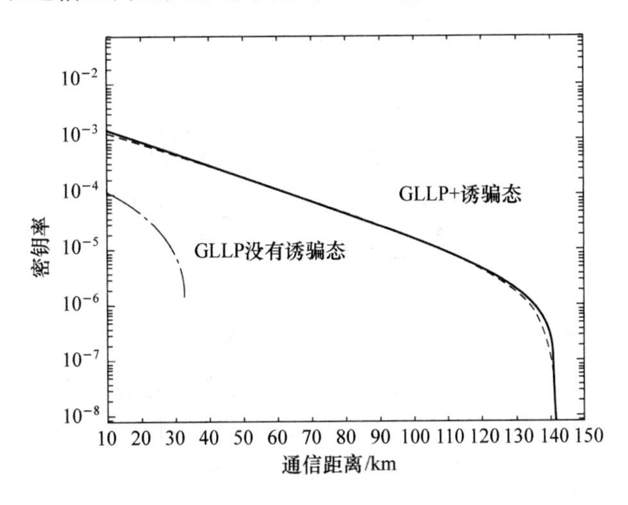

图 7.1　密钥率和通信距离的关系[6]

利用诱骗态不仅可以将 QKD 安全传输的距离提高到 140 km，而且使安全信号光子平均数从 0.1 每脉冲提高到 0.5 每脉冲，从而较大地提高了安全密钥的生成率。

7.2　与测量设备无关的量子密钥分配

量子密钥分配中的 BB84 协议虽然可以在理论上达到绝对的安全性，但是在实际应用中，实际器件的漏洞会严重影响协议的安全性。其中测量设备是 QKD 系统中最为复杂的部分，因此大部分的攻击都是针对测量设备的，特别是 2010 年利用强光致盲探测器的攻击方案的提出，曾一度让研究人员怀疑 QKD 技术的实际安全性。幸运的是，2012 年加拿大多伦多大学的 Lo 等人[7]提出了测量设备无关 QKD 协议，该协议被证明可以抵御侧信道对测量设备的攻击，进一步保证了 QKD 的安全性。

1. 协议描述

测量设备无关（Measurement Device Independent，MDI）方案是基于双光子干涉实现的，如图 7.2 所示，与 BB84 协议不同的是，通信双方 Alice 和 Bob 需要独立地使用相位随机化的 WCS 光源进行量子态制备。因为光子的偏振编码图像较为明晰，我们这里采用偏振编码的情况来进行说明。Alice 和 Bob 需要随机将光子的偏振态制备成 4 个量子态 $|\boldsymbol{H}\rangle$，$|\boldsymbol{V}\rangle$，$|\boldsymbol{D}\rangle=\frac{1}{\sqrt{2}}(|\boldsymbol{H}\rangle+|\boldsymbol{V}\rangle)$ 和 $|\boldsymbol{A}\rangle=\frac{1}{\sqrt{2}}(|\boldsymbol{H}\rangle-|\boldsymbol{V}\rangle)$ 中的一种，其中 $\{|\boldsymbol{H}\rangle,|\boldsymbol{V}\rangle\}$ 为 Z 基，

$\{|D\rangle, |A\rangle\}$为 X 基,并且量子态$|H\rangle$和$|D\rangle$对应经典比特 0,$|V\rangle$和$|A\rangle$对应经典比特 1。

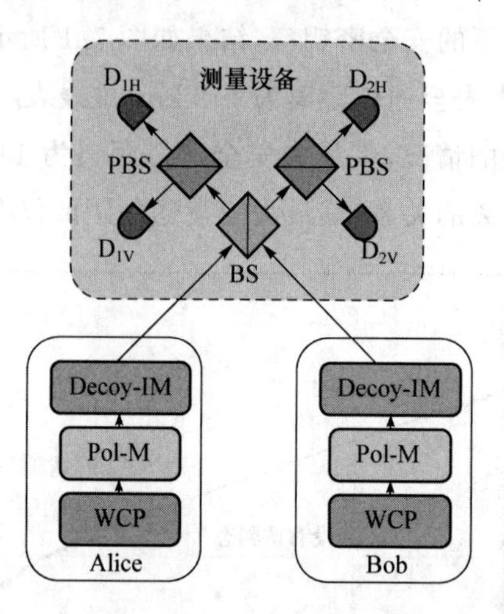

图 7.2　与测量设备无关的量子密钥分发协议原理图

Alice 和 Bob 将他们制备的量子态通过量子信道发送给第三方 Charlie。Charlie 在接收到量子态后,进行贝尔态测量(Bell State Measurement,BSM)。测量的过程可以理解为将 Alice 和 Bob 发送的量子态作为一个整体投影至 4 个贝尔态,这 4 个贝尔态分别为

$$\begin{cases} |\boldsymbol{\Psi}^{\pm}\rangle = \dfrac{1}{\sqrt{2}}(|\boldsymbol{HH}\rangle \pm |\boldsymbol{VV}\rangle) \\ |\boldsymbol{\Phi}^{\pm}\rangle = \dfrac{1}{\sqrt{2}}(|\boldsymbol{HV}\rangle \pm |\boldsymbol{VH}\rangle) \end{cases} \tag{7.17}$$

同 BB84 协议一样,为了生成筛选密钥,通信双方需要进行对基,仅保留基匹配的数据。当双方都使用 Z 基时,将他们的量子态用 4 个贝尔态展开,有

$$\begin{cases} |\boldsymbol{HH}\rangle = \dfrac{1}{\sqrt{2}}(|\boldsymbol{\Phi}^{+}\rangle + |\boldsymbol{\Phi}^{-}\rangle) \\ |\boldsymbol{VV}\rangle = \dfrac{1}{\sqrt{2}}(|\boldsymbol{\Phi}^{+}\rangle - |\boldsymbol{\Phi}^{-}\rangle) \\ |\boldsymbol{HV}\rangle = \dfrac{1}{\sqrt{2}}(|\boldsymbol{\Psi}^{+}\rangle + |\boldsymbol{\Psi}^{-}\rangle) \\ |\boldsymbol{VH}\rangle = \dfrac{1}{\sqrt{2}}(|\boldsymbol{\Psi}^{+}\rangle + |\boldsymbol{\Psi}^{-}\rangle) \end{cases} \tag{7.18}$$

当双方均使用 X 基制备量子态时,利用 4 个贝尔态展开,可得

$$\begin{cases} |\boldsymbol{DD}\rangle = \dfrac{1}{\sqrt{2}}(|\boldsymbol{\Phi}^{+}\rangle + |\boldsymbol{\Psi}^{+}\rangle) \\ |\boldsymbol{AA}\rangle = \dfrac{1}{\sqrt{2}}(|\boldsymbol{\Phi}^{+}\rangle - |\boldsymbol{\Psi}^{+}\rangle) \\ |\boldsymbol{DA}\rangle = \dfrac{1}{\sqrt{2}}(|\boldsymbol{\Phi}^{-}\rangle - |\boldsymbol{\Psi}^{-}\rangle) \\ |\boldsymbol{AD}\rangle = \dfrac{1}{\sqrt{2}}(|\boldsymbol{\Phi}^{-}\rangle + |\boldsymbol{\Psi}^{-}\rangle) \end{cases} \tag{7.19}$$

线性光学器件仅能识别 2 个贝尔态 $|\boldsymbol{\Psi}^{\pm}\rangle$，Charlie 在完成 BSM 后需通过认证的经典信道公布对应的贝尔态。对于图 7.2，探测器 D_{1H} 和 D_{1V} 或 D_{2H} 和 D_{2V} 同时响应的情况代表贝尔态 $|\boldsymbol{\Psi}^{+}\rangle$；探测器 D_{1H} 和 D_{2V} 或 D_{2H} 和 D_{1V} 同时响应的情况代表贝尔态 $|\boldsymbol{\Psi}^{-}\rangle$，这些响应情况也被称为成功的 BSM。根据式(7.17)，当 Charlie 公布的测量结果为 $|\boldsymbol{\Psi}^{+}\rangle$ 时，如果通信双方的基为 Z 基，则他们的比特值是反关联的，需要提前约定一方进行比特翻转以得到相同的结果；如果编码基为 X，则通信双方此时的比特值是相同的。当 Charlie 公布的测量结果为 $|\boldsymbol{\Psi}^{-}\rangle$ 时，对于编码基为 Z 基的情况，通信双方的比特值仍是反关联的，需要进行比特翻转；对于选择 X 基，通信双方也需要进行比特翻转。为了方便阅读，我们将以上情况总结在表 7.1 中。Alice 和 Bob 可以在对编码基以及获得 Charlie 的测量结果后，根据表 7.1 进行相应的操作，以获得相同的筛选密钥。

表 7.1　不同贝尔态结果对应的比特翻转情况

编码基	$\|\boldsymbol{\Psi}^{-}\rangle$	$\|\boldsymbol{\Psi}^{+}\rangle$
Z 基	比特翻转	比特翻转
X 基	比特翻转	比特不翻转

在整个协议中，我们仅考虑成功 BSM 的情况。当然，由于使用弱相干脉冲光源(WCP)，所以多光子成分会造成多个探测器同时响应，或者有不成功 BSM 的双响发生。对于这种情况，Charlie 可以选择随机公布一个贝尔态，但这样会引入额外的误码率。假设系统制备的量子态和探测器都是理想的，并且参考系严格对准，当 Alice 和 Bob 同时使用 Z 基时，多光子成分不会引入额外的误码率。此时的错误仅来源于通信双方制备了相同的偏振态且 Charlie 公布了成功的 BSM 结果。实际上，由于 Alice 和 Bob 制备的光子偏振态是相同的，仅会发生所有光子进入同一个探测器，或分别进入异侧同偏振两个探测器(如 D_{1H} 和 D_{2H} 同时响应)两种情况，不会有成功的 BSM 结果公布。因此 Z 基下的误码率将为 0，并且从 Z 基搜集的数据也常用于产生密钥率，因此在理想情况下，对筛选密钥不需要再进行纠错。也即对于使用 WCP 的 MDI 协议，纠错过程不会降低 QKD 的安全密钥率。当 Alice 和 Bob 同时使用 X 基时，由于 WCP 中多光子的存在，所有成功 BSM 对应的 4 种探测器响应情况都可能发生。如果通信双方用 X 基制备了相同的偏振态，那么由于探测器错误的响应 $\{D_{1H}, D_{2V}\}$ 和 $\{D_{1V}, D_{2H}\}$ 就会引入 50% 的误码率；如果通信双方制备了正交的偏振态，那么探测器发生 $\{D_{1H}, D_{1V}\}$ 和 $\{D_{2H}, D_{2V}\}$ 的响应也会引入 50% 的误码率。总的来说，使用 WCP 源，X 基下会有额外 25% 的误码率产生。MDI 协议需要结合诱骗态技术完成，利用诱骗态技术，可以估计出脉冲中仅由单光子产生成功 BSM 的情况。因此，在使用理想设备且脉冲中仅有单光子的情况下，X 基下的错误率也将为 0。由 X 基得到的数据往往用于估计窃听者的信息量，故使用 WCP 的 MDI 方案也不会在私密放大阶段对安全密钥产生影响。

在实际应用中，窃听者、探测器的暗计数和双光子干涉对比度不完美等因素会对 Z 基和 X 基的 QBER 产生影响。与 BB84 协议相同，需要根据计算得到的 QBER 值确定是否进行后续的纠错和私密放大的步骤。

2. 安全性及密钥率计算

MDI-QKD 协议的安全性等价于基于 EPR 的 QKD 协议。我们首先考虑一种等价于

MDI-QKD 的协议,如图 7.3 所示。假设 Alice 和 Bob 分别制备以下的 EPR 对:

$$\begin{cases} |\boldsymbol{\Psi}^+\rangle_{AA'} = \dfrac{|\boldsymbol{HV}\rangle_{AA'} + |\boldsymbol{VH}\rangle_{AA'}}{\sqrt{2}} \\ |\boldsymbol{\Psi}^+\rangle_{BB'} = \dfrac{|\boldsymbol{HV}\rangle_{BB'} + |\boldsymbol{VH}\rangle_{BB'}}{\sqrt{2}} \end{cases} \tag{7.20}$$

在 MDI 协议中,Alice 和 Bob 将编码后的光子发送给 Charlie,随后他对接收到的光子进行 BSM。这个过程等价于 Alice 和 Bob 对 EPR 对中的另一个光子 A′和 B′用 Z 基或 X 基进行测量,然后将光子 A 和 B 发送给 Charlie,随后再对他们进行 BSM。

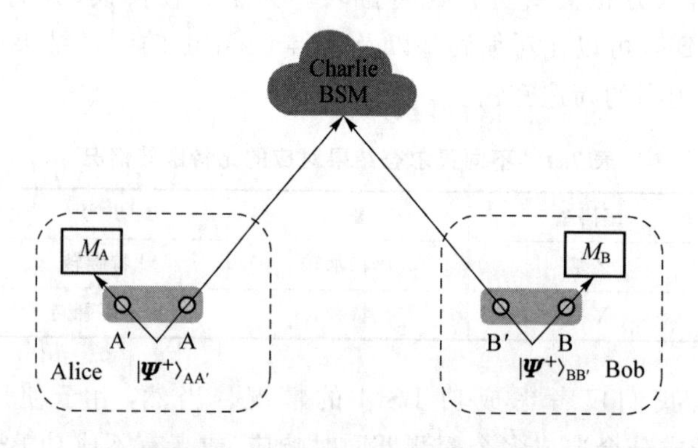

图 7.3　通过时间反演的 EPR 分发证明 MDI-QKD 的安全性

因为测量顺序并不会改变结果,我们可以先让 Charlie 对接收到的 A 和 B 光子进行 BSM,以测量得到贝尔态 $|\boldsymbol{\Psi}^+\rangle$ 为例。根据纠缠交换操作,Charlie 对 A 和 B 光子进行 BSM,会使 Alice 和 Bob 本地的 A′和 B′光子发生纠缠,其量子态为

$$|\boldsymbol{\Psi}^+\rangle_{A'B'} = \frac{|\boldsymbol{HV}\rangle_{A'B'} + |\boldsymbol{VH}\rangle_{A'B'}}{\sqrt{2}} \tag{7.21}$$

此时,Alice 和 Bob 共享了一对纠缠光子对。他们随后对各自的光子用 $\{|\boldsymbol{H}\rangle, |\boldsymbol{V}\rangle\}$ 基去做投影测量,根据测量结果就可以提取出安全密钥。这个过程就等价于基于纠缠的 QKD 协议,该协议的安全性已经得到了证明。

MDI 协议的提出者 Lo 等人使用了虚拟量子比特(virtual qubit)的概念来说明其安全性以及与测量设备无关的特性。我们可以理解为图 7.3 中的 A′和 B′,分别为 Alice 和 Bob 所拥有的虚拟量子比特。在等价协议中,Alice 和 Bob 先不对他们的虚拟量子比特进行测量,可以先将它们存储在量子存储器中,一旦得到 Charlie 公布成功的 BSM 结果后,再对虚拟量子比特进行投影测量。这相当于后决定发送给 Charlie 的量子态,在得到 Charlie 的测量结果前,通信双方都不知道发送给 Charlie 的是什么量子态。因此,在无基相关缺陷的情况下,我们可以看出整个协议的安全性与通信双方发出什么量子态是完全无关的,也就是说 Charlie 无论公布什么样的测量结果,都无法知道 Alice 和 Bob 的任何信息,这样协议就达到了测量设备无关的效果。

在渐近极限的情况下,MDI 协议的密钥率可以由以下公式求出:

$$R \geqslant \mu^2 e^{-2\mu} Y_Z^{11} [1 - h(e_X^{11}) - Q_Z^{\mu\mu} f(E_Z^{\mu\mu}) h(E_Z^{\mu\mu})] \tag{7.22}$$

其中,$f(E_Z^{\mu\mu}) > 1$ 是纠错效率,一般我们取 1.16;$h(x) = -x\log_2 x - (1-x)\log_2(1-x)$ 是香农二元熵;$Q_Z^{\mu\mu}$ 和 $E_Z^{\mu\mu}$ 是 Z 基下信号态的增益和 QBER;Y_Z^{11} 是 Z 基下单光子的计数率,e_X^{11}

是 Z 基下的 QBER，用于估计泄露给窃听者的信息量。

在密钥率公式中，$\mu^2 e^{-2\mu} Y_Z^{11}$ 指用于产生密钥的单光子所占的比重，$Q_Z^{\mu\mu} f(E_Z^{\mu\mu}) h(E_Z^{\mu\mu})$ 指纠错过程中的损耗，$Y_Z^{11} h(e_X^{11})$ 指私密放大中为了尽可能减少窃听者的信息量而需要减少的信息量。在实验中，$Q_Z^{\mu\mu}$ 和 $E_Z^{\mu\mu}$ 可以直接根据筛选密钥计算得到，而计数率 Y_Z^{11} 和 QBER e_X^{11} 需要利用诱骗态理论估计得到。

3. 利用诱骗态和 MDI-QKD 的实验

利用诱骗态方法的与测量设备无关的量子密钥分配，否定了不完美的单光子源和检测损失的安全威胁，加长了传输距离和提高了量子密钥分配的速率，它已成为实际 QKD 应用的重要出路。已有多个课题组进行了相关实验，其中最突出的是中国科学技术大学的潘建伟课题组在 2016 年完成的实验[8]，他们利用低损耗光纤，采用四强度诱骗态技术，使 MDI-QKD 的传输距离达到了 404 km，这是现有文献报道中最长的传输距离，下面介绍这个实验。

潘建伟组的 MDI-QKD 实验系统如图 7.4 所示。

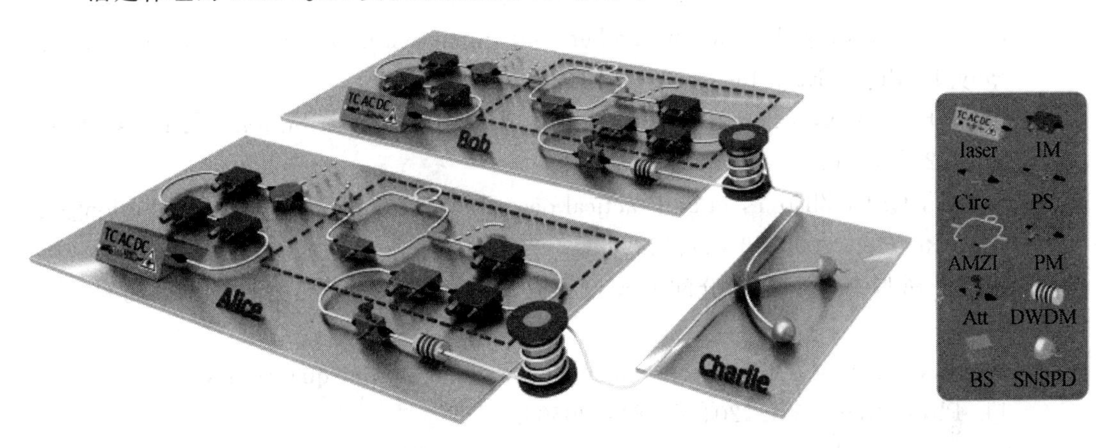

图 7.4　MDI-QKD 系统实验装置示意图

图 7.4 显示 MDI-QKD 实验设置由两个合法用户 Alice 和 Bob 以及一个不可靠的中继 Charlie 组成。Alice 和 Bob 利用内部调制的激光器来产生相位随机弱相干态光脉冲，脉冲波长可调，调节波长实现双光子干涉，本实验中两脉冲相干可见度大于 46%。激光器波长为 1 550.2 nm。Alice(Bob)的相位随机弱相干态脉冲通过两个强度调制器(IM)形成 4 个诱骗态强度，即一个不对称 Mach-Zehnder 干涉仪(AMZI)、两个 IM 和一个相位调制器(PM)编码成时间段相位量子比特。循环器(cire)用于激光器与量子信号的隔离，相移器(PS)用于两个 AMZI 的相对相位涨落，第一个 IM 用于更好地格式化信号脉冲，其下面两个 IM 用于调制诱骗态，最后两个 IM 用于时间段相位量子比特编码。Att 是衰减器，将脉冲强度降低到单光子水平。DWDM 是波分复用器，用来滤除来自激光器的自发辐射噪声。BS 为分束器，SNSPD 是超导纳米单光子探测器，两个 SNSPD 工作在 2.05 K，检测效率分别为 66% 和 64%，暗计数为 30 s^{-1}。一个 BS 和两个 SNSPD 构成贝尔态测量装置。

Alice 和 Bob 通过光纤发射激光脉冲到 Charlie 的测量处，Charlie 的位置对于 Alice 和 Bob 是对称的，因此，前面提到的 404 km 是 Alice 到 Charlie 距离的两倍。利用普通光纤传送的距离是 311 km。

习　题

7.1　试给出 GLLP 的 BB84 协议下的安全成码率公式。

7.2　诱骗态 QKD 有什么优势?

7.3　阐述 MDI-QKD 系统的工作原理。

本章参考文献

[1]　Gottesman D, Lo H K, Lütkenhaus N, et al. Security of quantum key distribution with imperfect devices[J]. Quantum Inf. Comput., 2004, 4(5): 325-360.

[2]　Hwang W Y. Quantum key distribution with high loss: toward global secure communication[J]. Phys. Rev. Lett., 2003(91): 057901.

[3]　Wang X B. Beating the photon-number-splitting attack in practical quantum cryptography[J]. Phys. Rev. Lett., 2005, 94(23): 230503.

[4]　Lo H K, Ma X, Chen K. Decoy state quantum key distribution[J]. Phys. Rev. Lett., 2005, 94(23): 230504.

[5]　Ma X F, Qi B, Zhao Y, et al. Practical decoy state for quantum key distribution[J]. Phys. Rev. A, 2005, 72 (1): 12326.

[6]　孙仕海. 诱骗态量子密钥分配的理论研究[D]. 长沙: 中国人民解放军国防科技大学, 2008.

[7]　Lo H K, Curty M, Oi B. Measurement device independent quantum key distribution [J]. Phys. Rev. Lett., 2012(108): 130503.

[8]　Yin Hualai, Chen Tengyun, Yu Zongwen, et al. Measurement device independent quantum key distribution over a 404 km optical fiber[J]. Phys. Rev. Lett., 2016 (117): 190501.

部分习题答案

第 2 章

2.2 $\boldsymbol{A}=\begin{pmatrix}1 & 0\\ 0 & 1\end{pmatrix}$。

2.3 $\boldsymbol{\rho}=\begin{pmatrix}\cos^2\theta & e^{i\varphi}\sin\theta\cos\theta\\ e^{-i\varphi}\sin\theta\cos\theta & \sin^2\theta\end{pmatrix}$， $\mathrm{tr}\,\boldsymbol{\rho}=1$， $\boldsymbol{\rho}^2=\boldsymbol{\rho}$。

2.4 $|0\rangle\otimes|0\rangle=\begin{pmatrix}1\\0\\0\\0\end{pmatrix}$， $|0\rangle\otimes|1\rangle=\begin{pmatrix}0\\1\\0\\0\end{pmatrix}$， $|1\rangle\otimes|0\rangle=\begin{pmatrix}0\\0\\1\\0\end{pmatrix}$， $|1\rangle\otimes|1\rangle=\begin{pmatrix}0\\0\\0\\1\end{pmatrix}$。

2.5 $\boldsymbol{\sigma}_x\otimes\boldsymbol{\sigma}_y=\begin{pmatrix}0 & 0 & 0 & -i\\ 0 & 0 & i & 0\\ 0 & -i & 0 & 0\\ i & 0 & 0 & 0\end{pmatrix}$， $\boldsymbol{\sigma}_y\otimes\boldsymbol{\sigma}_z=\begin{pmatrix}0 & 0 & -i & 0\\ 0 & 0 & 0 & i\\ i & 0 & 0 & 0\\ 0 & -i & 0 & 0\end{pmatrix}$。

2.6 若 $\varphi=0,\theta=0$，则

$$|\boldsymbol{\Phi}^+\rangle=\frac{1}{\sqrt{2}}\begin{pmatrix}1\\0\\0\\1\end{pmatrix},\quad |\boldsymbol{\Phi}^-\rangle=\frac{1}{\sqrt{2}}\begin{pmatrix}1\\0\\0\\-1\end{pmatrix},\quad |\boldsymbol{\Psi}^+\rangle=\frac{1}{\sqrt{2}}=\begin{pmatrix}0\\1\\1\\0\end{pmatrix},\quad |\boldsymbol{\Psi}^-\rangle=\begin{pmatrix}0\\1\\-1\\0\end{pmatrix}。$$

第 3 章

3.3 $S(\boldsymbol{\rho}_3)=0.549$。

3.4 $$S(\boldsymbol{\rho})=-\frac{1}{2}(1+\sqrt{2P^2-2P+1})\log_2\left[\frac{1}{2}(1+\sqrt{2P^2-2P+1})\right]-\frac{1}{2}(1-\sqrt{2P^2+2P+1})\log_2\left[\frac{1}{2}(1-\sqrt{2P^2+2P+1})\right]$$

3.5 $S(\boldsymbol{\rho})=-P\log_2 P-(1-P)\log_2(1-P)$。

3.9 $S(\boldsymbol{\rho})=0.485$。

3.10 $S(\boldsymbol{\rho})=1$。

第 4 章

4.2 $S(\boldsymbol{\rho}_A)=1$。

4.3 $\boldsymbol{\rho}_A=\frac{1}{2}\begin{pmatrix}1 & 0\\0 & 1\end{pmatrix}$, $S(\boldsymbol{\rho}_A)=1$。

第 5 章

5.4 $\boldsymbol{U}(s)\hat{\boldsymbol{a}}_1\boldsymbol{U}(s)^{-1}=\cosh|s|\hat{\boldsymbol{a}}_1-\frac{s\sinh|s|}{|s|}\hat{a}_2^+$,$\boldsymbol{U}(s)\hat{\boldsymbol{a}}_2^+\boldsymbol{U}(s)=\cosh|s|\hat{\boldsymbol{a}}_2^+-\frac{s\sinh|s|}{|s|}\hat{\boldsymbol{a}}_1$。